房屋建筑与市政设施普查技术与实践

—— 住房和城乡建设部信息中心　于静　主编 ——

中国建筑工业出版社

图书在版编目（CIP）数据

房屋建筑与市政设施普查技术与实践／住房和城乡
建设部信息中心，于静主编. —北京：中国建筑工业出
版社，2023.4

ISBN 978-7-112-28473-3

Ⅰ.①房…　Ⅱ.①住…　②于…　Ⅲ.①房屋—建筑工
程—普查—中国②市政工程—基础设施—普查—中国
Ⅳ.①TU22②TU99

中国国家版本馆CIP数据核字（2023）第051941号

责任编辑：毕凤鸣
责任校对：姜小莲

房屋建筑与市政设施普查技术与实践

住房和城乡建设部信息中心　于静　主编

*

中国建筑工业出版社出版、发行（北京海淀三里河路9号）
各地新华书店、建筑书店经销
北京建筑工业印刷有限公司制版
北京富诚彩色印刷有限公司印刷

*

开本：787毫米×1092毫米　1/16　印张：23　字数：420千字
2023年9月第一版　　2023年9月第一次印刷
定价：**168.00**元
ISBN 978-7-112-28473-3
　　（40938）

编　委　会

编 写 单 位

主编单位：

住房和城乡建设部信息中心

参编单位：

中国建筑科学研究院有限公司

北京市市政工程设计研究总院有限公司

中国城市规划设计研究院（住房和城乡建设部遥感应用中心）

中国建筑设计研究院有限公司建筑历史研究所

奥格科技股份有限公司

国泰新点软件股份有限公司

北京吉威数源信息技术有限公司

易智瑞信息技术有限公司

北京航天世景信息技术有限公司

青岛理工大学建筑与城乡规划学院

数据支持单位：

北京市住房和城乡建设委员会

河北省住房和城乡建设厅

天津市住房和城乡建设委员会

国信司南（北京）地理信息技术有限公司

二十一世纪空间技术应用股份有限公司

辽宁宏图创展测绘勘察有限公司

武汉中地数码科技有限公司

建设综合勘察研究设计院有限公司

北京构力科技有限公司

序 一

21 世纪以来，随着网络通信技术的发展居住空间不再局限于承载人的空间体，而是融合了人、时、地、事、物和组织等各种要素的"生命体"。以"大数据"为基础的智能技术的出现，通过"分析—判断—反馈—调整"的不断循环，使居住空间也变得"聪明"起来。

住房和城乡建设部在结合现有的房屋建筑管理工作基础上，依托全国房屋建筑和市政设施的专项普查工作，以高分辨率卫星影像数据为底图，形成全国城乡范围房屋建筑单体和市政设施矢量数据；结合外业调查信息填报，形成满足应急管理要求的房屋建筑调查成果，并建立了全国房屋建筑和市政设施信息数据平台。

数据平台为城市治理提供了全新的理念和模式，整合了信息孤岛的数据资源，自上而下打通了数据交换和共享机制，也为横向数据接入和功能开发提供可能。本次普查成果和数据平台将为建立"数据思维"决策机制，提高城乡建设防灾减灾水平，推动政府部门从传统管理模式逐渐走向"治理"和"服务"，形成多元主体参与、政府和社会力量的有效联动提供有力的支撑。

中国工程院院士

序 二

房屋建筑和市政设施普查是第一次全国自然灾害综合风险普查中一项重要内容，也是查实查清我国房屋建筑情况的重要手段。这项工作采用内业遥感和外业调查相结合的方式，第一次全面、准确掌握了全国范围内的房屋建筑信息，是我国地理空间信息库的一项重要数据源，将为各级国土空间规划编制、城镇防灾减灾、城市现代化治理等工作打下坚实的数据基础。

本书从我国房屋建筑的现状、遥感技术的应用、调查技术、数据应用平台的设计开发等方面，全面介绍了在开展房屋建筑和市政设施普查工作中的各项应用技术和实践经验，是了解普查数据成果来源和科学性的工具书，同时对于开展同类工作，特别是在技术手段的选择、项目组织实施、应用系统的设计上有很大的借鉴意义。

中国工程院院士
深圳大学智慧城市研究院院长

序 三

21世纪以来,我国城镇化建设与数字化发展交相辉映,共同谱写了我国以人民为中心的城乡可持续发展的新篇章。《房屋建筑与市政设施普查技术与实践》的出版恰逢其时,客观记录了我国第一次全国自然灾害综合风险普查房屋建筑和市政设施调查的工作成效,夯实了住房和城乡建设部的信息化新基石。

新中国成立以来,我国首次对房屋建筑和市政设施开展了普查工作,以此系统性地搭建了房屋建筑和市政设施的准确与权威信息。这可作为我国制定和实施国家发展战略与统筹建设资源配置的重要依据,作为推进生态文明和美丽中国建设的重要数据支撑,作为防灾减灾工作和应急保障服务的重要保障。

该书提出了房屋建筑与市政设施普查技术的标准和普查指标体系,梳理了不同年代不同类型的房屋、道路、桥梁以及供水设施特征,提炼了遥感等新技术在普查工作中的应用以及相关智能信息平台的建设。从目标价值、技术方法,到工作组织与实践应用,为房屋建筑与市政设施普查工作搭建了综合系统性的实证框架,有利于推动普查工作的科学发展,有利于确保普查数据的精准权威。

房屋建筑与市政设施普查既是全国建设行业发展的数据基石,也是推动城乡高质量发展的重要抓手。结合住房保障、城市体检、韧性建设、绿建评估、友好社区、智能建造等,房屋建筑与市政设施普查工作必将进一步提升人民城市为人民的服务品质、运行效率、决策水平。

中国工程院院士
清华大学建筑学院教授

编 前 语

为贯彻落实习近平总书记关于提高自然灾害防治能力重要论述精神，国务院决定于 2020 年至 2022 年开展第一次全国自然灾害综合风险普查工作。住房和城乡建设部按照职责分工，结合工作实际组织开展全国范围内房屋建筑和市政设施承灾体调查工作，通过开展普查摸清房屋建筑和市政设施底数。为总结实践经验，推进普查成果长效更新及应用，特编写本书。

本书由住房和城乡建设部信息中心会同中国建筑科学研究院有限公司、北京市市政工程设计研究总院有限公司、中国城市规划设计研究院、奥格科技股份有限公司、国泰新点软件股份有限公司等，联合业内 10 余家单位共同编写。住房和城乡建设部信息中心于静主任，作为本次房屋和市政设施底图制备工作的总负责人、本书主编，统筹指导普查全过程的技术规划、决策和实施，以及本书纲领制定、编写组织及审校工作。武彦清、张宁、马牧野、李荣梅、王琳峰 5 人担任本书副主编。此外，李荣梅承担第 1 章的编写，马牧野承担第 2 章的编写，张宁承担第 3 章的编写，李刚超承担第 4 章的编写，邓明亮承担第 5 章的编写，李荣梅、詹慧娟承担第 6 章的编写。

《房屋建筑与市政设施普查技术与实践》分析了房屋建筑和市政设施普查的背景、政策和标准，梳理了房屋、道路、桥梁和供水现状，总结了房屋建筑和市政设施底图制备关键技术，重点描述了房屋建筑和市政设施的调查技术，以及在调查基础上进行的数据应用平台建设，展望了房屋建筑和市政设施的应用发展，为房屋建筑和市政设施调查成果在全国的应用提供支撑。

感谢河北省住房和城乡建设厅、北京市住房和城乡建设委员会、天津市住房和城乡建设委员会等省级住房和城乡建设主管部门，在房屋建筑与市政设施普查工作的尽责与求精，为本书提供了数据应用和实践基础。

感谢中国工程院丁烈云院士，中国工程院院士、深圳大学智慧城市研究院院长郭仁忠教授，中国工程院院士、清华大学建筑学院庄惟敏教授的序言。

由于时间仓促，疏漏之处在所难免，诚邀广大读者批评指正。

目 录

第1章

概　述

1.1　普查背景

我国是世界上受自然灾害影响最严重的少数几个国家之一。我国自然灾害的形成深受自然环境与人类活动的影响，有明显的南北不同和东西分异。广大的东部季风区是自然灾害频发、灾情比较严重的地区，华北、西南和东南沿海是自然灾害多发区。我国幅员辽阔，南北跨度 5500 千米，东西跨度 5200 千米，东部和南部大陆海岸线 1.8 万多千米，气候复杂多样、季风气候显著，各天气系统对我国都有影响；温带为主的气候区，利于各种病、虫、草的繁衍；我国位于欧亚板块、太平洋板块与印度洋板块交界处，地壳活动性大，地震活动频度高、强度大、震源浅、分布广，整体地震灾害形势较为严峻；我国地质结构复杂，地形起伏大，地貌单元多，降雨量与植被分布不均，使得地表与地下径流变化很大，灾害源多；我国人口众多，人类活动频繁，人为致害作用强。我国的自然灾害种类多，发生频率高，灾情严重；自然灾害区域性特征明显、季节性和阶段性特征突出、灾害共生性和伴生性显著。

据水利部公布的中国水旱灾害公报数据统计，在 2006—2018 年间全国 31 省（区、市）发生的干旱灾害，因旱受灾面积累计 191189 千公顷，其中成灾面积累计 101183 千公顷、绝收面积累计 20492 千公顷；因旱粮食损失累计 2849 亿公斤、经济作物损失累计 3339 亿元；因旱直接经济损失累计 11073 亿元。其中，受水旱灾害影响较为严重的 2007 年，因旱受灾面积 29386 千公顷，其中成灾面积 16170 千公顷、绝收面积 3191 千公顷；因旱粮食损失 374 亿公斤、经济作物损失 422 亿元；因旱直接经济损失 1094 亿元。2010—2018 年间，全国 31 省（区、市）遭受的洪涝灾害，受灾人口累计 9.06 亿人，因灾死亡累计 7183 人、失踪累计 2107 人，倒塌房屋累计 515 万间，直接经济损失累计 21512 亿元；其中，受洪涝灾害影响最严重的 2010 年，受灾人口 2.11 亿人，因灾死亡 3222 人、失踪 1003 人，倒塌房屋 227 万间，直接经济损失 3745 亿元。2006—2018 年间，累计 100 个来自西北太平洋的台风（含热带风暴）登陆我国；其中 2008 年与 2018 年数量最多，均为 10 个。据自然资源部发布的中国海洋灾害公报数据显示，2010—2019 十年间，各类海洋灾害给我国沿海经济社会发展和海洋生态带来了诸多不利影响，共造成直接经济损失 1001 亿元，死亡（含失踪）628 人；其中 2013 年海洋灾害最为严重，共造成直接经济损失 163 亿元，死亡（含失踪）121 人。风暴潮灾害是影响我国最严重的海洋灾害，2010—2019 年十年间，我国沿海累计发生风暴潮 180 次，直接经济损失 865 亿元，直接经济损失占海洋灾害总损失的 86.41%。据自然资源部发布的全国地质灾害通报数据显示，2010—2019 年十年间，全国共发生地质灾害 12.3 万起，共造成 6063 人死亡或失踪、2088 人受伤，直接经济损失 451 亿元。

新中国成立以来，党和政府高度重视自然灾害防治，发挥我国社会主义制度能够集中力量办大事的政治优势，防灾、减灾、救灾成效举世公认。自 20 世纪 80 年代始，我国就已经开始了自然灾害的立法应对，现有的专门应对自然灾害类的法律主要有：2019 年 12 月 28 日修订的《中华人民共和国森林法》、2016 年 7 月 2 日修正的《中华人民共和国防洪法》、2008 年 12 月 27 日修订的《中华人民共和国防震减灾法》、2016 年 11 月 7 日修正的《中华人民共和国气象法》、2018 年 10 月 26 日修正的《中华人民共和国防沙治沙法》、2007 年 8 月 30 日颁布的《中华人民共和国突发事件应对法》等。除此之外，一些法规和条例的颁布实施也有力地应对了自然灾害的发生，例如：1983 年 12 月 29 日颁布实施的《海洋石油勘探开发环境保护管理条例》、2018 年 3 月 19 日修订的《水库大坝安全管理条例》、2011 年 1 月 8 日修订的《防汛条例》、2017 年 10 月 7 日修订的《自然保护区条例》、2011 年 1 月 8 日修订的《破坏性地震应急条例》、2000 年 5 月 27 日颁布实施的《蓄滞洪区运用补偿暂行办法》、2002 年 3 月 19 日颁布的《人工影响天气管理条例》、2003 年 11 月 24 日颁布的《地质灾害防治条例》、2005 年 6 月 7 日颁布的《军队参加抢险救灾条例》等。

同时，我国自然灾害防治能力总体还比较弱，提高自然灾害防治能力，是实现"两个一百年"奋斗目标、实现中华民族伟大复兴中国梦的必然要求，是关系人民群众生命财产安全和国家安全的大事。2018 年 10 月 10 日，习近平总书记主持召开中央财经委员会第三次会议，对提高自然灾害防治能力进行专门部署，加强自然灾害防治关系国计民生，要建立高效科学的自然灾害防治体系，提高全社会自然灾害防治能力，为保护人民群众生命财产安全和国家安全提供有力保障。提高自然灾害防治能力，坚持以人民为中心的发展思想，坚持以防为主、防抗救相结合，坚持常态救灾和非常态救灾相统一，强化综合减灾、统筹抵御各种自然灾害。形成各方齐抓共管、协同配合的自然灾害防治格局；坚持以人为本，切实保护人民群众生命财产安全；坚持生态优先，建立人与自然和谐相处的关系；坚持预防为主，努力把自然灾害风险和损失降至最低；坚持改革创新，推进自然灾害防治体系和防治能力现代化；坚持国际合作，协力推动自然灾害防治。针对关键领域和薄弱环节，明确提出要推动建设九项重点工程，实施灾害风险调查和重点隐患排查工程，掌握风险隐患底数；实施重点生态功能区生态修复工程，恢复森林、草原、河湖、湿地、荒漠、海洋生态系统功能；实施海岸带保护修复工程，建设生态海堤，提升抵御台风、风暴潮等海洋灾害能力；实施地震易发区房屋设施加固工程，提高抗震防灾能力；实施防汛抗旱水利提升工程，完善防洪抗旱工程体系；实施地质灾害综合治理和避险移民搬迁工程，落实好"十三五"地质灾害避险搬迁任务；实施应急救援中心建设工程，建设若干区域性应急救援中心；实施自然灾害监测预警信息化工程，提高多灾种和灾害链综合监测、风险早期识别和预报预警能力；实施自然灾害防治技术装备现代化工程，加大关键技术攻关力度，提高我国救援队伍专业化技术装备水平。

为贯彻落实中央财经委员会关于提高自然灾害防治能力的部署要求，按照党中央、国务院决策部署，为全面掌握我国自然灾害风险隐患情况，提升全社会抵御自然灾害的综合防范能力，经国务院同意，定于 2020 年至 2022 年开展第一次全国自然灾害综合风险普查工作，应急管理部、自然资源部、住房和城乡建设部、生态环境部、水利部、交通运输部、中国气象局、中国地震局、国家林业和草原局等部门协同开展，本次普查涉及的自然灾害类型主要有地震灾害、地质灾害、气象灾害、水旱灾害、海洋灾害、森林和草原火灾等。普查内容包括主要自然灾害致灾调查与评估，人口、房屋、基础设施、公共服务系统、三次产业、资源和环境等承灾体调查与评估，历史灾害调查与评估，综合减灾资源（能力）调查与评估，重点隐患调查与评估，主要灾害风险评估与区划以及灾害综合风险评估与区划。

房屋建筑是人类栖息活动的场所，反映了一种人类对于物质与精神的需求，同时也是自然灾害中最重要的承灾体之一。房屋建筑受地震、崩塌、泥石流、山体滑坡、洪水、台风灾害的影响最大，在我国的主要林区，森林火灾也会对房屋建筑产生较大的破坏。地震、山体滑坡、泥石流等自然灾害发生时所造成的房屋建筑倒塌、损坏，严重影响了人民生命财产安全，灾害发生时，由于房屋建筑倒塌导致的供水、供电设施损毁，造成供水、供电瘫痪，严重影响城乡居民供水、供电。同时历次震灾情况表明，地震灾害发生时引发的泥石流、山体滑坡等自然灾害所造成道路交通、桥梁功能瘫痪，严重影响抢险救灾的最佳时机。地质灾害发生时严重情况下会导致供水设施损毁，造成供水瘫痪，影响城市供水；特别是老旧管网更容易产生断裂、渗漏等危险，引起其他市政灾害，应及时排查。

根据《国务院办公厅关于开展第一次全国自然灾害综合风险普查的通知》（国办发〔2020〕12号）和国务院第一次全国自然灾害综合风险普查领导小组办公室（简称普查办）制定的《第一次全国自然灾害综合风险普查总体方案》（国灾险普办发〔2020〕2号）、《第一次全国自然灾害综合风险普查实施方案（试点版）》（国灾险普办发〔2020〕13号），以及"灾害风险普查和重点隐患排查工程"的整体部署，针对我国现有房屋建筑和市政设施抗震设防性能不清的现状，住房和城乡建设部结合现有的房屋建筑管理和市政设施工作，开展全国范围内的房屋建筑和市政设施抗震设防基本信息调查工作。开展第一次全国房屋建筑和市政设施调查底图制备的专项普查，以高分辨率卫星影像数据为底图，提取全国范围房屋建筑和市政设施单体矢量数据，作为房屋建筑和市政设施实地调查的基础底图数据，利用外业调查软件APP，开展房屋建筑的用途、建筑面积、结构类型、层数、设防情况以及市政设施的道路、桥梁、供水管线等信息调查，在APP外业调查软件移动端填报调查信息，形成满足应急管理要求的房屋建筑和市政设施调查成果，同时可为"地震易发区市政设施加固工程"提供数据支撑。

1.2 普查政策和标准

2019年12月6日，国家减灾委员会办公室印发应急管理部会同相关部门编制的《全国灾害综合风险普查总体方案》，总体方案中明确了普查任务的总体目标与主要任务、实施原则、普查范围与内容、总体技术路线与方法、空间信息制备与数据库、软件系统建设、质量管理、普查成果与成果汇交、组织实施与保障措施。一是全面获取我国地震灾害、地质灾害、气象灾害、水旱灾害、海洋灾害、森林和草原火灾等自然灾害致灾信息，人口、房屋、基础设施、公共服务系统、三次产业、资源和环境等承灾体信息，历史灾害信息，掌握重点隐患情况，查明区域抗灾和减灾能力；二是客观认识我国和各地区当前致灾风险水平、承灾体脆弱性水平、综合风险水平、综合防灾减灾能力和区域多灾并发群发、灾害链特征，科学预判今后一段时间内灾害风险变化特点和趋势，形成全国自然灾害防治区划建议；三是建立健全全国自然灾害综合风险与减灾能力调查评估指标体系，分类别、分区域、分层级的国家自然灾害风险与减灾能力数据库，开发综合风险和减灾能力调查评估信息化系统，形成一整套灾害综合风险普查与常态业务相互衔接的工作制度。其中房屋建筑承灾体调查的主要内容为：内业提取城镇和农村住宅、非住宅房屋建筑单栋轮廓，掌握房屋建筑的地理位置、占地面积信息；在房屋建筑单体轮廓底图基础上，外业实地调查并使用 APP 终端录入单栋房屋建筑的建筑面积、结构、建设年代、用途、层数、使用状况、设防水平等信息。市政设施调查的主要内容是获取城镇市政桥梁、道路、供水设施（包括供水管网、泵站、水厂等）的地理位置、物理属性以及设防水平等信息。

2020 年 5 月 31 日，国务院办公厅发布开展第一次全国自然灾害综合风险普查的通知，通知明确全国自然灾害综合风险普查是一项重大的国情国力调查，是提升自然灾害防治能力的基础性工作。通过开展自然灾害普查，摸清全国自然灾害风险隐患情况，查明重点地区抗灾能力，客观认识全国各地自然灾害综合风险水平，为中央和地方各级政府有效开展自然灾害防治工作、切实保障经济社会可持续发展提供权威的灾害风险信息和科学决策依据。普查对象包括与自然灾害相关的自然和人文地理要素，省、市、县各级人民政府及有关部门，乡镇人民政府和街道办事处，村民委员会和居民委员会，重点企事业单位和社会组织，部分居民等。普查内容包括主要地震灾害、地质灾害、气象灾害、水旱灾害、海洋灾害、森林和草原火灾等自然灾害致灾调查与评估，人口、房屋、基础设施、公共服务系统、三次产业、资源和环境等承灾体调查与评估，历史灾害调查与评估，综合减灾能力调查与评估，重点隐患调查与评估，主要灾害以及灾害综合风险评估与区划。

2020 年 9 月，国务院第一次全国自然灾害综合风险普查领导小组办公室发布《第一次全国自然灾害综合风险普查实施方案（试点版）》，实施方案在总体方案的基础上，明确了主要灾害致灾调查与评估、承灾体调查与评估、历史灾害调查与评估方案、综合减灾资源调查与评估、重点隐患调查与评估、主要灾害以及灾害综合风险评估与区划、空间数据制备、质检核查与成果汇集、数据库与软件系统建设、灾害综合风险普查培训、灾害综合风险普查宣传以及组织实施等内容与规范。其中房屋建筑调查范围包括城镇房屋建筑与农村房屋建筑。城镇房屋包括城镇范围内所有现存的住宅类及其他建筑等。城镇房屋以县（市、区）为基本单位，充分利用地籍调查和不动产登记成果，以国家统一提供的房屋建筑调查底图为基础，实地调查单栋住宅、非住宅房屋建筑的建筑面积、结构类型、建造年代、用途、层数、使用状况、设防基本情况等信息。农村房屋包括农村集体用地范围内的农村住宅房屋、农村非住宅房屋，其中农村非住宅房屋包括集体公共房屋（村民中心、卫生服务站、文体综合类房屋、幼儿园、学校、养老院、公共浴厕、基础设施和其他公用建筑）和集体经营房屋（集体生产经营用房、开发性工业用房或商业用房），在国家统一提供的房屋建筑调查底图基础上，实地调查各类农村房屋的基本属性信息和抗灾设防信息，以及房屋现状和改造、加固情况。市政设施调查主要是获取城镇市政桥梁、道路、供水设施（包括供水管网、泵站、水厂等）的地理位置、物理属性以及设防水平等，在国家统一提供的市政设施调查底图基础上，实地调查各类市政设施的位置范围、使用情况、受损情况等基本属性信息。

2020 年 11 月，第一次全国自然灾害综合风险普查领导小组办公室与住房和城乡建设部联合发布《第一次全国自然灾害综合风险普查房屋建筑和市政设施调查实施方案（试行）》，实施方案中明确了房屋建筑和市政设施调查的工作依据、工作目的、标准时点、调查对象、调查内容和调查表、调查组织实施、调查方法流程、调查数据处理、调查质量控制、调查质量审核、调查时间要求与调查纪律等内容。房屋建筑和市政设施调查登记的主要内容包括：城镇和农村房屋建筑的基本信息、建筑信息、设防信息和使用情况，根据不同的调查对象和调查内容，制定城镇住宅建筑调查信息采集表、城镇非住宅建筑调查信息采集表、农村住宅建筑调查信息采集表、农村非住宅建筑调查信息采集表、市政道路调查信息采集表、市政桥梁调查信息采集表、供水设施—厂站调查信息采集表、供水设施—管道调查信息采集表等调查表。调查采用全面调查的方法，房屋建筑以标准时点实际存在的每一栋单体建筑为单位进行登记，调查登记采用内外业结合的作业方式开展，调查工作全程采用信息化工作模式。

2020 年 12 月，住房和城乡建设部发布《城镇房屋建筑调查技术导则（试点版）》，技术导则中明确了城镇房屋建筑调查的规范性引用文件、基本规定、组织实施、调查内容。调查内容包括房屋基本信息、建筑信息、建筑抗震设防基本信息、房屋建筑使用情况。房屋的基本信息内容包括建筑名称、单位名称、建筑地址、户数、产权单位、产权登记，房屋的建筑信息内容包括建筑层数（地上、地下）、建筑面积、建筑高度、建造时间、结构类型、房屋用途、是否采用减隔震、是否为保护性建筑、是否专业设计建造等，房屋建筑使用情况包括是否进行过改造、改造时间、是否进行过抗震加固、抗震加固时间与房屋有无明显可见的裂缝、变形、倾斜等缺陷。

2020 年 12 月，住房和城乡建设部发布《农村房屋建筑调查技术导则（试点版）》，技术导则中明确了农村房屋建筑调查的工作目标、工作任务、责任主体与职责分工、组织实施方案、农村住宅建筑调查内容与非住宅建筑调查内容。农村住宅建筑调查内容包括基本信息、建筑信息、抗震设防信息和使用情况四部分。分为独立住宅、集合住宅和住宅辅助用房三类。其中独立住宅基本信息包括地址、户主姓名、身份证号、常住人口数，建筑信息包括建设概况、结构类型、设计方式、施工方式、安全鉴定情况和建设方式等，抗震设防信息需要填报的信息包括抗震加固和抗震构造措施，使用情况包括变形损伤与改造情况；集合住宅基本信息包括建筑（小区）名称、居住户数、建筑地址，建筑信息包括建设概况、结构类型，抗震设防信息主要是抗震加固情况，使用情况包括变形损伤和改造情况；住宅辅助用房指附属于农村住宅的非人员居住的其他功能建筑，主要指独立住宅附属的非居住功能房屋，也包括集合住宅中按户分配的辅助用房，用途包括厨房、厕所、车库、仓库、养殖圈舍等，需要填写户主姓名和身份证信息。农村非住宅建筑调查内容包括基本信息、建筑信息、抗震设防信息和使用情况四部分。其中基本信息包括建筑名称、产权性质、建筑地址等，建筑信息包括建设概况、结构类型、建筑用途、设计方式和施工方式等，抗震设防信息包括抗震加固和构造措施，使用情况包括变形损伤和改造情况。

2020 年 12 月，住房和城乡建设部发布《市政设施承灾体调查技术导则（试点版）》，技术导则中明确了市政设施承灾体调查的工作目标、工作任务、责任主体与职责分工、组织实施方案以及道路设施、桥梁设施、供水设施的调查内容。道路设施调查内容包括市政道路设施信息、市政道路基本信息及安全信息两部分，其中市政道路设施信息包括位置行政区划、沿线高架、立交、交叉口等设施，市政道路基本信息及安全信息包括道路名称、是否分段、工程投资、通车日期、路幅形式、机动车道数、红线宽度、设计速度等内容。桥梁设施调查内容包括行政区域、桥梁名称、桥梁类别、功能类型、桥梁长度面积、附属设施、承载体隐患等内容，其中附属设施包括防护类型、防护等级、伸缩缝类型、支座类型、抗震设施、加固维修记录等，承载体信息包括是否存在滑坡、泥石流灾害、是否存在冲刷或冰凌、是否存在车船物撞击风险等。供水设施调查包括城市的取水设施（含预处理设施）、输水管道、净水厂设施（含地下水配水厂）、加压泵站设施以及配水干管管网，主要归为供水设施厂站和管道两大类。供水设施厂站调查内容包括设施名称、设施位置、结构形式、外观检查、是否有明显沉降、钢结构厂房、厂区周边存在的灾害隐患、是否处于地质采空区、厂站设计情况、取水形式、防洪标准等；供水管道调查内容包括输水管道和配水干管的敷设方式、沿线灾害隐患、是否处于地质采空区、结构设计年限及等级、抗震设防烈度及类别、管道位置、长度、根数、管龄、管材等。

1.3 普查目标与应用价值

房屋建筑和市政设施普查是一项重大的国情国力调查，是全面获取房屋建筑和市政设施信息的重要手段。普查的目的是查清我国各地区房屋建筑和市政设施的现状和空间分布情况，为开展常态化房屋建筑和市政设施调查奠定基础，满足经济社会发展和生态文明建设的需要，提高房屋建筑和市政设施信息对政府、企业和公众的服务能力。开展全国房屋建筑和市政设施普查，系统掌握权威、客观、准确的房屋建筑和市政设施信息，是制定和实施国家发展战略与规划、优化国土空间开发格局和各类资源配置的重要依据，是推进生态环境保护、建设资源节约型和环境友好型社会的重要数据支撑，是做好防灾减灾工作和应急保障服务的重要保障，也是相关行业开展调查统计工作的重要数据基础。

开展全国房屋建筑和市政设施普查，是全面查实查清全国房屋建筑和市政设施信息的重要手段。第一次全国房屋建筑和市政设施专项普查作为一项重大的国情国力调查，目的是全面细化和完善全国房屋建筑和市政设施现状及其土地利用基础数据，国家直接掌握翔实准确的全国房屋建筑和市政设施情况，进一步完善土地调查、监测和统计制度，实现成果信息化管理与共享，满足生态文明建设、空间规划编制、供给侧结构性改革、宏观调控、自然资源管理体制改革和统一确权登记、国土空间用途管制等各项工作的需要。开展第一次全国房屋建筑和市政设施专项普查，对贯彻落实最严格的土地保护制度和最严格的节约用地制度，提升国土资源管理精准化水平，支撑和促进经济社会可持续发展等均具有重要意义。

1）防灾减灾

我国是世界上自然灾害最为严重的国家之一，灾害种类多、分布地域广、发生频率高、造成损失重。在全球气候变化和我国经济社会快速发展的背景下，近年来，我国自然灾害损失不断增加，重大自然灾害乃至巨灾时有发生，我国面临的自然灾害形势严峻复杂，灾害风险进一步加剧。在这种背景下，全面开展防灾减灾工作，是落实国家重大方针政策，推进经济社会平稳发展，构建和谐社会的重要举措；有利于进一步唤起社会各界对防灾减灾工作的高度关注，增强全社会防灾减灾意识，普及推广全民防灾减灾知识和避灾自救技能，提高各级综合减灾能力，最大限度地减轻自然灾害的损失。

开展全国房屋建筑和市政设施专项普查，掌握翔实准确的全国房屋建筑和市政设施承灾体空间分布及灾害属性特征，掌握受自然灾害影响的人口和财富的数量、价值、设防水平等底数信息，建立承灾体调查成果数据库，最终为非常态应急管理、常态灾害风险分析和防灾减灾、空间发展规划、生态文明建设等各项工作提供基础数据和科学决策依据。以调查为基础、评估为支撑，客观认识当前全国和各地区房屋建筑和市政设施承灾体脆弱性水平、综合风险水平、综合防灾减灾救灾能力，形成全国房屋建筑和市政设施自然灾害防治区划和防治建议。通过实施普查，建立健全全国自然灾害综合风险与减灾能力调查评估指标体系，分类型、分区域、分层级的国家自然灾害风险与减灾能力数据库，多尺度隐患识别、风险识别、风险评估、风险制图、风险区划、灾害防治区划的技术方法和模型库，开发综合风险和减灾能力调查评估信息化系统，形成一整套自然灾害综合风险普查与常态业务工作相互衔接、相互促进的工作制度。

2）城市管理

城市管理是指以城市这个开放的复杂系统为对象，以城市基本信息流为基础，运用决策、计划、组织、指挥等一系列机制，采用法律、经济、行政、技术等手段，通过政府、市场与社会的互动，围绕城市运行和发展进行的决策引导、规范协调、服务和经营行为。广义的城市管理是指对城市政治的、经济的、社会的和市政的管理等一切活动进行管理；狭义的城市管理通常就是指与城市规划、城市建设及城市运行相关联的城市基础设施、公共服务设施和社会公共事务的管理等的市政管理。现代城市作为区域政治、经济、文化、教育、科技和信息中心，是劳动力、资本、各类经济、生活基础设施高度聚集，人流、资金流、物资流、能量流、信息流高度交汇，子系统繁多的多维度、多结构、多层次、多要素间关联关系高度繁杂的开放的复杂巨系统。对现代城市的管理必须遵从复杂巨系统的规律。

开展全国房屋建筑和市政设施专项普查，掌握我国房屋建筑的数量、分布、面积、权属等信息，有利于提高城市房地产的经济管理和行政管理水平，有利于提高城市土地开发和房屋建设的计划管理，组织协调房地产业发展的行业管理，对房地产交易进行经济调节的市场管理，土地利用和房屋建筑、维护的经济技术政策管理等。有利于掌握城市房地状况和变动助产籍、地籍管理；保障所有权和使用权主体权益的产权管理；有关房地产管理的法令、规章、政策的拟订及教学、科研的管理等。

开展全国房屋建筑专项普查，可为数字化城市管理提供海量、及时、科学的空间数据与属性数据基础，促进城市人流、物资流、资金流、信息流、交通流的通畅与协调，以信息化手段来处理、分析和管理整个城市的所有部件和事件信息，实现基于网格地图的精细化城市管理，提供强大的结构化数据与非结构化数据的查询统计和数据分析功能，强化空间信息管理和利用，保障基础数据资源管理系统实现地理信息资源的整合、扩展、维护和更新，保障数字城管项目的高效实施和长效维护，为城市科学管理综合评价提供可靠依据。

开展全国市政设施专项普查，有利于城市人民政府根据地下空间实际状况和城市未来发展需要，立足城市地下市政基础设施高效安全运行和空间集约利用，统筹城市地下空间和市政基础设施建设，合理部署各类设施的空间和规模。有利于推动建立完善城市地下市政基础设施建设协调机制，推动相关部门沟通共享建设计划、工程实施、运行维护等方面信息，加快推进基于信息化、数字化、智能化的新型城市基础设施建设和改造，提升城市地下市政基础设施数字化、智能化水平和运行效率。

3）社会治理

开展全国房屋建筑和市政设施专项普查，是服务供给侧结构性改革，保障国民经济平稳健康发展的重要基础。当前我国经济发展进入新常态，不动产统一登记、生态文明建设和自然资源资产管理体制改革等工作提上了重要议事日程，这些都对土地基础数据提出了更高、更精、更准的需求。开展第一次全国房屋建筑专项普查，全面掌握各地区房屋建筑和市政设施的数量、质量、结构、分布和利用状况，是实施土地供给侧结构性改革的重要依据；是合理确定土地供应总量、结构和时序的必要前提；是优先保障战略性新兴产业发展用地，促进产业转型和优化升级的现实需要。

开展全国房屋建筑和市政设施专项普查，是牢固树立和贯彻落实新发展理念，促进存量土地再开发，实现节约集约利用自然资源的重要保障。我国人多地少，当前工业化、城镇化正处于快速发展阶段，国民经济也处于中高速发展时期，建设用地供需矛盾十分突出。牢固树立和贯彻落实创新、协调、绿色、开放、共享的新发展理念，大力促进节约集约用地，走出一条建设占地少、利用效率高的符合我国国情的土地利用新路子，是关系民族生存根基和国家长远利益的大计。开展全国房屋建筑专项普查，全面查清城镇、农村内部各类建设用地状况，是全面评价土地利用潜力，精准实施差别化用地政策，开展土地存量挖潜和综合整治，贯彻建设用地管控方针的基本前提；也是落实最严格的节约用地制度，科学规划土地、合理利用土地、优化用地结构、提高用地效率，实现建设用地总量和强度双控的重要依据。

开展全国房屋建筑和市政设施专项普查，是实施不动产统一登记，维护社会和谐稳定，实现尽心尽力维护群众权益的重要举措。保护产权是坚持社会主义基本经济制度的必然要求，房屋建筑是人民群众和企业的重要财产权益。自然资源领域重大改革、征地拆迁补偿、保障性住房用地保障、农村宅基地管理、土地整治、矿产勘查开发、地质灾害防治等工作，均与人民群众和企业利益息息相关。开展全国房屋建筑专项普查，查清房屋建筑权属状况，巩固并完善现有各类不动产确权登记成果，是有效保护人民群众合法权益和企业利益，及时调处各类土地权属争议，积极显化农村集体和农民土地资产，维护社会和谐稳定的重要基础。开展全国市政设施专项普查，有利于扭转"重地上轻地下""重建设轻管理"观念，切实加强城市老旧地下市政基础设施更新改造工作力度，落实城市地下市政基础设施建设管理中的权属单位主体责任和政府属地责任、有关行业部门监管责任，确保各项工作落到实处。

第 2 章

/
现状梳理

2.1 房屋现状梳理

2.1.1 房屋建筑分类及适用范围

1）分类及依据

在做好防灾减灾工作和应急保障服务重要保障的背景下，以落实房屋建筑普查工作为目的；依据《国务院办公厅关于开展第一次全国自然灾害综合风险普查的通知》（国办发〔2020〕12 号）和国务院第一次全国自然灾害综合风险普查领导小组办公室制定的《第一次全国自然灾害综合风险普查总体方案》（国灾险普办发〔2020〕2 号）、《第一次全国自然灾害综合风险普查实施方案（试点版）》（国灾险普办发〔2020〕13 号），以及"灾害风险普查和重点隐患排查工程"的整体部署；结合自新中国成立以来，我国各类法规日趋成熟，房屋建设项目逐步规范的时代背景；本书分类特以 1949 年为界，按照大的历史时段进行分类：

当代类型房屋建筑：1949 年以来的房屋建筑统称为当代类型；

历史类型房屋建筑：1949 年以前的房屋建筑统称为历史类型。

2）相关法规文献和标准规范

（1）当代类型房屋建筑（1949 年至今）

当代类型的房屋建筑相关的重要管理与设计分类标准，包括国家法律、部门规章、行业标准规范文件等重要文件，也是开展房屋建筑普查与调查、数据库建设工作的重要前置条件。涉及文件主要有：

①国家法律法规与规章

《中华人民共和国建筑法》

《中华人民共和国消防法》

《中华人民共和国防震减灾法》

《地质灾害防治条例》

②行业标准规范

《民用建筑设计统一标准》GB 50352—2019

《建筑工程抗震设防分类标准》GB 50223—2008

《建筑抗震鉴定标准》GB 50023—2009

《建筑设计防火规范（2018 年版）》GB 50016—2014

《民用建筑设计术语标准》GB/T 50504—2009

《工程结构设计基本术语标准》GB/T 50083—2014

《镇（乡）村建筑抗震技术规程》JGJ 161—2008

（2）历史类型房屋建筑（1949 年以前）

历史类型的房屋建筑相关的重要管理与设计分类标准，包括国家法律法规、部门规章、行业标准及导则、国际宪章公约类文件，以及建筑史学家研究成果等作为重要的学术语境与工作前置条件。涉及文件主要有：

①国家法律法规与规章

《中华人民共和国文物保护法》

《中华人民共和国文物保护法实施条例》

《历史文化名城名镇名村保护条例》

《文物保护工程管理办法》

《世界文化遗产保护管理办法》

《文物认定管理暂行办法》

②行业标准及导则

《古建筑木结构维护与加固技术标准》GB/T 50165—2020

《古建筑防雷工程技术规范》GB 51017—2014

《古建筑防工业振动技术规范》GB/T 50452—2008

《文物建筑防雷技术规范》QX 189—2013

《文物建筑防火设计规范》DB11/1706—2019

《中国文物古迹保护准则》

《文物消防安全检查规程（试行）》

③ 国际宪章公约类文件

《实施世界遗产公约的操作指南》

《国际古迹保护与修复宪章》

《保护世界文化和自然遗产公约》

④ 建筑史学家研究成果

《华夏意匠：中国古典建筑设计原理分析》（李允鉌，2005）

《匠意营造：中国传统建筑》（国家图书馆，2019）

《中国建筑类型及结构（第三版）》（刘致平，2000）

《中国古代建筑史》（刘敦桢，1984）

《中国古代建筑历史图说》（侯幼彬、李婉贞，2002）

《中国建筑史》（伊东忠太，1937）

《中国科学技术史》（李约瑟，1954）

⑤ 传统建筑保护修复相关专著

《中国文物保护与修复技术》（中国文化遗产研究院，2009）

《中国古建筑修建施工工艺》（北京市建设委员会，2007）

《中国古建筑修缮技术》（文化部文物保护科研所，1983）

《历史建筑保护和修复的全过程：从柏林到上海》（魏闽，2011）

《土遗址保护关键技术研究》（王旭东等，2013）

《石质文物保护》（刘强，2012）

《不可移动石质文物保护工程勘查技术概论》（李宏松，2020）

《铁质文物保护技术》（马清林等，2011）

《中国古代壁画保护规范研究》（王旭东等，2013）

3）适用范围

本技术与实践中的房屋建筑的分类标准及指标体系适用于开展全国范围内的房屋建筑调查与普查工作。

适用于指导地方各级政府级相关部门对城镇及农村规划范围内所有房屋，包括当代类型的住宅、非住宅和历史类型的居住建筑、非居住建筑等调查对象。

适用于指导承载体分布及灾害属性调查，明确调查工作的组织实施、调查内容、调查要求等工作内容。

2.1.2　当代类型房屋建筑分类及特征

1）当代房屋主要结构类型

新中国成立之初，我国住宅建筑多以 1～3 层的砖混结构体系为主，随后，我国开始试点研究工业化住宅结构体系。1958 年开始试点修建全装配式钢筋混凝土结构住宅。1975 年，根据装配式住宅的建造经验，结合传统的砖混结构，推出了独特的外砖内模结构住宅。1977 年试点采用外墙为预制板、内墙为大模板现浇钢筋混凝土墙体的多层住宅。20 世纪 80 年代后，钢筋混凝土结构及钢结构住宅逐步发展起来，现已成为我国住宅建筑的主要结构形式。2016 年，《中共中央国务院关于进一步加强城市规划建设管理工作的若干意见》指出，我国今后要发展新型建造方式，大力推广装配式建筑，制定装配式建筑设计、施工和验收规范，实现建筑部件工厂化生产。

（1）砌体结构

①普通砌体结构

砌体结构竖向承重构件采用砌体墙或砌体柱，水平承重构件如楼屋盖和大梁等，一般采用钢筋混凝土材料，也有采用木构件或钢构件。该类建筑物的层数通常均为中低层，造价较低，开间和进深的尺寸及层高都受到一定限制，如图 2.1-1 所示。

图 2.1-1　普通砌体结构

②底层框架—抗震墙砌体结构

底层框架—抗震墙砌体结构是指结构底层或底部两层采用空间较大的钢筋混凝土框架—抗震墙（也有些底部仅有框架无抗震墙，即底框），上部采用砖或砌体承重的建筑，砖或砌体是指块体通过砂浆砌筑而成的整体，包括砖砌体、砌块砌体、石砌体。底层框架—抗震墙结构底部主要用于商店、银行、饭店等需要大空间的建筑，而上部为住宅和办公楼等沿街建筑，如图 2.1-2 所示。

图 2.1-2　底层框架—抗震墙砌体结构

③ 内框架砌体结构

内框架砌体是指内部使用钢筋、混凝土组成的柱和外部使用砌体砌成墙的混合承重的结构形式，简称内框架结构，如图 2.1-3 所示。

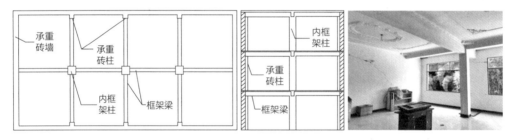

图 2.1-3　内框架砌体结构

（2）钢筋混凝土结构

钢筋混凝土结构即竖向承重构件柱、墙（剪力墙）等采用钢筋混凝土材料，一般水平承重构件如楼盖、大梁等也采用钢筋混凝土材料，其他围护构件如外墙、隔墙等，是由砌块或其他轻质材料构成。其特点是充分发挥钢筋和混凝土的特点，承载力较大，结构的适应性较强，抗震性能较好，耐用年限较长。从多层到高层甚至超高层建筑，都可以采用钢筋混凝土结构。该结构类型具体有：钢筋混凝土框架结构、抗震墙结构、框架—抗震墙结构、异形柱框架结构、框架—剪力墙结构、短肢剪力墙结构、筒体结构、其他钢筋混凝土结构等。

① 钢筋混凝土框架结构

钢筋混凝土框架结构是由钢筋混凝土梁、柱组成框架共同抵抗使用过程中出现的水平荷载和竖向荷载的结构。该结构房屋中的建筑墙体不承重，仅起到围护和分隔作用，一般用预制的加气混凝土、膨胀珍珠岩、空心砖或多孔砖、浮石、蛭石、陶粒等轻质板材砌筑或装配而成。框架结构按跨数分为单跨、多跨框架；按层数分为单层、多层框架；按平面构成分为对称、不对称框架。根据施工工艺一般分为现浇混凝土框架结构、装配式混凝土框架结构、整体装配式混凝土框架结构，房屋结构外观如图 2.1-4 所示。

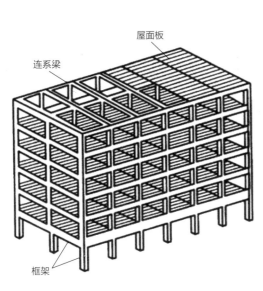

图 2.1-4　框架结构

　　框架结构空间分隔较灵活，隔墙可采用轻质材料，结构自重较轻，地震力较小；可以灵活地配合建筑平面布置，利于安排需要较大空间的建筑结构；另外，框架结构的梁、柱构件易于标准化、定型化，便于采用装配整体式结构，有利于缩短施工工期，减轻环境污染；框架结构的整体性刚度较好，有很好的抗震效果；现浇的框架混凝土结构还可以浇注各种所需的构件截面形式。框架结构被广泛使用于多层建筑。

　　单跨框架结构属于框架结构的一种特殊形式，即指某个方向的框架全部或大部分跨数只有一跨的框架结构。适用于需要大开间的场合，且因其通风好采光佳的特点，在南方教学楼、办公楼等建筑中应用十分广泛，一般单跨框架方向均有悬挑外走廊。值得注意的是只要某一个方向是单跨框架，那么该结构就定义为单跨框架结构，如图 2.1-5 所示。

图 2.1-5　单跨框架结构

② 抗震墙结构

抗震墙结构是由钢筋混凝土抗震墙同时承受竖向荷载和侧向力的结构。抗震墙是利用建筑外墙和内隔墙位置布置的钢筋混凝土结构墙，属于下端固定在基础顶面上的竖向悬臂深梁。竖向荷载在墙体内主要产生向下的压力，侧向力在墙体内产生水平剪力和弯矩。因这类墙体具有较大的承受水平力的能力，故被称为抗震墙结构，如图 2.1-6 所示。

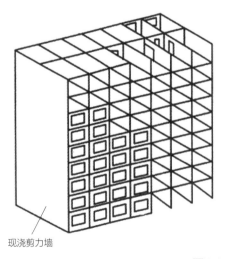

现浇剪力墙

图 2.1-6　抗震墙结构

③ 框架—抗震墙结构

框架—抗震墙结构是由钢筋混凝土组成的梁柱框架和抗震墙结构共同组合在一起形成的结构体系。建筑的竖向荷载分别由框架和剪力墙共同承担，而水平荷载主要由抗侧刚度较大的抗震墙承担。由于抗震墙承担了大部分的剪力，框架的受力状况和内力分布得到改善。框架—抗震墙结构的适用范围很广，它既保留了框架结构建筑布置灵活、使用方便的优点，又具有抗震墙结构抗侧刚度大、抗震设防基本信息好的优点，同时还充分发挥材料的强度作用，具有较好的技术经济指标，如图 2.1-7 所示。

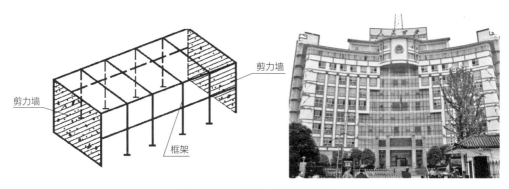

图 2.1-7　框架—抗震墙结构

④ 异形柱框架结构

1970 年后，异形柱框架在天津市开始尝试应用。为解决传统方形柱突出墙面从而造成住宅使用面积损失的问题，用轻质砌块取代破坏耕地的烧结黏土砖，异形柱结构体系应运而生。到今天为止，在低密度住宅中，采用异形柱结构体系的建筑面积占相当大的比例。异形柱结构体系的应用范围正由住宅向宿舍等建筑类型扩展。这充分利用了异形柱框架的优点，产生了良好的经济效益。

异形截面柱（"L"形、"T"形和"＋"形）与相同截面面积的矩形柱构成的框架作比较，框架的总抗侧移刚度约增加 20%，建筑顶点水平位移约减少 8%，这表明采用异形柱后对结构整体受力性能影响不大，但对加强结构空间整体性、提高结构抗风、抗震性能是有利的。另外，采用异形柱使框架梁跨度减小，梁断面也相应减小，使结构的混凝土用量较矩形柱略为减少。就构件而言，层间净高与异形柱肢长之比在 3～4 之间属薄壁短柱构件。因此，异形柱较普通矩形柱的变形能力低，易导致脆性破坏，如图 2.1-8 所示。

⑤ 框架—剪力墙结构

框架—剪力墙结构也称框剪结构，是在框架结构中布置一定数量的剪力墙，构成灵活自由的使用空间，满足不同建筑功能的要求。它是我国改革开放后城镇中高层住宅和高层住宅中应用比较广泛的一种结构型式。它具有框架结构平面的布置灵活，有较大空间的优点，又具有侧向刚度较大的优点。框架—剪力墙结构中，剪力墙主要承受水平荷载，竖向荷载由框架承担，如图2.1-9、图2.1-10所示。

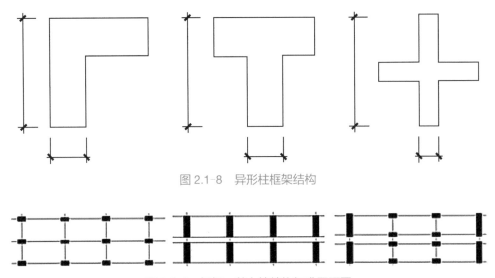

图 2.1-8　异形柱框架结构

图 2.1-9　框架—剪力墙结构标准平面图

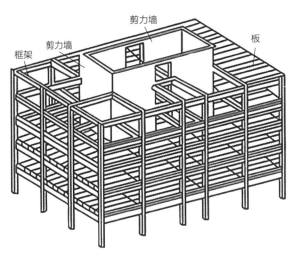

图 2.1-10　框架—剪力墙结构示意图

⑥ 短肢剪力墙结构

短肢剪力墙结构是剪力墙结构体系的分支，它的墙肢比普通剪力墙更短，是一种较为特殊的结构型式。在我国20世纪70年代后期的低密度住宅中，短肢剪力墙可以代替一段隔墙从而隐藏起来，不干扰住宅内部空间的使用。短肢剪力墙结构由于采用了比普通剪力墙更短的墙肢，第一是降低了整体刚度和自重，避免承担不必要的地震效应；第二是直接降低了含钢量，减小了地基的平面面积，控制造价。短肢剪力墙整体性好，节点承载力强。

⑦ 筒体结构

随着社会经济的不断发展，城镇化的不断集中，城市土地越来越紧张，尤其是北上广深等超大型城市，人口越来越多，可开发利用的土地越来越少。建筑的平面建造不断受限，建筑的高度方向发展被人们越来越追求，高层、超高层建筑越来越多，结构体系也从侧向刚度一般的框架结构发展到侧向刚度很大的筒体结构。

筒体结构是由竖向筒体为主组成的承受竖向和水平作用的建筑结构。筒体结构的筒体分抗震墙围成的薄壁筒和由密柱框架或壁式框架围成的框筒等。筒体结构适用于层数较多的高层建筑，在侧向风荷载的作用下，其受力类似刚性的箱型截面的悬臂梁，迎风面将受拉，而背风面将受压，其特点是抗震墙集中而获得较大的自由分割空间，多用于写字楼建筑等，如图 2.1-11 所示。

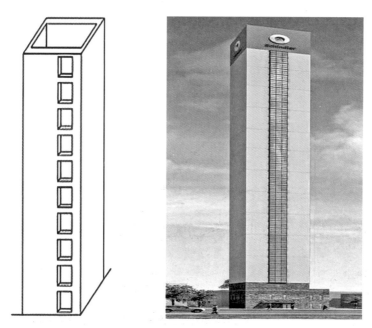

图 2.1 11　筒体结构

⑧ 其他钢筋混凝土结构

对于钢筋混凝土厂房以及抗侧力构件为钢筋混凝土、楼屋盖为钢等的结构形式仍归为钢筋混凝土结构，其结构类型取决于抗侧力构件的材料，一般即竖向承重构件的材料，如图 2.1-12 所示。

图 2.1-12 钢筋混凝土结构

（3）钢结构

钢结构指其竖向承重构件由钢材制成。钢材造价相对较高，多用于高层及超高层公共建筑和大跨建筑，如体育馆、影剧院、厂房、高层及超高层建筑等。

钢材的特点是强度高、自重轻、整体刚度好、抵抗变形能力强，故用于建造大跨度和超高、超重型的建筑物特别适宜；材料匀质性和各向同性好，属理想弹性体，最符合一般工程力学的基本假定；材料塑性、韧性好，可有较大变形，能很好地承受动力荷载；建筑工期短；其工业化程度高，可进行机械化程度高的专业化生产。如图 2.1-13 所示。

图 2.1-13 钢结构

2）新中国成立至 1970 年城镇住宅形态变化

从 1949 年至今，中国的社会形态发生了深刻转变。作为居民生活的载体，住宅建筑的发展折射出社会政治、经济、文化等领域的发展与变迁。从计划到市场、封闭到开放的跨越直接掀起了中国人居住形式和生活模式的巨大变迁，住房制度也经历了福利房屋分配制度、单元房，到商品房的跳跃式变化，在经济、人口、生产生活方式、政策的影响下，住宅也表现出不同的形态特征。

按照建筑高度与层数作为划分建筑的依据，可以将住宅的类别分为低层、多层和高层三类。一般来说，1～3 层为低层住宅（1 层为单层住宅），4～6 层为多层住宅，7～9 层为中高层住宅；10 层及以上，或者住宅高度在 24 米以上的为高层住宅；高度在 100 米以上的确定为超高层住宅。

从新中国成立初期到改革开放之前，我国实行完全福利化的住房政策，住房建设资金全部来源于国家基本建设资金，住房作为福利由国家统一供应，以实物形式分配给职工。在计划经济时代，"先生产后生活"成为城市建设的主导政策，一方面建设一批"合理设计不合理居住"的大套型合住住宅，一方面大量出现简易楼、筒子楼，住宅数量和质量都是突出的矛盾，居住条件很差。

1949 年之前，城市住房多为私有制。新中国成立后，新中国人民政府接管、没收了大批帝国主义、资本家、反革命分子的城市占有土地和房地产，形成了初期的公有房地产。"一五"期间，我国城市建设的方针是"重点建设，稳步前进"，国家财力更多使用在工业建设方面，1956 年以前，城市土地没有完全国有化，城市住宅保持着私有与公有并存的形式，主要以低层民宅为主，城镇居民人均居住面积仅 5.7 平方米。这一时期，我国居住环境整体较差，绝大部分城镇居民租住单位或房屋管理部门的房屋，居民住房多以土坯草屋、土木结构为主，散布于城市大街小巷中。1956 年，我国开始对私有住房进行社会主义改造，逐步建立"高福利、低工资、低租金"的住房福利分配制度，城市的住宅主要是工人新村和社会主义的集体住宅，由建设者按级别和家庭人口统一分配，产权公有。这一时期我国住房空间模式以单位制住区为主，具有以下特点：在社会经济层面上，单位制住区是计划经济时期单位制在城市空间维度上的反应；在建筑空间选择上，以"先生产后生活""最小化通勤距离"等原则，单位制住区往往靠近本单位生产或工作单位；在城市空间结构上，单位制住区是城市的基本组成单元，城市由不同性质、规模、位置的单位住区组成；在人群结构上，单位制住区内部人群同质性强，人与人交往较密切，不同单位制住区间人群差异性较大。

"二五"时期（1958—1962 年），我国先后经历了"大跃进""人民公社化运动"、三年经济困难时期，一直致力于调整国民经济结构。同时，在"备战备荒"的国家战略大背景下，国家有关部门一再强调要认真贯彻执行严格控制大城市规模，搞小城市的方针，国民经济的重点是加强农业和轻工业生产，压缩重工业和基本建设规模，住房投资量占基本建设投资的比重也大幅降低，使许多重工业中心和大城市出现萎缩。"文革"期间（1966—1976 年）由于片面强调"先治坡、后治窝"，城镇住宅建设基本处于停滞状态，住房投资占基本建设投资的比重进一步下降。

结合当时的建造水平与成本，无论从用料到后期维护，低层、多层建筑的资源消耗均优于高层建筑，因此，20 世纪 70 年代之前，我国在大中城市一直以 6 层或 6 层以下的住宅为主，以砖混结构、砖木结构居多。

3）1970 年至 1990 年城镇住宅形态变化

20 世纪 70 年代末期，我国人口数量近 10 亿，比新中国成立初期翻一番。但因城镇化进程缓慢，百万人口以上的特大城市机械净增人口仅占总净增人口的 10%，城镇人口的机械增加绝大部分在中小城镇。住房产权公有制度的单一性、非营利性和维护资金的不可持续等问题，叠加人口生育高峰和知识青年回城的双重压力，使中小城镇的基础设施投资缺口的沉疴日益暴露，福利分配已不能解决广大居民的住房需求：一是根据 1977 年统计结果，全国城市人口的人均居住面积仅 3.6 平方米；二是各个城市内部积累的旧房危房越来越多，大片棚户区亟待改造，资金匮乏；三是城市住房需求不断增加，公有住宅的低租金给国家财政造成很大负担。随着改革开放的推进，原有的福利分房体制已经无法适应当时的实际需求，促使我国政府必须寻求解决途径。解决居住问题的思路主要是围绕着住宅供给模式的转变展开。1978 年，邓小平提出"解决住房问题路子要宽些"，我国开始在西安、南宁、柳州、桂林、梧州等市尝试出售住房，奠定了城镇住房向多产权所有制变革的开端。此后，我国政府相继推出了诸如补贴住房、允许居民自建房、设立住房公积金、发展住房金融、改善住房投资体系等政策，促进了我国住房市场的良性发展。1980 年 6 月，国家提出"要准许职工私人建房、私人买房，准许私人拥有自己的住宅"。同年，邓小平提出"建筑业也是可以挣钱的"，明确了住房的商品属性，住房体制改革的方向由此确定。1982 年，郑州、常州、沙市和四平作为城市住房商品化计划扩大范围的试点，试行新建住房补贴出售，由中国人民银行和工商银行配套推出住房维修和买卖贷款的业务。1982 年新宪法第 10 条规定，城市土地归国家所有，标志着城市土地向有偿使用的方向发展。在多种政策措施的刺激下，城市新建住房的投资建设突破了国家和单位的束缚，形成国家、单位和私人组成的多元化投资建设体制。1984 年，政府工作报告中指出："城市住宅建设，要进一步推行商品化试点，开展房地产经营业务，通过多种途径，增加资金来源，逐步缓和城市住房的紧张状况。"1988 年住房制度改革进入了整体方案设计和全面试点阶段，改革的目标是逐步实现住房商品化。可以说，这一时期城镇住宅形态因为住房供给模式的改变开始发生变化。协调住宅的经济性、数量、功能、环境等方面关系成为 20 世纪 80 年代住宅形态变化的重要特征。改变单调的"行列式"住宅空间形态成为我国居住区规划探讨的重点。此外，投资方为了少占地、多建房、提高土地使用率，纷纷选择了高层住宅，板式住宅和塔式住宅逐渐成为城市住宅的主要类型。

高层住宅于 20 世纪 70 年代末开始在大城市出现。高层住宅诞生于我国大城市中住宅数量严重不足，城市住宅建设用地短缺的背景下。单元式多层住宅一直是我国城镇住宅建设的主要类型，在板式住宅的设计方面积累了很多经验，因此这一时期的高层住宅以板楼为主，直接参考了多层建筑标准。塔式住宅作为调剂规划布局、丰富城市景观使用，平面比较简单，绝大多数都是方形或以一个方形为基本单元的拼接，也有"人"字形平面出现。在使用方面，它是高层住宅多被放置在两座高层板楼的山墙面中间或城市用地的转角处，一定程度上发挥了其对用地条件要求较低，适应能力强的特点。这一时期的塔式高层住宅形态有如下特点：以方形平面为基本形式，平面形式过于简单，通风采光效果不佳；住宅进深与面宽比值过大，未能最大限度发挥节约用地提高密度的优势。塔式高层住宅的出现在一定程度上缓解了我国紧张的人地矛盾关系，为我国城镇住宅发展做出了贡献，如图 2.1-14 所示。

（a）遥感图　　　　　　　　　　　　　　　（b）实景照片

图 2.1-14　遥感影像识别塔式高层住宅

1984 年和 1986 年，我国两次降低设市标准，城市数量从 1983 年的 289 个增加到 1989 年的 450 个，比新中国成立时的 132 个增长 241%。住房制度改革进入了整体方案设计和全面试点阶段，我国逐步实现了住房商品化。1980 年中期开始，国家通过对住房政策的改革，明确了住房的商品属性，使得住房的投资主体和建设方式都发生了变化：由国家统一建设、统一分配逐渐被各单位自建、住房商品化所取代。

建设方式的转变使得住宅建筑的经济性和适用性得到重视。这个时期开始建筑密度和容积率也开始增加，住宅虽然还是以多层为主，但是已经开始向高层转变。并且随着城市住房建设标准的提高，具有高密度、高容积率且具有较强用地适用性等特点的塔式高层住宅成为城市高层住宅中主要类型。此外，政策的转变、标准的提高、工业化的发展以及相关防火规范的出台，在一定程度上解放了塔式高层住宅的设计约束，扩大了塔式高层住宅的设计空间，对其形式的多样化发展、功能的合理完善以及居住品质的提高都起到了一定的推动作用。

大多数塔式住宅都是钢土结构，采取"内浇外挂"的大模板体系，大模板现浇内墙，预制外墙板。框架结构、剪力墙结构以及框架—剪力墙结构是塔式住宅设计中最常用的三种结构体系。

4）1990 年至今城镇住宅形态变化

进入 20 世纪 90 年代，随着改革开放的不断深入，居民愈来愈富裕，对居住环境的要求越来越高，居民非常关注不同空间位置的住房可能带来的在环境、公共服务设施、身份、社会交往和工作地点的交通可达性等方面的要求。同时，城市建设进入高速发展的时期，政府实行"统一规划、综合开发、配套建设"，是根据城市总体规划和分区规划事先确定新建居住区的选址，并在选定基地上预先完成居住区详细规划的编制。这一时期，城镇住房问题以及住房制度改革仍然是政府的重要工作。1993 年提出要加快城镇住房制度改革的步伐和城镇住房建设、逐步实现我国城镇住房的商品化和社会化。住房制度改革和住房商品化无疑是改革开放深入后住房政策的主旋律。1994 年颁发的《关于深化城镇住房制度改革的决定》，标志着我国城镇住宅的建设进入市场经济，实现住宅的社会化与商品化；随后出台的《住宅产业化试点大纲》为我国城镇住宅的市场化提供导向，逐步减少福利形式的住宅分配。1996 年，国务院住房制度改革领导小组在全国部分省市房改工作座谈会上指出：要积极推行新租新制、新房新价、加快存量住房改革逐步取消住房福利制度。1998 年成为我国住房体制改革的一个里程碑。1998 年，国务院发出《关于进一步深化城镇住房制度改革加快住房建设的通知》，明确要推动房地产行业成为国民经济新的增长点，改变原有实物分配的住房机制，实行货币化分配的新机制，这标志着我国住房体制改革进入市场化全面发展阶段。同时，针对住房福利制度的终止，为解决城镇低收入群体的住房问题，明确实行差异化的住房政策，首次提出发展廉租房的住房理念，并提出了以高档商品房、经济适用房以及廉租房三个层次构成的住房保障体系。

随着改革开放的推进，国民经济的迅速好转，居民生活水平的提高，以前的住宅建设体制以及住宅标准都已经不能满足居民的需求，随着住房政策从福利住房体系向社会化住房保障体系的根本变迁，功能完整性与环境舒适性逐渐成为当时住宅发展的内在要求。最重要的是国家对于住宅建筑的建设标准逐渐以指导性政策为主，因此 20 世纪 90 年代多样化发展是城镇住宅形态的主要特征，城镇住宅也不再是单一标准的集合式住宅模式。1985 年颁布的《中国技术政策》蓝皮书，在住宅建设方面，引入了"套型"的概念，强调每户除居室外，应当有独立的厨卫及相应的设备，应当设计户型小、功能好、一户一套的住宅。这时的住宅设计更重视住宅的实用功能，住宅使用功能更为灵活，适应性更强，能满足不同人群的各种需求。建设部在 1996 年颁布的《住宅产业现代化试点工作大纲》和《住宅产业现代化试点技术发展要点》中提出："要以规划设计为龙头，以相关材料和部件为基础，以推广应用新技术为导向，以社会化大生产配套供应为主要途径，逐步建立标准化、工业化、符合市场导向的住宅生产体制"。1999 年，建设部颁布了国标《住宅设计规范》GB 50096—2011，指导全国的住宅设计。新规范以套型分类，以居住空间个数和使用面积双指标来控制住宅设计标准。这是我国住宅建筑设计的重要转折点，它标志着我国居住水平由温饱型开始向舒适型迈进。此外，城镇住宅的多样化还体现在规划手法与理念的多样化以及住宅类型的多样化，住宅的标准从单一走向多元，从解困的目标走向了对舒适性的追求。

20 世纪 90 年代随着住房改革的深入，我国形成了以商品房、经济适用房、安居工程、廉租房为主体的多层次住房体系，针对不同的社会阶层和多样化的市场需求，根据不同投资主体，采用不同住宅建设方式，出现了多层住宅、小高层住宅、高层住宅、联排住宅、别墅等多种住宅类型。居住区的空间结构开始注重空间的营造，采用淡化组团结构、加强邻里院落、提高小区的公共服务能力这些手段来创造更加符合居民生活规律的灵活多样的空间结构。在住宅建筑平面布局方面，开始关注居民的舒适度，增加日照间距，布置大空间的中心绿地，强调平面布局的形式美，如轴线式布局、向心式布局、围合式布局等多元化布局形式。这一时期，由于我国在高层住宅的建筑及施工技术方面已经积累了较多经验，可以满足各种建设需求，因此塔式高层住宅成为我国城镇住宅的主要类型。为了追求高容积率和居住密度，这一时期的塔式高层住宅的外形庞大臃肿，严重影响城市景观。板塔结合的住宅开始在这一时期出现。板塔结合的建筑大多采用的是两端塔楼户型，中间板楼户型。板塔结合住宅可以大体上满足采光、通风和保温等要求，又能适当地提高建筑密度，不管是于住户还是开发商来说，都能找到一个平衡。

在经历了新世纪初过热发展和刚刚进入完全市场化的阵痛期后，随着住宅市场的日益完善，我国的住宅政策也发生了变化，关注点开始逐渐从"市场建设"中转移出来。住宅民生的压力促使住宅政策理念发生转变。直到 2004 年由于投资增长过快，国务院提出要把好两道"闸门"，一个是严格控制信贷，再一个是严格控制土地，直指房地产投资领域。同时 2005 年至 2008 年期间，国务院办公厅颁布了"国八条""国六条""国五条"等政策将重点转移到抓紧建立住房保障体系上，稳定房价、调整住房供应结构、解决城市低收入家庭住房的力度大大加强。这一系列政策都是市场经济体制下政府进行的宏观调控手段，以保证房地产市场健康有序发展。此后，国务院出台《关于促进房地产市场持续健康发展的通知》《国务院办公厅关于控制城镇房屋拆迁规模严格拆迁管理的通知》《城镇最低收入家庭廉租住房管理办法》《经济适用住房管理办法》，通过加强住房保障制度来制衡房地产市场的不健康发展，取得一定效果。经济适用房、廉租房重新得到重视，通过控制拆迁居民的赔偿标准也得到相应的提高。但是经济适用房与廉租房等各种保障形式的局限性，对房地产业的制衡作用极其有限。党的十八大以来，我国住房政策重心发生改变，住房由需求管理转向供给侧结构性改革。党的十八大报告提出："要建立市场配置和政府保障相结合的住房制度，加强保障性住房建设和管理，满足困难家庭基本需求。"党的十九大报告提出："坚持房子是用来住的、不是用来炒的定位，坚持多元主体供给、多渠道保障、租购并举的住房制度，让全体人民住有所居。"

在市场经济的作用下，住宅建设发展迅速，尤其是商品房的供应量逐年递增，城市住宅标准随着人们生活水平的提高而大幅提升，追求居住舒适性的同时，类型多样化发展，满足不同人群的各种需要，住宅功能精细化发展，空间设计更加灵活，空间利用更为高效，配套设施更为完善，居住环境也有了质的飞跃。另外，绿色、健康、生态、可持续的设计理念成为住宅发展的新方向。随着城市化进程加快，城市土地资源愈发紧张，我国居住区的空间结构开始出现立体化的发展趋势，大量的高层住宅开始兴建，并逐渐成为我国城市住宅建筑的主要类型之一。高层住宅由于层高的提升，住宅建筑之间的距离加大，所围合的空间变大，点群布局在这一时期显得更加灵活，同时封闭式布局形式逐渐向开放式布局形式转变。居住区规划倾向于将一个地块整体设计，其空间结构自成体系，割裂城市的完整性。

我国住房经过 20 年的飞速发展，随着房地产市场开始出现饱和，城市转向内涵式集约发展，居住区空间形态的集约化开始取代原有粗放式居住区建设模式，城市住房空间形态进入品质提升阶段。其特点是，在有限的空间内，最大限度地满足居民在居住区内部的居住、购物、工作、休闲等需求；居住区平面布局呈现多元化发展，其平面布局开始着眼于城市，在建设开放型居住区的同时更加贴近人对居住区空间的要求，灵活多变的空间形态为居民提供丰富多彩的活动；居住区景观开始注重整体的生态效益，把自身的生态景观融入城市的绿地景观中去，让居住区景观与城市景观形成一种共生的发展态势。

5）农村住宅主要形态

我国经历了长久的农耕时期，受自然和宗族的制约，村落布局基本上是沿河流、圩堤和岗地线性延伸或沿河塘呈团块状连续生长，受宗族核心结构和耕作半径和自然因素的规模控制。中华人民共和国成立后到改革开放初期，原来的生长模式没有质的突破，偶因政治因素造成空间组织结构变化，或受国家工程规划改变原先的发展趋势。改革开放后，随着经济的发展和城市化进程加快，村落规模在这一时期的迅速扩张，也会受村庄外来人口的迁徙的影响成片拓展，周边长出一个或多个较小的新村落，形成主副村落相结合的村落群，产生蛙跳式的生长，与传统生长模式一起形成混合的发展模式。在地形条件允许适度改造的情况下，原先蛙跳式的村落群最终融合为更大规模的连续村聚。

随着我国城镇化进程的加快，农村资源要素不断向城市集中，造成农村人口的大量流失，留下了较多闲置的房屋和抛荒的土地，农村空心化现象明显。随着农业现代化水平的提高，农业生产半径逐渐扩大，村民生活半径扩大，从而导致大规模的违规建房，乡村无序蔓延，聚落空间布局分散混乱。

改革开放后，巨大的收入差距吸引着数以万计的农村人口流向城镇，农村地区大量富余劳动力向城镇的单向流动。21 世纪以来，我国经济社会发展进入加速转型阶段，城市与乡村之间、工业与农业之间、市民与农民之间，发展差距呈现扩大趋势。我国城乡二元结构问题突出，与城市相比，农村发展滞后、农业基础不稳、农民收入较低；随着改革开放和工业化、城市化的推进，大量农村青壮年劳动力逐年向城市转移，"空巢老人""空心村"的现象有增无减，农村老龄化严重，乡村凋敝的现象逐步显现。在我国快速城市化的进程中，农村衰落现象问题突出。

（1）农村住宅地域特征

我国幅员辽阔，民族众多，农村地区面积占比较高，全国各区域农村住宅形式十分丰富，具有就地取材，因地制宜，建成形式多样、风格各异等特点。农村房屋建筑受地理、气候、民俗以及经济水平等因素影响，不同风格民居建筑分布往往呈现区域性特点。在分布特征上大致可分为北方农村建筑、南方农村建筑、典型的农村建筑，如黄土高原地区的窑洞住宅，西南山区的"干阑"住宅、河南山西地区的地坑院、西北地区利用地面上、下构筑的土木结构住宅等，在结合地形、地貌，适应自然条件和利用地方材料等方面各具特色。农村地区经济发展相对落后，住宅以居民自建为主，通常根据居民的实际经济情况和需求，按照当地农居建筑的传统的习惯建造。以土、木、石以及砖为主，少有房屋使用钢筋混凝土等抗震性能较好的建筑材料，由于建筑材料本身强度低，导致房屋建筑质量以及整体性较差。目前我国农村地区最主要的两种房屋结构类型为砖木结构和砖混结构，部分房屋采取了圈梁、构造柱等抗震设防措施。

中国北方多平原，地势开阔平坦，且少雨干燥，冬季寒冷。因此北方农村的传统住宅多为平房，墙体和屋顶较为厚重，占地较大，布局讲究紧凑规整，平面多采用对称布置，以房间组成"四合院"或"三合院"的形式。北方农村住宅的建筑功能要适应家庭生活和农副业生产的双重需要，包括生活用房、生产用房和辅助用房。在自然风情、文化习俗和乡土建筑材料等诸多因素的综合制约下，使得北方各地农村住宅建筑普遍呈现出质朴敦厚的建筑特色。在群体布局上，平原型的构成和离散型的组合带来村镇聚落和宅院总体整齐方正的格局。为满足日照需求、保暖需求，北方农村住宅的建筑单体最大限度地保持着长方形的规则平面，大量住宅都呈"一明两暗"的三间基本型，平面的变化基本上局限于开间的调整，或缩小为两开间，或延伸为五开间，在进深方向几乎没有凹进凸出。此外，北方农村住宅建筑物线角平直，多在屋檐、门窗局部加以装饰，色彩常以材料的原色为主，在细部处理上，建筑装饰较少，擅长"粗材细作"突出重点装饰。北方农村新建的住宅平面多采用非对称布置，或以正房（北房），配以东（或西）房，或只建一排正房的形式。宅基多为矩形，分布规矩整齐，院落一般可分为前院、后院或前、后两院兼有，如图 2.1-15 所示。

（a）遥感图　　　　　　　　　　　　　（b）实景照片

图 2.1-15　遥感影像识别北方农村房屋

中国南方多山地，地势起伏较大、复杂多变，且多雨湿润，夏季炎热，冬季温和，因此农村住宅建筑屋顶坡度大，高而尖，既利于排水，又利于通风散热，屋内一般没有取暖装置。南方空气潮湿，农村住宅建筑开窗较大，墙壁高，易于通风防潮。为便于通风隔热防雨，南方地区的农村住宅院落很小，多设天井，四周房屋连成一体，多使用穿斗式结构，房屋组合比较灵活，墙体和屋顶较薄，有较宽的门廊或宽敞的厅阁。南方农村住宅建筑造型清新自然，山墙形似马头，立面色多为浅色，江南地区民居多粉墙黛瓦，颜色淡雅，材料选取多是涂料、木结构、仿木结构、钢结构等。中国南方农村的传统住宅既有平房，也有楼房，平面有对称和非对称两种布置形式，宅基多为不规则形，常以房间围成天井。院落有前、后、侧院之分。新建住宅逐渐采用楼房形式，宅基分布趋于分散。地处丘陵、山区、水乡的农村住宅，则依山傍水，采用平房、楼房结合，表现出富于变化的布局形式，如图 2.1-16 所示。

（a）遥感图　　　　　　　　　　　　　（b）实景照片

图 2.1-16　遥感影像识别南方农村房屋

（2）农村住宅建筑经济分区分布分析

为科学反映我国不同区域的社会经济发展状况，为党中央、国务院制定区域发展政策提供依据，根据《中共中央、国务院关于促进中部地区崛起的若干意见》《国务院发布关于西部大开发若干政策措施的实施意见》以及党的十九大报告的精神，现将我国的经济区域划分为东部、中部、西部和东北四大地区。目前我国正积极推动西部大开发形成新格局，推动东北振兴取得新突破，促进中部地区加快崛起，鼓励东部地区加快推进现代化，逐渐实现经济区域平衡高速发展。由于我国地域广阔，各地区经济发展不均衡，人口在东部经济发达地区较集中，在西部偏远地区分布相对较少，使得农村房屋建筑业在经济发达地区分布密集，具有东多西少等特征。

① 东北地区农村住宅特征

东北地区由于地处严寒地区，气候作为该地区最显著的地域特征，对农村的生产生活影响最大，农村房屋需要突出良好的保温性能，住宅建筑矮小、紧凑、密闭的特点很明显。此外，东北农村的整体布局形式和建筑形式还呈现出单一的特点，东北农村以村、镇、屯为组团形式，建筑布局以行列式为主，充分利用太阳能的照射，南北向的建筑布局为主要布局形式。平面布置以正房为主，一般为一正一厢，房屋面宽，院墙多用木板围成，大门开在中轴线上，其整体布局多为成片聚集分布，排列整齐。

东北地区农村聚落的空间组团特点不同于其他地区的农村形式，其主要的布局特点：一是聚落多为聚集式布局；二是整齐的平行式联排结构，多布局于相对平坦的地方；三是间距一般较大，避免建筑物之间产生光线遮挡；四是建筑朝向单一，东北农村建筑几乎全是正南正北朝向，并且采用双层窗，开大窗，最大量地汲取太阳的辐射。东北地区农村住宅建筑不同于冬冷夏热地区，没有高层或多层建筑，绝大多数建筑为一层。这主要是由于冬季极度寒冷的气候所致，多层建筑或两层建筑具有更高的建筑能耗，保温效果不如一层建筑。屋顶坡度大是东北地区农村建筑的另一个特点，降雪多，屋顶坡度用于屋檐遮蔽，有利于排雪。

② 东部地区农村住宅特征

东部作为中原地区的平原和缓冲积层地带，其建筑特色一般都是融入山和水作为建筑主风格，其中水的重要性不言而喻，东部地区建筑最著名的就是：江南水乡地区的建筑特色。东部地区大多数建筑风格都是大同小异，其中安徽的徽式建筑、福建的天井建筑其实在严格意义上都是采取因地制宜的措施，这也是因为东部和东南部地区多降雨，为了让雨水不对建筑造成损害，也因此，东部地区的古人会下意识地，把建筑风格建造的偏向于分水的作用。

东部地区纬度跨度大，气候特点造就了农村住宅不同的地域特征，大致可以分为淮河以北、长三角以及东南沿海三个地区。淮河以北地区农村住宅多为单层土木结构，屋顶以双坡屋顶为主，人字木屋架，屋面铺设青瓦。在门窗洞口及两侧位置砌筑砖柱，中间部分为土墙。长三角地区的农村住宅建筑高度明显高于东北地区，约 4.5 米，屋盖采用木屋盖，以悬山式为主，未设置保温层，屋面多铺设青瓦。东南沿海地区土木结构房屋层数主要为一层或二层，承重方式主要为墙体和木构架混合承重。承重墙体有土坯墙和夯土墙两种形式，土坯墙体一般采用泥浆砌筑，厚度40～60 厘米。屋面为坡屋面，坡度相对较小，表面铺设青瓦。

③ 中部地区农村房屋特征

中部地区中的平原式建筑，以华北平原房屋建筑为主要代表，其传统民居建筑多数是平房，房屋结构以木柱托梁架檩，支撑橼条和青瓦屋顶，以青砖墙、生砖墙、石墙及夯土墙维护北、东、西三面，南向开门有窗户。屋顶多是人字形（俗称两面坡），坡斜度平缓。为省工结实，关中平原及山西民居建筑屋顶多取一面坡式。华北地区汉族院落组合多作四合院式，以北京四合院为代表。由于华北平原地势平坦、河湖众多、交通便利等良好的自然环境特征，因此华北地区的居民较多，居民建筑多呈成片聚集分布，排列整齐的形态。

④ 西部地区农村房屋特征

西部地区山脉连绵，木资源丰富，西藏以外各省气候潮湿炎热。西部地区土木结构房屋建筑按建筑风格可以主要分为两种情况：一是以土墙体承重为主，木柱辅助承重，该类房屋主要分布在西藏，二是墙体木构架混合承重，该类房屋主要分布在西藏以外等省份。湖南、四川等省份土木结构农村房屋多建成于 1980 年以前，层数为 1～3 层，以两层结构为主，一层多用于仓储，二层为居住空间。房屋平、立面规则，地基基础采用毛石条形基础，基础深度普遍 0.8～1.0 米。墙体主要为土坯墙或者夯土墙，墙厚 60～120 厘米，一般由下往上变窄，梁下设直通底部基础的木柱，由木柱和土墙共同承重。层间楼板为木楼板，屋顶为人字瓦屋顶，部分悬山式屋盖设置挑檐结构，出挑深度一般为 60 厘米左右。

西北地区区域内民族聚居地幅员辽阔，例如宁夏，新疆等，各民族交流融合形成了独具区域特色的土木结构民族建筑。因此，西北地区土木结构民居主要可以分为两大类：一类是各省份建筑特点相似的土木结构民居，另一类为特色民族建筑，例如陕西、甘肃的窑洞，新疆的高台建筑等。土木结构民居主要以一层为主，建造于20世纪80年代以前，使用年代较长，房屋层高较低，开间进深均较小。承重墙体多数为土坯墙，少量为夯土墙，墙体厚度为30～60厘米之间；部分房屋墙体采用内部土墙，外部一层砖墙的"砖包皮"形式。屋顶主要有平屋顶、单坡木屋顶以及人字形木屋顶三种形式，硬山搁檩，部分屋内设置木柱支撑横梁。平屋顶土木结构民居主要分布在新疆、青海以及甘肃，密肋木梁，然后在顶部依次铺设席子、稻草以及草泥，单坡及双坡木屋顶表面铺设灰瓦等。

西藏地区传统藏族土木结构民居碉楼承重方式为墙体木构架混合承重，木构架相比于该地区上述省份较为简单，仅在房屋内部设置木柱等形式，梁柱之间连接方式多为简单搭接，稳定性较差。碉楼民居房屋层数在1～3层，主要以2层为主，一层用于仓储、畜圈，二层为居住空间。藏族土木结构碉楼民居屋顶为平屋顶，屋顶表面反复捶打提浆，使屋面更加密实。

2.1.3 历史类型房屋建筑分类及特征

1）具有保护身份的历史类型房屋建筑

此类普查对象指已纳入各级各类保护名录、具有保护身份的历史类型房屋建筑。具有保护身份的历史类型房屋建筑现已纳入各级、各类行政管理部门开展保护管理工作。根据相应的法规、准则、条例中已具有不同的分类。其中，以《中华人民共和国文物保护法》当中对不可移动文物的分类最为广泛适用，对古建筑的分级标准及行政分级管理权属做出了明确的规定。此类普查对象的调查、保护、管理工作已有明确的主管部门，并有相应涉及保护、利用的相关管理规定，特此重点梳理具有保护身份的历史类型房屋建筑的相关情况统计，如表2.1-1所示。

具有保护身份历史类型房屋建筑统计表　　　　　　　　表 2.1-1

序号	保护身份	级别	主管部门
1	文物保护单位	国家、省、地方	各级文物主管部门
2	历史文化街区	国家、省	住房和城乡建设主管部门会同文物主管部门、县级以上人民政府其他相关部门
3	历史建筑	地方	住房和城乡建设主管部门会同文物主管部门、县级以上人民政府其他相关部门
4	中国传统村落	国家	住房和城乡建设部、文化部、国家文物局、财政部
5	国家工业遗产	国家	工信部、文物主管部门

（1）文物保护单位

① 定义

《中华人民共和国文物保护法》（2017 修订）规定，在中华人民共和国境内，下列文物受国家保护：

（一）具有历史、艺术、科学价值的古文化遗址、古墓葬、古建筑、石窟寺和石刻、壁画；

（二）与重大历史事件、革命运动或者著名人物有关的以及具有重要纪念意义、教育意义或者史料价值的近代现代重要史迹、实物、代表性建筑；

（三）历史上各时代珍贵的艺术品、工艺美术品；

（四）历史上各时代重要的文献资料以及具有历史、艺术、科学价值的手稿和图书资料等；

（五）反映历史上各时代、各民族社会制度、社会生产、社会生活的代表性实物。

其中，古文化遗址、古墓葬、古建筑、石窟寺、石刻、壁画、近代现代重要史迹和代表性建筑等不可移动文物，根据它们的历史、艺术、科学价值，可以分别确定为全国重点文物保护单位，省级文物保护单位，市、县级文物保护单位。

依据上述定义，可初步确定，具有"文物保护单位"这一保护身份的历史类型房屋建筑可分为三个等级，即全国重点文物保护单位，省级文物保护单位，市、县级文物保护单位。根据建筑类型，又可分为古建筑和近现代重要史迹和代表性建筑等两大类。

② 规模现状

a. 全国重点文物保护单位

全国重点文物保护单位，作为我国境内不可移动文物的最高保护级别，由国家文物局（中华人民共和国国务院的文物行政主管部门）在省级、市级、县级文物保护单位中择选。自 1961 年第一批全国重点文物保护单位公布至今，国家文物局先后公布八批全国重点文物保护单位，总计 5058 处。其中，包含古建筑 2162 处、近现代重要史迹及代表性建筑 943 处[①]，如表 2.1-2 所示。

b. 省级文物保护单位

依据《中华人民共和国文物保护法》（2017 修订）规定，省文物保护单位，由省、自治区、直辖市人民政府核定公布，并报国务院备案。以河北省为例，截至

---

① 具体名单详见"附表 1：第一至八批全国重点文物保护单位中古建筑与近现代重要史迹及代表性建筑统计表"。

2022年5月[①]，河北省人民政府共核定公布省级文物保护单位六批，合计963处。其中，包含古建筑345处[②]、近现代重要史迹及代表性建筑118处[③]，如表2.1-3所示。

全国重点文物保护单位统计表　　　　　　　　　表2.1-2

公布批次	公布时间	总数	古建筑[④] 数量	近现代重要史迹及代表性建筑[⑤] 数量
第一批	1961年3月4日	180处	77处	33处
第二批	1982年2月23日	62处	28处	10处
第三批	1988年1月13日	258处	111处	41处
第四批	1996年11月20日	250处	110处	50处
第五批	2001年6月25日	521处	248处	40处
第六批	2006年5月25日	1081处	513处	206处
第七批	2013年5月3日	1944处	795处	329处
第八批	2019年10月16日	762处	280处	234处

河北省省级文物保护单位统计表　　　　　　　　　表2.1-3

公布批次	公布时间	总数	古建筑[⑥] 数量	近现代重要史迹及代表性建筑[⑦] 数量
第一至二批	1982年	293处	106处	20处
第三批	1993年	227处	87处	0处
第四批	2001年	132处	49处	29处
第五批	2008年	257处	85处	54处
第六批	2018年	54处	18处	15处

c. 市、县级文物保护单位

依据《中华人民共和国文物保护法》（2017修订）规定，市级和县级文物保护单位，分别由设区的市、自治州和县级人民政府核定公布，并报省、自治区、直辖市人民政府备案。截至2021年8月，北京市人民政府共公布北京市文物保护单位9批，总计255处。[⑧]

---

① 参考河北省文物局官网公布文件：《河北省第一至六批省级文物保护单位汇总表》。
http://wenwu.hebei.gov.cn/staticPath/site001_html/%E7%9C%81%E7%BA%A7%E9%87%8D%E7%82%B9%E6%96%87%E7%89%A9%E4%BF%9D%E6%8A%A4%E5%8D%95%E4%BD%8D/20220524/000004.html
② 其中，148处已列入全国重点保护单位。
③ 其中，22处已列入全国重点保护单位。
④ 第一、二、三批全国重点文物保护单位名单中将此类型命名为"古建筑及历史纪念建筑物"。
⑤ 第一、二、三批全国重点文物保护单位名单中将此类型命名为"革命遗址及革命纪念建筑物"。
⑥ 第一、二批河北省省级文物保护单位名单中将此类型命名为"古建筑及历史纪念建筑物"。
⑦ 第一、二批河北省省级文物保护单位名单中将此类型命名为"革命遗址及革命纪念建筑物"。
⑧ 参考中华人民共和国中央人民政府官网公布文件：《第九批北京市文物保护单位公布》。

③ 管理部门与管理规定

a.《中华人民共和国文物保护法》（2017 修订）中第二章第十五至二十六条规定了各级文物保护单位建立保护档案、制定保护措施、负责修缮保养等的执行部门：

a）各级文物保护单位保护档案建立的执行方为省、自治区、直辖市人民政府和市、县级人民政府；

b）县级以上地方人民政府文物行政部门（文物局、文旅局等）应当根据不同文物的保护需要，制定具体保护措施，并公告施行；

c）国有不可移动文物由使用人负责修缮、保养；非国有不可移动文物由所有人负责修缮、保养。

b. 我国还颁布了以下行政法规、部门规章、规范性文件、行业准则等，已具体提出各级文物保护单位档案记录、保护工程、保护规划、防灾减灾、经营活动、资金保障等的管理规定：

a）行政法规

《中华人民共和国文物保护法实施条例》（2017 修订）

b）部门规章

《文物保护工程管理办法》

c）规范性文件

《全国重点文物保护单位保护范围、标志说明、记录档案和保管机构工作规范（试行）》

《全国重点文物保护单位记录档案工作规范（试行）》

《全国重点文物保护单位保护规划编制审批办法》

《全国重点文物保护单位保护规划编制要求（修订稿）》

《文物建筑防雷工程施工资质管理办法（试行）》

《国有文物保护单位经营性活动管理规定（试行）》

《文物消防安全检查规程（试行）》

《国家重点文物保护专项补助资金管理办法》

《文物保护工程勘察设计资质管理办法（试行）》

《全国重点文物保护单位文物保护工程申报审批管理办法（试行）》

《全国重点文物保护单位文物保护工程检查管理办法（试行）》

《全国重点文物保护单位文物保护工程竣工验收管理暂行办法》

《文物建筑开放导则（试行）》

《古建筑修缮项目施工规程（试行）》

《文物建筑防火设计导则（试行）》

d）行业准则

《中国文物古迹保护准则》

（2）历史文化街区

①定义

《历史文化名城名镇名村保护条例》规定：

第七条　具备下列条件的城市、镇、村庄，可以申报历史文化名城、名镇、名村：

（一）保存文物特别丰富；

（二）历史建筑集中成片；

（三）保留着传统格局和历史风貌；

（四）历史上曾经作为政治、经济、文化、交通中心或者军事要地，或者发生过重要历史事件，或者其传统产业、历史上建设的重大工程对本地区的发展产生过重要影响，或者能够集中反映本地区建筑的文化特色、民族特色。

申报历史文化名城的，在所申报的历史文化名城保护范围内还应当有 2 个以上的历史文化街区。

第八条　申报历史文化名城、名镇、名村，应当提交所申报的历史文化名城、名镇、名村的下列材料：

（一）历史沿革、地方特色和历史文化价值的说明；

（二）传统格局和历史风貌的现状；

（三）保护范围；

（四）不可移动文物、历史建筑、历史文化街区的清单；

（五）保护工作情况、保护目标和保护要求。

第四十七条　本条例下列用语的含义：

（二）历史文化街区，是指经省、自治区、直辖市人民政府核定公布的保存文物特别丰富、历史建筑集中成片、能够较完整和真实地体现传统格局和历史风貌，并具有一定规模的区域。

其中，历史文化街区作为历史文化名城的重要组成部分，其规模、格局、风貌与一般文物保护单位中的古建筑和近现代重要史迹及代表性建筑有一定区别。此外，《中华人民共和国文物保护法》（2017 修订）中第十四条强调："保存文物特别丰富并且具有重大历史价值或者革命纪念意义的城镇、街道、村庄，由省、自治区、直辖市人民政府核定公布为历史文化街区、村镇，并报国务院备案。"

依据上述规定，可初步确定，具有"历史文化街区"这一保护身份的历史类型房屋建筑可以定义为，经省、自治区、直辖市人民政府核定公布的保存文物特别丰富、历史建筑集中成片、能够较完整和真实地体现传统格局和历史风貌，并具有一定规模的区域。

② 规模现状

1982 年，国务院公布了首批国家历史文化名城，此后又于 1986 年、1994 年分别公布了第二批国家历史文化名城和第三批国家历史文化名城，共计 99 座。2011 年之后，又先后增补了 42 座，截至 2022 年 1 月 11 日，总计国家历史文化名城 141 座 [①]。根据申报规定，每座历史文化名城中至少包含 2 个历史文化街区，截至 2019 年，全国已划定历史文化街区 873 片。以长春市国家历史文化名城为例，其中包含 10 处代表不同历史时期的历史文化街区。

此外，2015 年 4 月，住房和城乡建设部、国家文物局公布了第一批中国历史文化街区，共计 30 个，均包含在历史文化名城中历史文化街区之内。

③ 管理部门与管理规定

《历史文化名城名镇名村保护条例》（2008）中第三、四章详细规定了历史文化名城（内包含历史文化街区）关于保护规划、保护措施的管理规定：

a. 保护规划

历史文化名城（内包含历史文化街区）的保护规划应由所在地人民政府组织编制，并由省、自治区、直辖市人民政府审批，报国务院建设主管部门和国务院文物主管部门备案。保护规划中应包括下列内容：

a）保护原则、保护内容和保护范围；

b）保护措施、开发强度和建设控制要求；

c）传统格局和历史风貌保护要求；

d）历史文化街区、名镇、名村的核心保护范围和建设控制地带；

e）保护规划分期实施方案。

b. 保护措施

历史文化名城（内包含历史文化街区）的保护措施的主要原则应当注重整体保护，即保持传统格局、历史风貌和空间尺度，不得改变与其相互依存的自然景观和

---

① 具体名单详见"附表 2：第一至三批国家历史文化名城统计表"

环境。当涉及具体保护方案的制订，应经城市、县人民政府城乡规划主管部门会同同级文物主管部门批准，并依照有关法律、法规的规定办理相关手续，同时执行专家论证和利害关系人听证制度。

（3）历史建筑

① 定义

《历史文化名城名镇名村保护条例》规定：

第四十七条　本条例下列用语的含义：

历史建筑，是指经城市、县人民政府确定公布的具有一定保护价值，能够反映历史风貌和地方特色，未公布为文物保护单位，也未登记为不可移动文物的建筑物、构筑物。

依据上述规定，可初步确定，具有"历史建筑"这一保护身份的历史类型房屋建筑是具有一定保护价值，能够反映历史风貌和地方特色，但并未列入各级文物保护单位且未登记为不可移动文物的建、构筑物。

此外，在《历史文化街区划定和历史建筑确定标准（参考）》中对于历史建筑也有如下定义：

具有突出的历史文化价值；具有较高的建筑艺术特征；具有一定的科学文化价值；具有其他价值特色。

② 规模现状

与历史文化街区相似，历史建筑这一保护身份也沿袭自历史文化名城、名镇、名村。国家历史文化名城的规模可详见历史文化街区部分。中国历史文化名镇自2003年公布首批10个，2005年、2007年、2009年、2010年、2014年、2018年分别公布了第二、三、四、五、六、七批共302处，合计312处。中国历史文化名村通常与中国历史文化名镇一并公布，合称为"中国历史文化名镇名村"。截至2010年，住房和城乡建设部、国家文物局共同组织评选公布中国历史文化名村七批，共计487处，如表2.1-4所示。截至2019年，已确定的历史建筑共计2.35万处。

国家历史文化名城、中国历史文化名镇名村统计表　　　　表2.1-4

保护身份	公布批次	公布时间	数量	合计
国家历史文化名城	第一批	1982 年	24 处	141 处
	第二批	1986 年	37 处	
	第三批	1994 年	38 处	
	其他	2001—2022 年	42 处	

保护身份	公布批次	公布时间	数量	合计
中国历史文化名镇	第一批	2003 年	10 处	312 处
	第二批	2005 年	34 处	
	第三批	2007 年	41 处	
	第四批	2009 年	58 处	
	第五批	2010 年	38 处	
	第六批	2014 年	71 处	
	第七批	2018 年	60 处	
中国历史文化名村	第一批	2003 年	12 处	487 处
	第二批	2005 年	24 处	
	第三批	2007 年	36 处	
	第四批	2009 年	36 处	
	第五批	2010 年	61 处	
	第六批	2014 年	107 处	
	第七批	2018 年	211 处	

③ 管理部门与管理规定

《历史文化名城名镇名村保护条例》中第三、四章详细规定了历史建筑关于建立保护档案、建设工程中的保护措施、负责修缮保养、利用审批、资金保障等的管理规定：

a. 各级文物保护单位保护档案建立的执行方为城市、县人民政府，并且政府应当对历史建筑设置保护标志；

b. 在建设工程中，对历史建筑实施原址保护的，建设单位应当事先确定保护措施，报城市、人民政府城乡规划主管部门会同同级文物主管部门批准；因公共利益需要进行建设活动，对历史建筑无法实施原址保护、必须迁移异地保护或者拆除的，应当由城市、县人民政府城乡规划主管部门会同同级文物主管部门，报省、自治区、直辖市人民政府确定的保护主管部门会同同级文物主管部门批准；

c. 历史建筑的所有权人应当按照保护规划的要求，负责历史建筑的维护和修缮；

d. 对历史建筑进行外部修缮装饰、添加设施以及改变历史建筑的结构或者使用性质的，应当经城市、县人民政府城乡规划主管部门会同同级文物主管部门批准，并依照有关法律、法规的规定办理相关手续；

e. 县级以上地方人民政府可以从保护资金中对历史建筑的维护和修缮给予补助；建设工程中历史建筑原址保护、迁移、拆除所需费用，由建设单位列入建设工程预算。

（4）中国传统村落

① 定义

根据 2022 年 7 月《住房和城乡建设部办公厅等关于做好第六批中国传统村落调查推荐工作的通知》，传统村落是指村落形成较早，拥有较丰富的传统文化资源，保存比较完整，具有较高历史、文化、科学、艺术、社会、经济价值的村落。第六批中国传统村落调查对象原则上为行政村，未列入中国传统村落名录，并符合下列条件：

a.历史文化积淀较为深厚。村落具有一定的历史文化价值；或与重要历史名人以及曾经发生过的重要历史事件有关；村落蕴含深厚的儒家思想、道家思想、宗亲文化、传统美德和人文精神等，能够集中反映本地区的地域特点或民族特色。

b.村落格局肌理保存较完整。村落选址顺应自然山水，具有传统特色和地方代表性。村落空间结构延续传统格局和肌理，整体风貌协调。村落格局与生产生活密切相关，反映特定历史文化背景。现有老村保持富有传统意境的乡村景观格局，新建部分能延续传统肌理与风貌特色。

c.传统建筑具有一定保护价值。村落中文物古迹、历史建筑、传统建筑集中连片分布，或具有一定数量，较完整体现一定历史时期的传统风貌，体现特定地域和历史时期的建造技艺和建筑风格。历史建筑、传统建筑历史悠久、建造精美、保存完整。新建建筑和既有建筑改造能够与传统建筑风貌协调，充分体现地域、民族和文化特色。

d.非物质文化遗产传承良好。村落中拥有较为丰富的非物质文化遗产资源，是一项或几项县级以上代表性项目的重要传承区域。民俗、传统技艺等非物质文化遗产存续状态较好，与村庄依存度较高，是当地村民生产生活的重要内容。在传统节日经常举办丰富多彩的非物质文化遗产展示展演及相关的民俗活动。较完整地保留了传统农业物种资源、农耕生产技艺、传统农业知识体系、农业生态景观等农业文化遗产。

e.村落活态保护基础好。村落中仍有大量的村民居住，原则上常住村民不低于户籍村民的 30%。村民知晓传统村落推荐事宜。基层党组织建设坚强有力，村两委日常管理能力突出，能够充分发挥村民主体作用，激发村民内生动力。

依据上述规定，可初步确定，具有"中国传统村落"这一保护身份的历史类型房屋建筑可以定义为，经传统村落保护和发展委员会评审认定，由住房和城乡建设部、文化部、国家文物局、财政部、国土资源部、农业部、国家旅游局等七部局核定公布的，形成较早，拥有较丰富的传统文化资源，保存比较完整，具有较高历史、文化、科学、艺术、社会、经济价值的传统村落。

② 规模现状

2012 年 9 月，由住房和城乡建设部、文化部、国家文物局、财政部等四部局联合成立了由建筑学、民俗学、规划学、艺术学、遗产学、人类学等专家组成的专家委员会，首次评审确定中国传统村落 646 处，其后，在住房和城乡建设部、文化部、国家文物局、财政部、国土资源部、农业部、国家旅游局等部门的组织下，先后又公布了四批 6157 处，合计 6803 处村落已列入《中国传统村落名录》，如表 2.1–5 所示。

中国传统村落统计表

表 2.1-5

公布批次	公布时间	总数	合计
第一批	2012 年	646 处	6803 处
第二批	2013 年	915 处	
第三批	2014 年	994 处	
第四批	2016 年	1602 处	
第五批	2018 年	2646 处	

③ 管理部门与管理规定

《住房城乡建设部、文化部、国家文物局、财政部关于切实加强中国传统村落保护的指导意见》中规定中国传统村落的保护应坚持完整性、真实性、延续性原则，具体的管理规定如下：

a. 完善名录。继续开展补充调查，摸清传统村落底数，抓紧将有重要价值的村落列入中国传统村落名录。做好村落文化遗产详细调查，按照"一村一档"要求建立中国传统村落档案。统一设置中国传统村落的保护标志，实行挂牌保护。

b. 制定保护发展规划。各地要按照《城乡规划法》以及《传统村落保护发展规划编制基本要求》（建村〔2013〕130 号）抓紧编制和审批传统村落保护发展规划。规划审批前应通过住房城乡建设部、文化部、国家文物局、财政部（以下简称四部局）组织的技术审查。涉及文物保护单位的，要编制文物保护规划并履行相关程序后纳入保护发展规划。涉及非物质文化遗产代表性项目保护单位的，要由保护单位制定保护措施，报经评定该项目的文化主管部门同意后，纳入保护发展规划。

c. 加强建设管理。规划区内新建、修缮和改造等建设活动，要经乡镇人民政府初审后报县级住房城乡建设部门同意，并取得乡村建设规划许可，涉及文物保护单位的应征得文物行政部门的同意。严禁拆并中国传统村落。保护发展规划未经批准前，影响整体风貌和传统建筑的建设活动一律暂停。涉及文物保护单位区划内相关建设及文物迁移的，应依法履行报批手续。传统建筑工匠应持证上岗，修缮文物建筑的应同时取得文物保护工程施工专业人员资格证书。

d. 加大资金投入。中央财政考虑传统村落的保护紧迫性、现有条件和规模等差异，在明确各级政府事权和支出责任的基础上，统筹农村环境保护、"一事一议"财政奖补及美丽乡村建设、国家重点文物保护、中央补助地方文化体育与传媒事业发展、非物质文化遗产保护等专项资金，分年度支持中国传统村落保护发展。支持范围包括传统建筑保护利用示范、防灾减灾设施建设、历史环境要素修复、卫生等基础设施完善和公共环境整治、文物保护、国家级非物质文化遗产代表性项目保护。调动中央和地方两个积极性，鼓励地方各级财政在中央补助基础上加大投入力度。引导社会力量通过捐资捐赠、投资、入股、租赁等方式参与保护。探索建立传统建筑认领保护制度。

e. 做好技术指导。四部局制定全国传统村落保护发展规划，组织保护技术开发研究、示范和技术指南编制工作，组织培训和宣传教育。省级住房城乡建设、文化、文物、财政部门做好本地区的技术指导工作，成立省级专家组并报四部局备案。每个中国传统村落要确定一名省级专家组成员，参与村内建设项目决策，现场指导传统建筑保护修缮等。

（5）国家工业遗产

① 定义

根据2019年4月发布的《关于开展第三批国家工业遗产认定申报工作的通知》，国家工业遗产申报范围主要包括1980年前建成的厂房、车间、矿区等生产和储运设施，以及其他与工业相关的社会活动场所。其需工业特色鲜明、工业文化价值突出、遗产主体保存状况良好、产权关系明晰，并具备以下条件：

a. 在中国历史或行业历史上有标志性意义，见证了本行业在世界或中国的发端、对中国历史或世界历史有重要影响、与中国社会变革或重要历史事件及人物密切相关，具有较高的历史价值；

b. 具有代表性的工业生产技术，反映某行业、地域或某个历史时期的技术创新、技术突破等重大变革，对后续科技发展产生重要影响，具有较高的科技价值；

c. 具备丰厚的工业文化内涵，对当时社会经济和人文发展有较强的影响力，反映了同时期社会风貌，在社会公众中拥有强烈的认同和归属感，具有较高的社会价值；

d. 规划、设计、工程代表特定历史时期或地域的工业风貌，对工业后续发展产生重要影响，具有较高的艺术价值；

e. 具备良好的保护和利用工作基础。

依据上述规定，可初步确定，具有"国家工业遗产"这一保护身份的历史类型房屋建筑是指具有工业特色鲜明、工业文化价值突出、遗产主体保存状况良好、产权关系明晰的工业遗产，主要包括 1980 年前建成的厂房、车间、矿区等生产和储运设施，以及其他与工业相关的社会活动场所等类型。

② 规模现状

2018 年 1 月，经工业遗产所有权人自愿申请、相关省市工业和信息化主管部门或中央企业推荐、专家评审、现场核查，工信部公布第一批国家工业遗产，计 100 处。其后，又于 2019 年 4 月、2019 年 12 月、2020 年 12 月、2021 年 11 月先后公布了四批国家遗产 242 处，合计 342 处工业遗产已列入《国家工业遗产名录》，如表 2.1-6 所示。

国家工业遗产统计表　　　　　　　　　　　　　　　　　　表 2.1-6

公布批次	公布时间	总数	合计
第一批	2018 年 1 月	100 处	342 处
第二批	2019 年 4 月	100 处	
第三批	2019 年 12 月	49 处	
第四批	2020 年 12 月	62 处	
第五批	2021 年 11 月	31 处	

③ 管理部门与管理规定

《国家工业遗产管理暂行办法》中第十条规定国家工业遗产由工业和信息化部组织专家对申请项目进行评审和现场核查，经审查合格并公示后，公布国家工业遗产名单并授牌。在第三章第十一至十七条又具体规定了国家工业遗产设立标志、建立保护档案、展示宣传等具体管理工作的执行者均为国家工业遗产的所有权人。当涉及规划衔接、资金保障时，《国家工业遗产管理暂行办法》鼓励各地方人民政府和省级工业和信息化主管部门介入支持。

2）非保护类的其他历史类型房屋建筑

不具有保护身份的，营建于建国之前的房屋建筑，属于本书定义的"非保护类的其他历史类型房屋建筑"。此类建筑或基本保持传统构造、传统材料和传统外观，或因保存现状较差等原因，目前暂未纳入各类保护名单之中。

　　从使用功能的角度出发，除保护身份外的非保护类的其他历史类型房屋建筑可分为居住建筑、非居住建筑两类。其中，历史非居住建筑包括礼制公共建筑、宗教建筑、商业建筑、科技及工业服务建筑等[①]。

（1）居住建筑

　　建筑的历史源起于居住房屋，无论何时何地，住宅都是建筑最基本的类型[②]。在土地辽阔、自然资源丰富的中国，早在旧石器时代便有南巢居、北穴居的居住建筑分布现象。时至新石器时代，我国先民便已由"穴居也处"转变为"筑屋室居"。其后，随夯土技术的发展，高台建筑兴建，加之木构建造技艺发展、砖瓦烧制技术成熟，至汉唐时期已形成具有中国特色的围合式住宅。建筑平面或为四合、三合、日字等；建筑单体多为木构架承重，悬山、硬山、囤顶等屋顶形式。

　　传承至今，考虑到气候、地形、植被等自然因素和民族、文化区、语言等人文因素，全国各地理文化区域呈现不同类型历史居住建筑的分布特征。各地历史居住建筑在建筑材料的运用，结构类型的选择，屋顶、装饰装修构件等形式的塑造等方面各具特色（图 2.1-17）[③]。

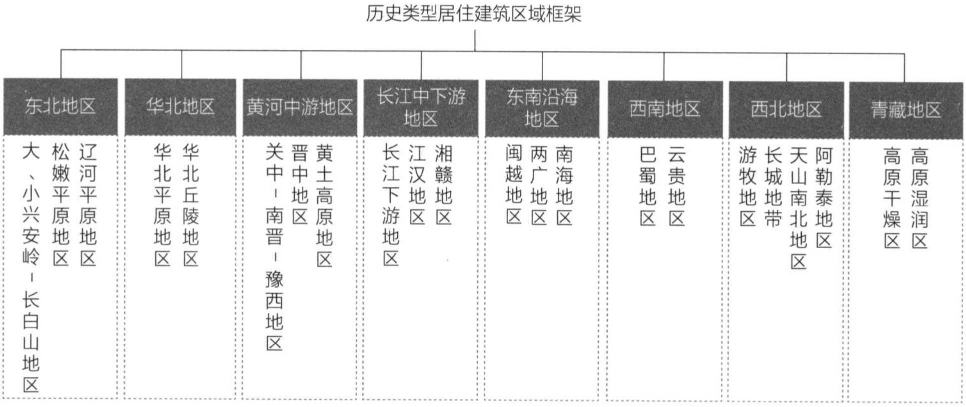

图 2.1-17　历史类型居住建筑区域框架

　　① 东北地区

　　我国东北地区，地处温带季风气候，冬季寒冷干燥、夏季炎热湿润、雨热同期、夏季短暂，是历史上东北渔猎民族分布区，汉化较早。从民居的建筑材料来看，该地区主要采用黑钙土、暗棕壤、寒棕壤等土壤，温带落叶针叶林、针阔叶混

① 李允鉌. 华夏意匠：中国古典建筑设计原理分析 [M]. 天津：天津大学出版社，2005.
② 李允鉌. 华夏意匠：中国古典建筑设计原理分析 [M]. 天津：天津大学出版社，2005：82.
③《中国传统村落民居修缮导则》（中国建筑设计研究院建筑历史研究所，2016）
　　另，上述各地理文化区域建筑类型及特征均以该导则为参考。

交林、落叶栎林等木材，火成岩（玄武岩、花岗岩等）为主的石材等营造土木结构、砖木结构以及撮罗子等就适应渔猎生活的临时性民居，以及林区井干式等结构形式的房屋。房屋具有保暖性强、墙厚、屋顶厚等特点，如图 2.1-18 所示。

图 2.1-18　黑龙江井干式木结构建筑

具体而言，我国东北地区又可划分为"大兴安岭—小兴安岭—长白山地区""松嫩平原地区""辽河平原地区"等 3 个二级区划。

a. 大兴安岭—小兴安岭—长白山地区

该区地处大兴安岭东缘、小兴安岭西缘、长白山脉等山地平原，行政归属包括内蒙古西北部和黑龙江东部北部。该区有渔猎的传统，是历史上室韦、靺鞨等东北少数民居聚居区，现有赫哲族、满族、朝鲜族、达斡尔族、鄂伦春族、鄂温克族、俄罗斯族等。历史居住建筑以井干式木结构为主，同时也有棚架式、坡屋顶土木结构、草顶／瓦顶等形式。

b. 松嫩平原地区

该区地处东北平原中、北部，行政归属包括黑龙江西南部和吉林中西部。该区历史上人口稀少，现为汉族、鄂温克族聚居区；东北主要产粮区。历史居住建筑的结构形式以坡顶抬梁式木结构、囤顶土木结构民居、棚架式等为主。

c. 辽河平原地区

该区地处东北平原南部，行政归属包括内蒙古东南部、辽宁中西部和河北西北部。该区是中国史前文明之一——红山文化的起源地，历史上闯关东移民区，是东北主要产粮区、工业区，现有少数民族主要为满族。历史居住建筑以囤顶（覆土平缓弧形），土木（砖木）结构院落式、抬梁式木结构合院等形式为主。

②华北地区

我国华北地区，地处温带季风气候，冬季寒冷干燥、夏季炎热湿润、雨热同期，旱作农耕文化历史悠久。从民居的建筑材料来看，该地区主要采用棕壤、褐土等土壤，暖温带落叶栎林为主的木材，变质岩（板岩、片岩、石英岩等）为主的石材等营造土木结构、砖木结构、抬梁式、重木结构等结构形式的房屋。房屋具有砖土围合、辅助承重、合院式布局、色彩厚重等特点，如图 2.1-19（a）（b）所示。

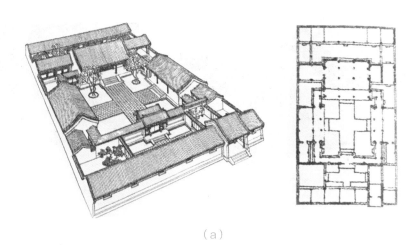

（a）

（b）

图 2.1-19　北京四合院

　　具体而言，我国华北地区又可划分为"华北平原""华北丘陵地区"等2个二级区划。

　　a. 华北平原地区

　　该区地处燕山南缘、太行山为东缘、淮河分水岭，行政归属包括北京、天津、河北中南部、河南东部、山东西部、江苏北部和安徽北部。该区是中华文明早期起源之———龙山文化的发源地。历史居住建筑以砖木结构平地合院式、抬梁式木结构合院等形式为主。

　　b. 华北丘陵地区

　　该区的行政归属主要包括山东中部、山东东部、江苏北部和安徽北部。该区是中华文明早期起源之———齐鲁文化的发源地。历史居住建筑的结构形式以石木结构、砖木结构、抬梁式木结构合院；平顶（囤顶）、瓦／海草坡屋顶等为主。

　　③ 黄河中游地区

　　我国黄河中游地区，地处温带季风气候，冬季寒冷干燥、夏季炎热湿润、雨热同期，旱作农耕文化历史悠久。从民居的建筑材料来看，该地区主要采用黄土、褐土等土壤，暖温带落叶栎林为主的木材，火成岩（花岗岩等）为主、沉积岩（砾岩）为辅的石材等营造生土、土木混合结构的窑洞横穴土建筑、土坯房等类型的房屋图。房屋具有砖雕装饰、厚重朴实等特点，如图 2.1-20 所示。

图 2.1-20　山西碛口古镇窑洞

具体而言，我国黄河中游地区又可划分为"晋中地区""关中—晋南—豫西地区""黄土高原地区"等 3 个二级区划。

a. 晋中地区

该区地处太行山东缘、南缘、吕梁山西缘、内蒙古高原南缘，行政归属包括山西中东部和河北西部，靠近北方游牧民族。历史居住建筑以砖木结构平地合院式、石木结构、砖砌锢窑、石制窑洞等形式为主。

b. 关中—晋南—豫西地区

该区地处秦岭北缘、黄土高原南缘、太行山南缘，行政归属包括山西南部、陕西中部和河南西部。该区中华文明起源之一——仰韶文化的发源地。历史居住建筑以土木（砖木）结构院落、平地或下沉式窑洞等形式为主。

c. 黄土高原地区

该区内的行政归属包括内蒙古南部、宁夏南部、陕西北部和山西北部，地处农牧交错地带、长城地带。历史居住建筑以土木（砖木）结构院落；靠崖窑洞或箍窑等形式为主。

④ 长江中下游地区

我国长江中下游地区，地处亚热带季风气候，冬季寒冷湿润、夏季炎热潮湿、雨热同期，稻作农耕文化历史悠久。从民居的建筑材料来看，该地区主要采用红壤和黄壤等土壤，亚热带常绿、落叶、阔叶混交林等木材，沉积岩、变质岩等石材营造土木砖木结构、穿斗式等结构形式的房屋。房屋具有木雕、砖雕等装饰精美，色彩淡雅等特点，如图 2.1-21 所示。

图 2.1-21 安徽宏村建筑群

具体而言，我国长江中下游地区又可划分为"长江下游地区""江汉地区""湘赣地区"等3个二级区划。

a. 长江下游地区

该区地处皖苏沿江平原、里下河平原及长江三角洲平原，行政归属包括江苏南部、安徽中南部、上海和浙江北部，是中华文明起源之一——良渚文化的发源地。历史居住建筑以抬梁、穿斗混合式木构架等结构形式营造多进宅院形式。

b. 江汉地区

该区地处长江、汉水交汇处，行政归属包括河南南部、湖北中东部和湖南东北部。该区是中华文明起源之一——屈家岭的发源地。历史居住建筑以砖木结构、抬梁式等营造天井、天斗等形式为主。

c. 湘赣地区

该区内行政归属包括湖南中南部、江西大部分地区和广西东北部。该区历史居住建筑以土木（砖木）结构、穿斗式木结构、抬梁式木结构及其混合式等为主要结构形式。

⑤ 东南沿海地区

我国东南沿海地区，地处南亚热带季风气候，冬季温和湿润、夏季炎热潮湿、雨热同期，在中原文化圈之外、自成体系的移民侨民文化。从民居的建筑材料来看，该地区主要采用砖红壤、赤红壤等土壤，北热带半常绿季雨林、湿润雨林等木材，火成岩、变质岩等石材营造土木、石、土混合结构形式的房屋。房屋具有防御性强、坚固、砖雕装饰精美等特点，如图 2.1-22 所示。

图 2.1-22 福建土楼

具体而言，我国东南沿海地区又可划分为"闽越地区""两广地区""南海地区"等 3 个二级区划。

a. 闽越地区

该区地处武夷山—杭州湾—长江流域南边界，行政归属包括浙江中南部和福建，主要涉及古越文化、客家文化、海运传统等。历史居住建筑以砖木结构、土木结构、穿斗式木结构等为主要结构形式，平面布局以院落式为主。

b. 两广地区

该区地处南岭、珠江流域分水岭、广西盆地西缘，行政归属包括广东大部分地区、广西大部分地区和云南东南部，主要涉及岭南文化和海运传统等。该区历史居住建筑同样以砖木结构、土木结构、穿斗式木结构等为主要结构形式，平面布局以院落式为主。

c. 南海地区

该区内的行政归属包括广西南部和海南等，主要涉及南海海洋文化、太平洋海洋文化，并具有移民传统。该地区历史居住建筑以竹木结构、土木结构、石木结构等为主要结构形式。

⑥ 西南地区

我国西南地区，地处亚热带季风气候，温暖湿润，相对湿度大，多云雾，是少数民族的聚居区。从民居的建筑材料来看，该地区主要采用赤红壤、红壤等土壤，亚热带常绿、落叶、阔叶林等木材，以沉积岩（石灰岩、白云岩、砂岩等）为主、火成岩（花岗岩）和变质岩（大理岩）为辅的石材营造干栏式竹木结构、石质结构、汉化土木结构、林区井干式结构形式的房屋。房屋具有布局灵活、构造轻巧、装饰简单、就地取材等特点，如图 2.1–23 所示。

具体而言，我国西南地区又可划分为"巴蜀地区""云贵地区"等 2 个二级区划。

a. 巴蜀地区

该区地处秦岭分水岭（长江流域北边界）、大巴山东缘、长江上游河道、青藏高原东缘，行政归属包括四川中东部、重庆大部、陕西南部和湖北西北部，涉及巴蜀文化、巫文化以及盐业传统、长江水运经济等。历史居住建筑以穿斗式木结构、土木结构的合院式民居为主。

b. 云贵地区

该区地处长江上游河道、青藏高原东南缘、云贵高原东缘，行政归属包括贵州、云南大部分地区、重庆西南部、四川南部、湖北西南部和湖南西北部,是历史和当代少数民居聚居地,涉及古滇文明、稻作农业、茶种植业等。历史居住建筑以穿斗式木结构、土木结构、多种竹木结构等为主要结构形式。

图 2.1-23　贵州吊脚楼

⑦ 西北地区

我国西北地区,地处温带大陆性气候,冬季严寒干燥、夏季炎热少雨,季节、昼夜温差大,是少数民族的聚居区,涉及绿洲农业文化和游牧文化。从民居的建筑材料来看,该地区主要采用棕钙土、黑垆土荒漠土、高山土等土壤,变质岩为主的石材营造窑洞、土承重墙等形式的生土建筑。此外,在蒙古草原境内,还有适应游牧生活的蒙古包、斜仁柱等临时性建筑形式。总的说来,该地区房屋具有通风、散热、遮凉和防寒、保暖兼顾,装饰具有民族特色等特点,如图 2.1-24 所示。

具体而言,我国西北地区又可划分为"游牧地区""长城地带""天山南北地区""阿勒泰地区"等 4 个二级区划。

a. 游牧地区

该区地处大兴安岭西缘、阴山—阿拉善高原东缘,行政归属包括内蒙古中北部,历史上的匈奴、突厥等族群活动区,现今主要分布着蒙古族、达斡尔族,以游牧为主要生业方式。历史居住建筑主要为帐篷等可移动民居和土木结构民居等。

图 2.1-24　新疆阿以旺

b. 长城地带

该区地处阿拉善内流区西缘—祁连山—阿拉善高原南缘、鄂尔多斯高原南缘、燕山一线（明长城一线：嘉峪关—河西走廊—榆林—大同—张家口—山海关）以北、阴山以南，行政归属包括甘肃大部分地区、内蒙古西部、陕西、山西和河北北部，是农耕交错地带。历史居住建筑以砖木结构、土木结构、穿斗式木结构等结构形式为主，平面布局多为院落式。

c. 天山南北地区

该区地处昆仑山—阿尔金山以北、额尔齐斯河以南、阿拉善高原以西，行政归属包括新疆大部分地区，是维吾尔族、蒙古族、塔吉克族、乌孜别克族、柯尔克孜族（游牧）等民族的聚居区。历史居住建筑多为土木混合结构、平顶／穹顶、楼房／平房等。

d. 阿勒泰地区

该区地处额尔齐斯河流域—阿尔泰山南麓，行政归属包括新南北部，是哈萨克（游牧）、维吾尔族、蒙古族、俄罗斯族、塔塔尔族、达斡尔族等民族的聚居区。历史居住建筑多为帐篷和井干式木结构等。

⑧ 青藏地区

我国青藏地区，地处高原气候，冬季严寒干燥、夏季炎热少雨，垂直气候明显，以高寒农业、畜牧业为主要生业形态。从民居的建筑材料来看，该地区主要采用荒漠土、高山土等土壤，高原山地寒温性、温性针叶林、硬叶常绿阔叶林等木材，变质岩为主的石材营造平顶木石结构的碉房和南部为竹木干栏式为主要结构形式的房屋建筑。该地区房屋具有尺度较小、就地取材、装饰具有民族特色等特点，如图 2.1–25 所示。

图 2.1-25　西藏平顶碉房

具体而言，我国青藏地区又可划分为"高原干燥区""高原湿润区"等 2 个二级区划。

a. 高原干燥区

该区地处青藏高原内流区、冈底斯山—唐古拉山口—巴颜喀拉山一线以西北，含藏北高原、可可西里山区、青海高原，行政归属包括西藏西北部、青海西北部和新疆南部，主要分布着藏族、蒙古族等民族。历史居住建筑多为帐篷、土木结构平顶楼房等。

b. 高原湿润区

该区地处青藏高原外流区、冈底斯山—唐古拉山口—巴颜喀拉山一线以东南，行政归属包括西藏东南部、青海东南部、青海西南部、四川西部和云南西北部，涉及古越文化、客家文化等。历史居住建筑多为土木结构平顶／坡顶院落式、土木／石结构平顶楼房、井干式木结构、干栏式等。

（2）非居住建筑

① 礼制公共建筑

对于礼制建筑的功能和定义，中西方呈现出显著的差异。中国人祭拜天地与祖先，更多是对人由来和生存所依赖因素的崇敬与感恩，属于"礼"，而非"宗教"的内容[①]。

历史类型房屋建筑中的礼制公共建筑，如宗庙、明堂、学校等建筑在建筑材料、单体形式、构造做法等方面与各地方的历史居住建筑并无太大的区别。在组群布局方面，礼制公共建筑大多沿中轴线对称布局，当与历史居住建筑相结合形成片区时，多居于片区中的重要位置。

② 宗教建筑

历史类型房屋建筑中的宗教建筑在中国古代建筑史中占有比较重要的分量，其中，尤以佛教、道教、伊斯兰教的建筑数量居多[②]。

佛教建筑大致可以分为佛殿和佛塔两大类。佛殿大多以木结构承重，砖砌体围护，青瓦或琉璃瓦铺设屋面；屋顶形式丰富，主要包括硬山、悬山、歇山、庑殿等；在组群布局方面，佛殿同样沿中轴线呈几进院落式布局。佛塔作为印度窣堵坡（stupa）的汉化产物，形制上与传统的"楼"更为相似，平面形式有方形、六边形、八角形等，层数不定；材料多用砖、木、石、瓦、琉璃，甚至还有金属；屋顶形式多为攒尖顶。

道观作为道教供奉神灵，信徒进行礼拜、祭祀活动以及道士进行集体修道活动的专用场所，大多依山而建。道教作为中国本土固有的宗教，以劝人通过养生修炼和道德品行的修养而长生成仙，求得永恒。因植根本土，所以道观内各大殿依然以木结构承重，砖砌体围护，青瓦或琉璃瓦铺设屋面；屋顶形式丰富，主要包括硬山、悬山、歇山、庑殿等；在组群布局方面，同样沿中轴线呈几进院落式布局。

伊斯兰教清真寺的建筑风格兴起于公元 7 世纪初的阿拉伯半岛，之后由阿拉伯商人和波斯工匠传入中国内地发展而独具文化特色。除以木结构为主的中国传统建筑风格外，中国的清真寺建筑大多为阿拉伯建筑风格，主要包括大门、礼拜大殿、宣礼塔等主要建筑。从建筑材料来看，阿拉伯建筑风格清真寺多用砖石，在平面布局上也不注重中轴对称。建筑形式方面，礼拜大殿多为大穹顶，宣礼塔的塔顶则呈尖形。

---

① 李允鉌. 华夏意匠：中国古典建筑设计原理分析［M］. 天津：天津大学出版社，2005：100.
② 王军等. 陕西古建筑［M］. 北京：中国建筑工业出版社，2015：103。

③ 商业建筑

历史类型房屋建筑中的商业建筑布局起初是四周廊庑围绕，中间一个大广场，与其他建筑物类似的四合院布局方式。但由于传统院落式的房屋形式并不利于门市营业，只有当店铺直接面对街道，才有利于吸引顾客，于是沿街商业建筑应运而生。

商业建筑除沿街布置外，其在建筑材料、建筑结构、构造组成等方面与各地历史居住建筑并无太大的区别。但商业建筑一般还会有多层建筑，即"楼"。在各楼之间会以天桥相连，极具商业特色。

④ 科技及公共服务建筑

历史类型房屋建筑中的科技及工业服务建筑主要包括观星台、磨坊、金属冶炼场所、陶瓷窑场、纺织业工厂等。此类建筑无论是在平面布局还是立面形式上都不会受到礼制等思想的约束，因实际功能需求而自由组合。

2.2 道路现状梳理

2.2.1 时间视角下的道路基本特征

市政道路的建设发展与中国城镇化的进程息息相关。新中国成立 70 年以来道路的发展历史进程可以划分为新中国成立初期—1978 年的缓慢发展、1978—1999年的初步发展、1999 年至今的快速发展三大阶段。

1）新中国成立初期—1978 年中国市政道路建设特征

1949 年，新中国刚成立时，道路交通运输面貌十分落后。全国铁路总里程仅2.18 万公里，有一半处于瘫痪状态。能通车的公路仅 8.08 万公里，民用汽车 5.1 万辆。全国仅有城市 132 个，城市市区人口 3949 万人。

1978 年全国有城市 193 个，城区人口 7682 万人。道路总长度为 26966 公里，道路面积 22530 万平方米。民用汽车总量为 135.84 万辆，出行特征体现为以非机动车为主，如图 2.2-1 所示。

此阶段市政道路总体上处于缓慢发展的状态。

图 2.2-1　自行车出行

2）1978—1999 年中国市政道路建设特征

1978—1999 年城镇化恢复发展，民用汽车稳定增长，市政道路也随之得到初步发展。

在此期间，城市个数由 1978 年的 193 个增加至 1999 年的 667 个；城镇人口数量由 1978 年的 7682 万人增加至 1999 年的 37590 万人；道路长度由 1978 年的 26966 公里增加至 1999 年的 152385 公里，道路面积增加到 222158 万平方米。民用汽车总量约为 1600 万辆，如表 2.2-1 所示。

1978—1999 年市政道路相关数据一览表　　　　　　　　表 2.2-1

年份	城市个数	地级	县级	县及其他个数	城区人口（万）	道路长度（公里）	道路面积（万平方米）	人均城市道路面积（平方米）	道路桥梁固定资产投资（亿元）
1978	193	98	92	2153	7682.0	26966	22539	2.93	2.9
1979	216	104	109	2153	8451.0	28391	24069	2.85	3.1
1980	223	107	113	2151	8940.5	29485	25255	2.82	7.0
1981	226	110	113	2144	14400.5	30277	26022	1.81	4.0
1982	245	109	133	2140	14281.6	31934	27976	1.96	5.4
1983	281	137	141	2091	15940.5	33934	29962	1.88	6.5
1984	300	148	149	2069	17969.1	36410	33019	1.84	12.2
1985	324	162	159	2046	20893.4	38282	35872	1.72	18.6
1986	353	166	184	2017	22906.2	71886	69856	3.05	20.5
1987	381	170	208	1986	25155.7	78453	77885	3.10	27.1

续表

年份	城市个数	地级	县级	县及其他个数	城区人口（万）	道路长度（公里）	道路面积（万平方米）	人均城市道路面积（平方米）	道路桥梁固定资产投资（亿元）
1988	434	183	248	1936	29545.2	88634	91355	3.10	35.6
1989	450	185	262	1919	31205.4	96078	100591	3.22	30.1
1990	467	185	279	1903	32530.2	94820	101721	3.13	31.3
1991	479	187	289	1894	29589.3	88791	99135	3.35	51.8
1992	517	191	323	1848	30748.2	96689	110526	3.59	90.6
1993	570	196	371	1795	33780.9	104897	124866	3.70	191.8
1994	622	206	413	1735	35833.9	111058	137602	3.84	279.8
1995	640	210	427	1716	37789.9	130308	164886	4.36	291.6
1996	666	218	445	1696	36234.5	132583	179871	4.96	354.2
1997	668	222	442	1693	36836.9	138610	192165	5.22	432.4
1998	668	227	437	1689	37411.8	145163	206136	5.51	616.2
1999	667	236	427	1682	37590.0	152385	222158	5.91	660.1

为规范市政道路建设质量，达到技术先进、经济合理、安全适用，1991 年 1 月 4 日、3 月 4 日建设部分别批准发布了《市政道路工程质量检验评定标准》CJJ 1—90、《城市道路设计规范》CJJ 37—90。

1992 年 9 月，我国第一条全立交控制出入的城市快速路——北京市二环路全线建成。二环路处于北京道路路网的核心位置，围绕旧城而建，全长 32.7 公里，建有 29 座立交桥，全线为全立交、全隔离的城市快速道路。其建设规模之宏大、功能之完善、技术之复杂，是此前首都城市道桥建设中从未有过的。它的建成标志着城市道路建设技术上了一个新的台阶。如图 2.2-2 所示。

图 2.2-2　北京二环路复兴门立交

在总结二环路建设经验的基础上，北京市对三环路按快速路标准进行了改建，于1994年全线建成通车。这是北京第二条快速环路，全长48.2公里，设立交48座，如图2.2-3所示。

图2.2-3 北京三环路国贸桥

3）1999年至今中国市政道路建设特征

1999年至今城镇化发展进入扩张阶段，民用汽车总量及私人汽车拥有量增长迅速，市政道路也得到了快速发展。

截至2020年，城市个数由1999年的667个增加至2020年的687个；城镇人口数量由1999年的37590万人增加至2020年的44253.7万人；道路长度由1999年的152385公里增加至2020年的492650公里，道路面积增加到969803万平方米。民用汽车总量增长至27340.92万辆，接近3亿大关，如表2.2-2、表2.2.-3所示。

1999年至今市政道路相关数据一览表   表2.2-2

年份	城市个数	地级	县级	县及其他个数	城区人口（万）	道路长度（公里）	道路面积（万平方米）	人均城市道路面积（平方米）	道路桥梁固定资产投资（亿元）
1999	667	236	427	1682	37590.0	152385	222158	5.91	660.1
2000	663	259	400	1674	38823.7	159617	237849	6.13	737.7
2001	662	265	393	1660	35747.3	176016	249431	6.98	856.4
2002	660	275	381	1649	35219.6	191399	277179	7.87	1182.2

年份	城市个数	地级	县级	县及其他个数	城区人口（万）	道路长度（公里）	道路面积（万平方米）	人均城市道路面积（平方米）	道路桥梁固定资产投资（亿元）
2003	660	282	374	1642	33805.0	208052	315645	9.34	2041.4
2004	661	283	374	1636	34147.4	222964	352955	10.34	2128.7
2005	661	283	374	1636	35923.7	247015	392166	10.92	2543.2
2006	656	283	369	1635	33288.7	241351	411449	11.04	2999.9
2007	655	283	368	1635	33577.0	246172	423662	11.43	2989.0
2008	655	283	368	1635	33471.1	259740	452433	12.21	3584.1
2009	654	283	367	1636	34068.9	269141	481947	12.79	4950.6
2010	657	283	370	1633	35373.5	294443	521322	13.21	6695.7
2011	657	284	369	1627	35425.6	308897	562523	13.75	7079.1
2012	657	285	368	1624	36989.7	327081	607449	14.39	7402.5
2013	658	286	368	1613	37697.1	336304	644155	14.87	8355.6
2014	653	288	361	1596	38576.5	352333	683028	15.34	7643.9
2015	656	291	361	1568	39437.8	364978	717675	15.60	7414.0
2016	657	293	360	1537	40299.2	382454	753819	15.80	7564.3
2017	661	294	363	1526	40975.7	397830	788853	16.05	6996.7
2018	673	302	371	1518	42730.0	432231	854268	16.70	6922.4
2019	679	300	379	1516	43503.7	459304	909791	17.36	7655.3
2020	687	301	386	1495	44253.7	492650	969803	18.04	7814.3

1978—2020 年汽车统计数据一览表　　　　表 2.2-3

年份	民用汽车总计（万辆）	私人汽车拥有量
1978	135.84	
1980	178.29	
1985	321.12	28.49
1990	551.36	81.62
1995	1040	249.96
2000	1608.91	625.33
2005	3159.66	1848.07
2006	3697.35	2333.32
2007	4358.36	2876.22
2008	5099.61	3501.39
2009	6280.61	4574.91
2010	7801.83	5938.71
2011	9356.32	7326.79
2012	10933.09	8838.6

年份	民用汽车总计（万辆）	私人汽车拥有量
2013	12670.14	10501.68
2014	14598.11	12339.36
2015	16284.45	14099.1
2016	18574.54	16330.22
2017	20906.67	18515.11
2018	23231.23	20574.93
2019	25376.38	22508.99
2020	27340.92	24291.19

伴随着社会、经济等各方面的快速发展，城市快速路在城市道路中的比重及建设规模也逐年增大。为规范城市快速路设计标准、提高设计质量，2009年4月7日住房和城乡建设部发布了行业标准《城市快速路设计规程》CJJ 129—2009。

为适应我国城市道路建设和发展的需要，规范城市道路工程设计，统一城市道路工程设计主要技术指标，指导城市道路专用标准的编制，2012年1月11日住房和城乡建设部发布了《城市道路工程设计规范》CJJ 37—2012，废止了使用二十多年的《城市道路设计规范》CJJ 37—90。

2013年，国务院印发《关于加强城市基础设施建设的意见》，明确提出促进改善城市人居环境、提高新型城镇化质量。提出加强城市道路交通基础设施建设，要围绕推进新型城镇化的重大战略部署，切实加强规划的科学性、权威性和严肃性，坚持先地下、后地上，提高建设质量、运营标准和管理水平；增强城市路网的衔接连通和可达性、便捷度，尽快完成城市桥梁安全检测和危桥加固改造，加强行人过街、自行车停车等设施建设。该意见的发布，标志着中国城镇化进程进入城镇化高质量发展阶段。

2014年3月16日党中央、国务院批准实施的《国家新型城镇化规划（2014—2020年）》进一步指出，要走中国特色新型城镇化道路，全面提高城镇化质量，并提出了城镇化发展的新特点和新方向，包括绿色、智慧、数字、低碳等城市建设。

为适应海绵城市建设对城市道路提出的相关要求，2016年6月28日住房和城乡建设部发布了《城市道路工程设计规范（2016年版）》CJJ 37—2012。

2020年末，全国在市政道路桥梁上的投资为7814.3亿元，各直辖市、省、自治区建设投资规模存在明显差异，经济发展靠前的长三角、珠三角位居前列，如表2.2-4所示：

2020 年各直辖市、省、自治区的市政道路发展情况一览表　　　表 2.2-4

地区名称	人口密度（人/平方公里）	道路长度（公里）	道路面积（万平方米）	道路桥梁投资（万元）	人均道路面积（平方米）	建成区路网密度（公里/平方公里）	建成区道路面积率（%）
全国	2778	492650.37	969802.54	78143056	18.04	7.07	14.19
北京		8405.60	14702.00	2892972	7.67		
天津	4449	9233.87	17510.39	667000	14.91	6.77	12.60
河北	3085	18766.58	41074.02	1718421	21.06	8.14	17.52
山西	4015	9803.02	22325.23	1548538	18.41	7.20	15.73
内蒙古	1850	10505.67	22074.23	478401	23.93	7.65	17.09
辽宁	1805	21481.85	36597.86	835338	16.21	6.78	11.98
吉林	1876	10952.30	19116.00	1110641	15.71	6.02	10.90
黑龙江	5501	13712.57	22075.68	743187	15.59	7.11	11.52
上海	3830	5536.00	11551.00	1511068	4.76	4.47	9.33
江苏	2240	50860.81	90570.25	6941313	25.60	8.91	15.43
浙江	2105	27573.61	54047.75	7874608	19.08	7.38	14.81
安徽	2655	17750.49	43286.17	3005310	24.29	6.99	17.05
福建	3545	14386.10	26167.50	2243282	18.83	7.87	13.71
江西	4426	12655.92	26279.41	3107505	19.81	6.91	13.86
山东	1665	49986.19	102269.10	6255528	25.64	7.71	16.06
河南	4994	16294.57	41039.33	2959581	15.32	5.11	12.79
湖北	2778	22992.18	43142.81	3418080	18.89	8.10	15.26
湖南	3677	15241.53	34645.25	3560542	19.72	6.93	16.12
广东	3909	49374.02	84013.94	5070595	13.26	6.25	11.48
广西	2162	14918.66	30186.29	2535208	23.76	8.35	16.47
海南	2444	4516.56	6301.47	524460	17.91	11.39	11.93
重庆	2070	10872.67	23592.88	4372267	14.65	6.56	14.22
四川	3158	25537.86	50907.26	7307331	18.13	7.45	15.21
贵州	2262	9261.56	17779.92	1223693	21.23	7.11	13.85
云南	3138	8242.17	17078.86	1008789	16.62	6.29	13.13
西藏	1584	988.27	2076.84	110312	20.74	4.01	9.60
陕西	4985	9478.91	21660.13	3280428	16.73	5.18	14.26
甘肃	3235	5986.65	13130.44	658873	20.25	6.42	13.72
青海	2930	1642.37	4077.36	138901	18.91	6.04	15.97
宁夏	3153	2953.32	8031.27	206974	26.78	5.66	15.21
新疆	4036	11270.58	19889.92	756576	25.36	5.80	12.71
新疆兵团	2063	1467.91	2601.98	77335	24.84	6.82	11.84

2.2.2 类型视角下的道路基本特征

1）道路所承担的城市活动特征分类

按照城市道路所承担的城市活动特征，城市道路分为干线道路、支线道路，以及联系两者的集散道路三类。

干线道路承担城市中、长距离联系交通，应提高城市机动化交通运行效率。

集散道路和支线道路共同承担城市中、长距离联系交通的集散和城市中、短距离交通的组织，应保障步行、非机动车和城市街道活动的空间，避免引入大量通过性交通。

2）道路等级分类

城市道路按照在道路网中的地位、交通功能以及对沿线的服务功能等，分为快速路、主干路、次干路和支路四个等级，并符合下列规定：

城市快速路应中央分隔、全部控制出入、控制出入口间距及形式，应实现交通连续通行，单向设置不应少于两条车道，并应设有配套的交通安全与管理设施。快速路主要联系市区各主要地区、市区和主要的近郊区、卫星城镇、联系主要的对外出路，负担城市主要客、货运交通，解决城市长距离、大容量、快速交通，有较高车速和大的通行能力。快速路两侧不应设置吸引大量车流、人流的公共建筑物的出入口。设计速度为 60 公里 / 小时、80 公里 / 小时、100 公里 / 小时。当快速路两侧设置辅路时，横断面应采用四幅路型式，如图 2.2-4 所示；当两侧不设置辅路时，应采用两幅路形式。

城市主干路应连接城市各主要分区，应以交通功能为主。主干路两侧不宜设置吸引大量车流、人流的公共建筑物的出入口。设计速度为 40 公里 / 小时、50 公里 / 小时、60 公里 / 小时。主干路横断面宜采用四幅路或三幅路形式，如图 2.2-5 所示。

城市次干路应与主干路结合组成干路网，应以集散交通的功能为主，兼有服务功能。设计速度为 30 公里 / 小时、40 公里 / 小时、50 公里 / 小时。次干路横断面宜采用单幅路或两幅路形式，如图 2.2-6 所示。

城市支路宜与次干路和居住区、工业区、交通设施等内部道路相连接，应解决局部地区交通，以服务功能为主。设计速度为 20 公里 / 小时、30 公里 / 小时、40 公里 / 小时。支路横断面宜采用单幅路形式，如图 2.2-7 所示。

图 2.2-4　四幅路

图 2.2-5　三幅路

图 2.2-6　两幅路

图 2.2-7　单幅路

3）道路服务对象分类

城市道路按照城市综合交通的服务对象可划分为城市客运与货运交通道路。

4）道路路面结构分类

城市道路根据路面结构形式，通常分为沥青路面、水泥混凝土路面、砌块路面。

2.3　桥梁现状梳理

2.3.1　时间视角下的桥梁基本特征

市政桥梁的建设发展与中国城镇化及经济发展的进程息息相关。新中国成立70年以来桥梁的发展历史进程可以划分为新中国成立初期—1978年的重要节点建设期、1978—1999年的立交化建设期、1999年至今的城市景观及快速路高架桥建设期三大阶段。

1）新中国成立初期—1978 年中国桥梁建设

新中国成立后，中国进入了新阶段，桥梁建设取得了长足的发展，这个阶段，由于建设资金紧张，桥梁建设以实用为主，桥型主要为简支梁、简支板为主，且跨径不大。1974 年 10 月，中国第一座城市立交桥在北京复兴门建成，它坐落在西二环路与复兴门内、外大街相交处，是城区最早建成的苜蓿叶形互通式立交桥。复兴门桥成为北京东西长安街与西二环路两条交通动脉的交会点。这个阶段，除北京外，中国的城市几乎没有立交桥，桥梁建设还是以跨河桥为主。本阶段内跨河桥多作为交通线路的控制节点，道路走向需考虑桥梁的选址决定，如图 2.3-1 所示。

图 2.3-1 复兴门立交桥

2）1978—1999 年中国桥梁建设

在实行改革开放之初的 1978 年，中国无论是桥梁面积还是桥梁数量都非常有限。随着改革开放的推进，中国的国家财力也有了较大的发展，这个时期城市立交得到了巨大的发展，在一些大型城市开始大规模新建。比较具有代表性的是 1992 年 9 月—1993 年 9 月间建设的上海罗山路立交桥，该桥以所在道路名称命名，同时也是中国第一座五层立交。罗山路立交桥为罗山路跨越杨高中路的苜蓿叶和走向混合型、五层互通式立交桥。南北长 940 米，东西长 136 米，总面积 2.4 万平方米，建筑总高度 20 米。下层半地下室为行人和非机动车道，地面为杨高路车道，中层为内环线浦东段杨高路车道，四、五层为车流定向匝道，如图 2.3-2 所示。

图 2.3-2　罗山路立交桥

3）1999 年至今中国桥梁建设

1999 年至今，中国桥梁建设进入了日新月异的飞速发展期，尤其是加入世界贸易组织之后，中国逐渐进入了世界桥梁建设大国的行列，城市立交也在中小城市中得到了应用。这个阶段下，桥梁除了作为道路工程中的重要节点外，也承载着景观功能，作为城市中的地标性建筑。我国桥梁建设逐步从"中国制造"走向"中国创造"，一座座飞架南北的中国桥也成为桥梁建设史上一座又一座技术进步、造福民生的丰碑。广州海心桥便是闻名世界的中国创造景观市政桥梁。海心桥是广州首座珠江两岸人行桥，是世界上跨度最大、宽度最宽的曲梁斜拱人行桥，如图 2.3-3 所示。桥形设计植根岭南文化，造型概念来自"琴鸣绢舞·岭南花舟"，将桥梁完美地融入广州中轴线步行系统。主桥采用中承式钢拱桥，拱向东倾斜 10 度，拱跨 198 米，主梁为曲线梁，中跨桥面宽 15 米，主梁最宽位置近 20 米，桥面东侧步道全长 488 米，西侧步道全长 256 米，面积 6300 平方米。截至 2020 年，中国已经有 100 万座以上的桥梁。中国的桥梁建设，正在走向世界的前列。

图 2.3-3　海心桥

2.3.2　类型视角下的桥梁基本特征

桥梁的建设，首先是要对桥梁的基本特征进行分析，而桥梁的基本特征，就是首先要满足它的功能需求，并在满足使用要求的前提下，确保它的安全，而这一切的前提，就是要明确桥梁的设计荷载标准，只有明确了荷载标准，才能在确定桥梁方案的前提下，对桥梁进行计算分析，来最终确定桥梁方案，否则，应该进行方案调整或者重新设计。

桥梁的荷载标准，首先要满足道路上通行车辆的要求，我国城市道路标准，分为快速路、主干路、次干路、支路等，不同的道路等级，对应的车辆荷载也不相同，一般而言，道路等级越高，桥梁的荷载标准也越高，但是，同一等级的道路，由于通行情况有所不同，也并非完全采用一个荷载标准。

根据我国《城市桥梁设计规范》的有关要求，城市桥梁的荷载标准分为两类，即城—A 级和城—B 级。

1）桥梁特征分析

（1）桥梁荷载分类特征

桥梁的荷载包括车辆荷载和车道荷载。车道荷载由均布荷载和集中荷载组成。车道荷载如图 2.3-4 所示：

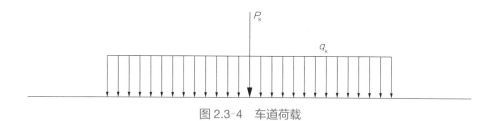

图 2.3-4　车道荷载

桥梁设计汽车荷载等级如表 2.3-1 所示。

桥梁设计汽车荷载等级　　　　　　　　　表 2.3-1

城市道路等级	快速路	主干路	次干路	支路
设计汽车荷载等级	城—A 级 或城—B 级	城—A 级	城—A 级 或城—B 级	城—B 级

　　城市桥梁，根据使用设计荷载可分为城—A、城—B 两个等级，两者主要的区别是荷载标准不同，城—A 级荷载效应大于城—B 级荷载标准。对于快速路、次干路上如重型车行驶频繁时，设计汽车荷载应选用城—A 级汽车荷载；小城市中的支路上如重型车辆较少时，设计汽车荷载应选用城—B 级车道荷载的效应乘以 0.8 的折减系数，车辆荷载的效应乘以 0.7 的折减系数；小型车专用道路，设计汽车荷载可采用城—B 级车道荷载的效应乘以 0.6 的折减系数，车辆荷载的效应乘以 0.5 的折减系数。

　　（2）各省分布特征分析

　　对试点区县城镇桥梁统计情况进行分析可以得出江苏省的城市桥梁数量最多，为 16932 座，占全国总数的 21.2%；西藏自治区的城镇桥梁最少，为 62 座，占全国试点区县总数的 0.08%。广东省的城镇立交桥数量最多，为 972 座，占全国城市立交总数的 17.3%；西藏自治区的城镇立交最少，占全国城市立交总数的 0.02%，详细统计情况见表 2.3-2。

试点区县城镇桥梁统计表（2020 年）　　　　　　　表 2.3-2

序号	省份	城镇桥梁（座）	城镇立交桥（座）
1	北京市	2376	457
2	天津市	1196	141
3	河北省	1870	222
4	山西省	602	90
5	内蒙古自治区	505	65
6	辽宁省	1898	227
7	吉林省	966	111
8	黑龙江省	1233	263

续表

序号	省份	城镇桥梁（座）	城镇立交桥（座）
9	上海市	2880	50
10	江苏省	16932	439
11	浙江省	12703	200
12	安徽省	2027	324
13	福建省	1859	49
14	江西省	1114	104
15	山东省	5821	216
16	河南省	1624	198
17	湖北省	2332	203
18	湖南省	1311	104
19	广东省	8296	972
20	广西壮族自治区	1346	159
21	海南省	229	11
22	重庆市	2173	306
23	四川省	3577	274
24	贵州省	770	64
25	云南省	1374	93
26	西藏自治区	62	1
27	陕西省	840	80
28	甘肃省	697	88
29	青海省	235	4
30	宁夏回族自治区	222	8
31	新疆维吾尔自治区（含兵团）	682	102
	合计	79752	5625

将以上城镇桥梁及城市立交数量统计后见图 2.3-5 所示。

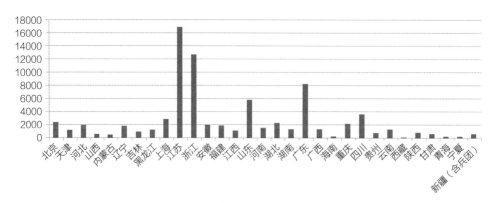

图 2.3-5　2020 年全国城镇桥梁数量统计表

2）桥梁类型

桥梁种类众多，可分类如下：

按桥长分，桥长 8 米以上 30 米及以下为小桥，30～100 米为中桥，100～1000 米为大桥，1000 米以上为特大桥。

按用途分，有铁路桥、公路桥、公铁两用桥、人行桥、运水桥（渡槽）及其他专用桥梁（如通过管道、电缆等）。

按跨越障碍分，有跨河桥、跨谷桥、跨线桥（又称立交桥）、高架桥、栈桥等。

按采用材料分，有木桥、钢桥、钢筋混凝土桥、预应力混凝土桥、圬工桥（包括砖桥、石桥、混凝土桥）等。

按结构体系划分，有梁式桥、拱桥、刚架桥、缆索承重桥（即悬索桥、斜拉桥）等四种基本体系。梁式桥：梁作为承重结构是以它的抗弯能力来承受荷载的。拱桥：主要承重结构是拱肋或拱圈，以承压为主。刚架桥：由于梁与柱的刚性连接，梁因柱的抗弯刚度而得到卸载作用，整个体系是压弯构件，也是有推力的结构。缆索承重桥：它是以承压的塔、受拉的索与承弯的梁体组合起来的一种结构体系。

2.4 供水现状梳理

2.4.1 时间视角下的供水设施基本特征

水是生命之源，是人类赖以生存的重要自然资源之一。在自来水出现之前，人们为了便利的获取水源，选择择水而居，用水大多取自河湖或者浅层水井。根据目前的史料，河南省登封市境内的告成自来水供水工程是目前发现的国内最早的自来水工程，距今已有 2300 多年，其通过引水工程及输水管道将河水从山的北面引至用户。

19 世纪中叶以来，受西方近代文明的影响，加之城市建成区从沿江分布向内陆扩张，城市的供水需求增加、供水技术提升、城市供水系统安全需求等多方面影响，中国的自来水系统逐步在各大城市中产生与普及，且经过多年发展，城市供水系统向绿色、低碳、节能、环保、可持续发展的方向不断发展。

1）新中国成立前中国供水设施建设特征

晚清时期，我国自来水供水设施在"外压"及"内患"下建成，"外压"指外国租界居民要求，"内患"指传染病的流行及近代工业、消防供水需求。在当时，自来水供应仅在富裕阶层，用自来水是富人们的专利。供水水源主要以地下水源为主，一般没有水处理设施，仅少数以地面水为水源，主要采用以"沉淀—慢滤池—氯消毒"水处理工艺。

上海是最早引进西式自来水事业的城市，1875 年在上海杨树浦设立了第一座水厂，采用沉淀、过滤、提升等工艺，出水用水车送至用户；1906 年，广州以增埗河为取水点，在河边设"增埗水厂"（即现西村水厂），设沉淀池一座，慢性砂滤池六座，设低压水泵 4 台，高压水泵 5 台，容积为 8545 立方米清水池一座，分别供水至当时商业繁盛和居民富裕的西关、南关及惠爱路旧城区。1908 年，借鉴上海、广东等地自来水公司创办成功经验，北京于 1908 年成立了京师自来水股份有限公司，开始筹建孙河和东直门水厂，水源取自孙河河水，经过滤、沉淀等工艺后，通过二十余万米配水管线供水至各用户，供水范围"内以禁城为止，外以关厢为限"。在此后的晚清、北洋军阀、日伪统治、民国等时期，由于国家时局动荡，全国供水事业一直发展缓慢。据统计，1949 年前全国只有 72 个城镇建有自来水厂，大部分在沿海地区，且供水量很小，城镇供水普及率很低。

此阶段我国供水设施建设特征主要为供水量少，供水规模小，水处理工艺简单，为缓慢发展阶段。

2）新中国成立初期—1978 年中国供水设施建设特征

新中国成立后，中国进入了一个新的发展时期，随着城市人口扩张，需水量增加，为了解决生活缺水的问题，供水事业也迎来了发展曙光。据统计，1952 年，设有自来水厂的城市已增加到 82 个，至 1960 年，设有供水设施的城市已增至 171 个，城市水厂增至 326 座；1980 年，城市水厂增至 554 座，年均增加约 10 座。以北京市为例，20 世纪五六十年代，北京陆续恢复和新建了第二、第三、第四、第五、第六、第七等水厂，至 1978 年，日供水能力约 132 万立方米，在一定程度上缓解了供需矛盾。20 世纪七八十年代，由于长期开采地下水致地下水漏斗面积扩大，造成浅井干涸等问题，为保证供水需求，北京建设了最大的地下水厂第八水厂及以地表水为水源的田村山净水厂。

这一时期内城镇水处理工艺主要是由苏联引进的常规工艺（混凝、沉淀、过滤和消毒工艺），并根据其处理理念，结合我国实际需求，创造了双向过滤滤池

（AKX 滤池）、双层和三层滤料滤池等，将滤速提高到 10 米 / 小时以上；引进澄清池，使截留沉速比沉淀池提高一倍，减少沉淀时间；在李圭白院士的带领下，成功研发出高浊度水处理工艺、地下水曝气接触氧化除铁除锰工艺等技术。

新中国成立后，1950 年制定了第一部供水水质标准，共 11 项，其中浊度要求小于 15 毫克 / 升；1954 年、1956 年、1959 年曾作了 3 次修改，1976 年卫生部和国家建设委员会共同审查颁布了《生活饮用水卫生标准》TJ 20—76，水质指标增加至 23 项，其中浊度要求不高于 5 度。

此阶段我国供水设施建设主要为解决供需矛盾，不断提高出水水质阶段，这一时期我国供水设施得到了高速发展。

3）1978 年至今中国供水设施建设特征

改革开放后，我国社会和经济建设（包括水业在内）走上一条新的发展道路，在这段时期，城市供水设施呈现出前所未有的速度，据统计，1995 年至 2004 年，我国供水管道长度由 13.87 万千米增长为 35.84 万千米，至 2020 年已达到 98.09 万千米；日供水能力至 2020 年已达到 2.76 亿立方米 / 日，有效支撑了城市化进程。且在这一时期，我国先后建成一大批具有时代特色的大、中型给水工程。

20 世纪中叶，发现了介水病毒性传染病的流行，这是人类社会面临的一个饮用水重大生物安全性问题，加之随着人们生活水平的提高，对自来水水质的要求越来越高。相应的，1985 年我国发布了《生活饮用水卫生标准》GB 5749—85 水质指标增加至 35 项；于 2006 年，在 GB 5749—85 基础上，制定并发布了《生活饮用水卫生标准》GB 5749—2006，将水质指标增加至 106 项；于 2022 年，发布了《生活饮用水卫生标准》GB 5749—2022，将水质指标调整至 97 项。水质污染及需求、标准的提升，这样就导致了水厂净化工艺将越来越复杂，处理流程越来越长。在这一阶段，水处理时将臭氧—活性炭置于常规工艺之后，便形成了第二代工艺，又称为"深度处理"工艺。此外，又开发出多种除有机物的工艺，如预臭氧、强化混凝、生物过滤、粉末活性炭吸附、氧化以及高级氧化技术等。并为解决 20 世纪末"两虫"问题爆发问题，形成了以膜过滤为核心的第三代水处理技术，包括采用常规工艺＋颗粒活性炭＋超滤或生物滤池＋超滤用于去除有机物和氨氮污染、常规工艺＋超滤＋纳滤处理高硬度水及新型微污染物等。

以北京市第九水厂为例，第九水厂分三期建设，分别于 1989 年、1995 年和 2000 年建设，每期供水规模均为 50 万立方米 / 日，总规模为 150 万立方米 / 日，为目前亚洲规模最大处理厂。水源采用南水、密云水库水和怀柔水库水，并以怀柔地下水为备用水源，形成了以地表水源为主，地下水源为辅的供水格局。第九水厂一期处理工艺为混合＋机械加速澄清池＋滤池（砂滤池＋活性炭滤池）＋消毒（氯）工艺；二期为混合＋水力絮凝＋斜板沉淀池＋滤池（砂滤池＋活性炭滤池）＋消毒（氯）工艺；三期为机械混合＋水力絮凝＋过滤（砂滤池＋活性炭滤池）＋消毒（氯）工艺。并为保证水质，于2010年建设了超滤膜处理工艺，形成了常规处理工艺＋深度处理工艺＋超滤工艺的处理流程。

此阶段我国供水设施建设进入了一个新阶段，朝着建设规模增大、供水格局多元化方向快速发展。

2.4.2 类型视角下的供水设施基本特征

1）供水设施分类

供水设施可分为城市供水、县城供水、村镇供水三类。城市供水，是指城市公共供水和自建设施供水。城市公共供水，是指城市自来水供水企业以公共供水管道及其附属设施向单位和居民的生活、生产和其他各项建设提供用水；自建设施供水，是指城市的用水单位以其自行建设的供水管道及其附属设施主要向本单位的生活、生产和其他各项建设提供用水。县城供水是指县城公共供水和自建设施供水。村镇供水，是指向县（市、区）城区以下的镇（乡）、村（社区）等居民区及分散住户供水的工程，以满足村镇居民、企事业单位日常生活用水和二三产业用水需求为主，不包括农业灌溉用水。

从图2.4-1可以看出，至2020年底，城市供水综合生产能力和供水管道长度占比最大，村镇供水两项规模位于第二位；县城供水两项占比最少。

本次普查试点对象只包含城市公共供水设施，以下均为城市公共供水设施特征分析。

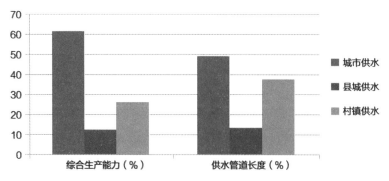

图2.4-1 全国2020年供水设施类型占比统计表

2）供水水源类型区划分析

中国的水资源总量大，水资源储量占全球水资源的 6%，仅次于巴西、俄罗斯和加拿大，居世界第四位。在地区分布上具有显著的不平衡性，水资源分布则具体表现为"东多西少，南多北少"，西北地区更是呈现严重干旱等特点。

结合全国各地区水资源分布特点，各地区供水综合生产力与地区水资源分布特点基本一致。图 2.4-2 可以看出，华东地区供水综合生产能力最大，其次是华南地区，而西北地区供水综合生产能力最小。

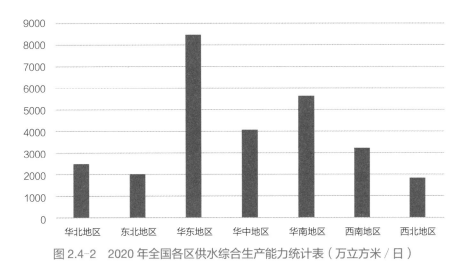

图 2.4-2　2020 年全国各区供水综合生产能力统计表（万立方米／日）

由于我国水资源东部、南部丰沛，西部、北部干旱，在全国各地区供水水源类型上呈现一定的特点。图 2.4-3 可以看出，华南地区、华东地区、华中地区以及西南地区均以地表水为主要供水水源，而华北、东北、西北地区以地下水为供水水源的比例明显增高。

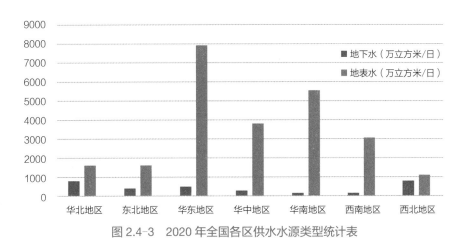

图 2.4-3　2020 年全国各区供水水源类型统计表

2.5 基础信息调查现状总结

2.5.1 房屋现状总结

现有房屋的使用状况不清：包括各地区房屋建筑的使用功能、使用对象、使用方式和服务对象等。此外，房屋的基本情况调查亟待完善，如建成年代、使用寿命、维修周期和隶属情况等。

现有房屋的建筑信息不清：包括建筑层数、建筑面积、建筑高度等基本建筑信息。以及房屋建筑的抗震设防、施工质量情况、建筑材料、是否专业设计建造和建筑结构类型等专业调查信息。

现有房屋的抗震设防基本情况不清：包括房屋建筑建造时的设防烈度和设防类别，以及目前应具备的设防烈度和设防类别等基本情况，以及现有建筑是否进行过抗震加固及加固时间，房屋有无明显可见的裂缝、变形、倾斜等静载缺陷等详细抗震设防信息。

由此，预判房屋建筑在灾害中所能抵御自然灾害的能力、受灾程度及范围的计算、应急管理的划定、优先救援的选择、风险隐患区域的避让等情况不清。

2.5.2 道路现状总结

现有道路的发展状况不清：包括各地区道路的分布密度、道路等级比例、每年的建设投资规模等。

现有道路的基本使用条件不清：包括道路的功能定位、断面、建成年代、路面破损、管理养护等。

道路沿线的服务对象不清：包括沿线存在的医院、学校、政府部门等重要单位。

对地震和地质灾害的预防能力不清：包括路基防护形式（边坡、挡墙等）、永久结构物（桥梁、隧道、涵洞等）、交叉形式（平交、立交）等。

由此，预判道路在灾害中所能发挥的作用（疏导、救援、抢险等）、最佳交通路线的选择、最短到达时间的计算、风险隐患区域的避让等不清。

2.5.3 桥梁现状总结

现有桥梁的基本信息不清：包括各地区桥梁的桥梁名称、桥梁长宽面积、桥梁斜度、桥梁类别等。

现有桥梁的使用条件不清：包括桥梁的建成年代、设计使用年限、桥梁功能类型、桥梁所在道路等级、桥梁跨越类别、桥梁工程投资等。

现有桥梁的附属设施情况不清：包括桥梁的防护类型、伸缩缝类型、支座类型、挡土墙类型等。

现有桥梁的养护状况不清：包括桥梁的检测类别、加固维修情况、技术状况等级等。

对自然灾害的预防能力不清：包括桥梁的抗震设防等级及设计洪水频率等。

由此，预判桥梁在灾害中所能发挥的作用（疏导、救援、抢险等）、最大限度保证生命线工程畅通的能力、作为生命线最低保障的要求、风险隐患区域的避让等不清。

2.5.4 供水现状总结

现有供水管线及厂站的基本情况不清：包括管线的主管部门、管线位置、敷设方式、管径，以及厂站的主管部门、规模、工艺流程、泵房规模等。

现有供水管线及厂站的运行状况不清：包含管线的管材、管龄、周边隐患等，以及厂站的取水型式、防洪标准、工艺流程、清水池容积、供电电源等。

对地震和地质灾害的预防能力不清：包括是否处于地震断裂带、抗震设防烈度及抗震设防类别、是否存在不良地质、是否处于地质采空区、是否处于浅部砂层中等。

对风雪和周边灾害的风险隐患掌握不清：包括风雪荷载设计值、周边存在的灾害隐患（河道、山体、坡地建筑、低洼地带）等。

现有供水管线及供水设施厂站运维数据分散掌握于各运维管理单位中，未形成一个整体数据，且未对管线及厂站周边地质情况、风雪等灾害情况进行预防及掌握。

由此预判灾害中供水管线及厂站致供水受影响程度及范围、最大限度保证受灾个体作为生命线最低保障的要求等不清。

针对区域房屋建筑及市政设施的发展状况、分布、功能、使用条件、服务对象、抗风险能力等不清、不明问题，开展全国普查工作，可以充分了解房屋建筑及市政设施的整体、全面情况，在日常进行明确性的维护、完善和预防，策划疏导、救援、抢险等应急预案（定位沿线重要单位部门、选择最佳交通路线、计算最短到达时间、避让风险隐患区域等），从而在灾害发生时作出正确、高效、安全的决策。

第3章

底图制备技术

3.1 底图制备技术方法概述

3.1.1 底图制备工作概述

在全国自然灾害综合风险普查房屋建筑和市政设施外业调查前，住房和城乡建设部信息中心先行组织开展了全国房屋建筑底图制备工作。该工作以国家地理信息公共服务平台（天地图）为空间参考，结合国务院普查办统一下发的遥感影像底图数据，利用遥感智能解译与人工目视解译相结合的方法，采集房屋建筑单体化面矢量成果，并对采集的矢量房屋建筑外轮廓矢量成果进行质量检查和成果集成，为全国自然灾害综合风险普查工作提供基础底图数据。

遥感作为一门对地观测综合性科学，它的出现和发展既是人们认识和探索自然界的客观需要，又是其他科学技术无法替代的。本次房屋建筑和市政设施普查工作充分运用遥感技术作为数据获取技术支撑。

3.1.2 底图制备技术规范依据

《第一次全国自然灾害综合风险普查总体方案》（国灾险普办发〔2020〕2号）

《第一次全国自然灾害综合风险普查实施方案》

《第一次全国自然灾害综合风险普查房屋建筑和市政设施调查实施方案》

《第一次全国自然灾害综合风险普查数据与成果汇交和质量审核办法》

《农村房屋建筑调查技术导则》

《城镇房屋建筑调查技术导则》

《民用建筑设计统一标准》GB 50352—2019

《住宅设计规范》GB 50096—2011

《基础性地理国情监测内容与指标》CH/T 9029—2019

《地理国情普查数据规定与采集要求》GDPJ 03—2013

《基础地理信息数字产品 1∶10000 1∶50000 生产技术规程　第一部分：数字线划图（DLG）》CH/T 1015.1—2007

《1∶5000、1∶10000 地形图航空摄影测量数字化测图规范》CH/T 1006—2000

《数字测绘成果质量检查与验收》GB/T 18316—2008

《数字地形图系列和基本要求》GB/T 18315—2001

3.1.3　底图制备技术要求

房屋建筑和市政设施底图制备是外业调查的基础，底图制备质量直接关系到调查工作是否能够顺利开展，因此需加强对房屋建筑底图数据质检，确保底图数据成果质量符合相关技术指标要求，能够为全国房屋建筑和市政设施普查工作提供基础底图支撑。

房屋建筑和市政设施底图制备主要技术要求如下：

（1）基本要求

坐标系统：采用 2000 国家大地坐标系。

高程基准：采用 1985 国家高程基准。

空间参考：国家地理信息公共服务平台"天地图"。

时点要求：2020 年 12 月 31 日。

（2）数学精度要求

数据采集精度，即采集的房屋建筑底面位置与调查底图上房屋建筑底面位置的对应程度，市政设施中心线位置与调查底图上市政设施位置的对应程度。

房屋建筑采集平面精度优于 5 米。特殊房屋建筑（高层、超高层房屋建筑），可放宽至 10 米，市政设施采集平面精度优于 5 米。

房屋建筑之间的相对位置准确。

房屋建筑漏采率小于 5%。

（3）房屋建筑采集要求

房屋建筑应采尽采，单栋房屋应单独表示，且独立闭合。

房屋建筑底面的凸凹部分小于 5 米时，可进行综合处理。

低矮建筑密集区中，边界不明显的房屋建筑，可以适当综合采集。

房屋建筑的附属设施，如平台、门廊等不需要采集，建筑工地的临时性建筑物不采集。

房屋建筑数据以面矢量数据集方式汇交。

（4）市政设施采集要求

不允许出现相交、自相交、重叠、自重叠、多部件等非正常情况。

桥梁是位于道路之上的，桥梁数据必须被道路数据覆盖。

相邻地物要素不能出现非正常压盖现象。

市政设施采用点、线矢量形式存储。

（5）其他要求

应满足国务院普查办、住房和城乡建设部规定的与房屋建筑和市政设施相关技术要求。成果需经过自检和第三方检查后再汇交。

3.2　底图制备技术方法

按照全国自然灾害综合风险普查房屋建筑和市政设施底图制备的总体技术路线，以国家地理信息公共服务平台（天地图）为空间参考，结合国务院普查办统一下发的优于1米分辨率遥感影像，补充自行收集的高分辨率遥感数据，完成房屋建筑矢量底图制备工作，具体流程包括：资料收集与整理、遥感数据分析与处理、房屋建筑轮廓标绘、数据质检与成果集成等环节。根据相关标准和规范，我们重点制定了适宜实施的遥感数据处理方法和底图制备方法。

3.2.1　遥感数据处理方法

高分辨率遥感数据丰富的形状结构和纹理信息包含着地表目标的各类空间信息，作为房屋建筑底图制备的工作基础，遥感数据质量的优劣直接决定着底图制备成果的真实准确性。本节主要介绍满足房屋建筑底图制备的遥感数据处理方法。

1）遥感数据选取

遥感数据需要结合卫星影像特点以及房屋建筑和市政设施底图制备的实际业务需求进行选取。

（1）需求分析

根据全国自然灾害综合风险普查房屋建筑和市政设施底图制备要求，房屋建筑应采尽采，每栋房屋建筑均需单体化采集。具体要求如下：

① 以影像能识别为依据，所有房屋建筑物均需单体化采集；

② 房屋建筑底面的凸凹部分小于 5 米时，可进行综合处理；

③ 低矮房屋建筑密集区中，房屋建筑无明显分界的，可适当综合采集；

④ 房屋建筑的附属设施，如平台、门廊等不需要采集，建筑工地的临时性建筑物不采集。

（2）选取原则

为满足房屋建筑底图制备要求，需要对卫星遥感数据进行全面分析，选取符合底图制备要求的遥感数据。

① 基本要求

a. 单景云雪量一般不应超过 10%，且云雪不能覆盖房屋建筑调查区域。

b. 成像侧视角一般小于 15 度，最大不应超过 25 度，山区不能超过 20 度。

c. 影像不出现明显噪声或缺行。

d. 灰度范围总体呈正态分布，无灰度值突变现象。

② 数学基础

a. 坐标系统：2000 国家大地坐标系。

b. 高程系统：1985 国家高程基准。

③ 精度指标

a. 要求正射影像与空间参考"天地图"相比，相对几何精度不得大于表 3.2-1 中规定。

影像平面精度 表 3.2-1

地形类别	正射影像平面位置中误差（像元）
平原区	2
山区	4

b. 多景卫星影像镶嵌误差不得大于表 3.2-2 中规定。

影像镶嵌精度 表 3.2-2

地形类别	正射影像镶嵌精度（像元）
平原区	3
山区	5

④ 影像质量

a. 影像纠正质量：影像应无大面积噪声和条带，无因 DEM 精度和现势性原因造成数据丢失、地物明显扭曲、变形现象。

b. 影像镶嵌质量：影像接边处色彩过渡自然，地物合理接边，人工地物完整，无重影和发虚现象。

c. 影像融合质量：融合影像色彩自然，纹理清晰，无发虚和重影现象。

d. 影像增强质量：增强后的影像房屋建筑地物细节清晰，反差适中，层次分明，色彩基本平衡。影像直方图应基本接近正态分布。

⑤ 现势性

所选影像的现势性需满足房屋建筑调查时间节点，本次选取的影像时效性基本满足普查标准时点 2020 年 12 月 31 日。

⑥ 覆盖范围

按照全国房屋建筑和市政设施普查范围要求，影像需覆盖全国范围共涉及 31 个省（自治区、直辖市）。

⑦ 分辨率

影像分辨率的大小直接影响影像的数据量和目标地物细节的清晰度，影像像素分辨率越高，数据量就越大，目标地物细节的清晰程度也越高。根据基础数据源与本次普查数据采集的要求，建议底图制备采用至少优于 1 米分辨率的影像，针对房屋建筑低矮密集区，建议采用优于 0.5 米分辨率影像。

整理目前满足房屋建筑和市政设施底图制备工作的亚米级主要卫星影像列表如表 3.2-3 所示。

高分辨率亚米级卫星影像列表　　　　　　　　　　　　表 3.2-3

影像类型	空间分辨率	正射影像分辨率	波段
高景一号	全色 0.5 米，多光谱 2 米	0.5 米	蓝、绿、红、近红外
北京二号	全色 0.8 米，多光谱 3.2 米	0.8 米	蓝、绿、红、近红外
北京三号 A 星	全色 0.5 米，多光谱 2 米	0.5 米	蓝、绿、红、近红外
高分二号	全色为 0.8 米，多光谱为 3.2 米	0.8 米	蓝、绿、红、近红外
高分七号	全色为 0.65 米，多光谱为 3.2 米	0.65 米	蓝、绿、红、近红外
吉林一号	全色 0.72 米，多光谱 2.88 米	0.72 米	蓝、绿、红、近红外
WorldView 系列	全色 0.5 米，多光谱 1.8 米	0.5 米	标准谱段：红、绿、蓝、近红外
Pleiades	全色 0.5 米，多光谱 2 米	0.5 米	蓝、绿、红、近红外

本次普查底图制备工作所用的遥感数据包括"天地图"影像、普查办下发的北京二号 0.8 米影像及各类符合要求的商业影像。影像使用基本原则："天地图"为房屋建筑和市政设施底图的空间参考基准，普查办下发优于 1 米影像为底图的时点基准。影像使用分为初步生产阶段和时点更新阶段，初步生产影像以"天地图"、结合商业影像为本底，时点更新影像以普查办下发的影像为本底，影像使用基本模式见图 3.2-1 所示。

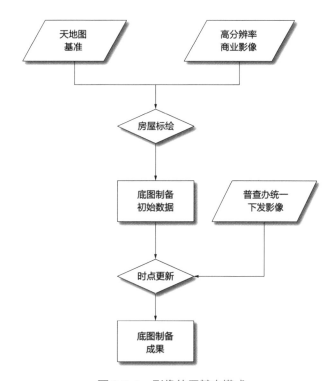

图 3.2-1　影像使用基本模式

2）遥感数据处理

房屋建筑和市政设施底图制备要求完成卫星遥感数据的选取之后，就需要对影像进行处理、质量检查，使影像能够支撑房屋建筑底图的制备。

虽然高分辨率遥感影像包含了大量数据信息，但是由各方面因素所带来的改变还是会影响这些数据信息，比如光线、气候、污染、时间以及传感器自身硬件设计，会导致拍摄的图像存在几何畸变、辐射失真等很多问题，所以对遥感数据的处理是迫切且必须的。自行收集的高分辨率遥感数据处理一般包括几何纠正以及图像增强，即对原图像的几何变形进行纠正，并通过图像增强以提高房屋建筑轮廓提取结果的可靠性和准确性。

（1）处理软件

常用的遥感数据处理软件如表 3.2-4 所示：

常用遥感数据处理软件列表　　　　　　　　表 3.2-4

序号	软件名称	产地
1	像素工厂	法国
2	PCI	加拿大
3	Pixel Grid	中国
4	GXL	中国
5	PIE	中国
6	Gpro	中国
7	GEOWAY CIPS	中国

（2）处理流程

使用遥感数据处理软件，依据技术指标，采取严格的质量控制措施，完成遥感数据的处理，形成卫星影像图成果，为房屋建筑图斑提供基础影像数据。

卫星影像图处理流程包括：数据整理与分析、数据预处理、空三加密、全色影像正射纠正、多光谱影像配准、影像融合、影像增强、镶嵌匀色等，处理过程中要做好每一环节的质量控制，最后进行成果整理。卫星影像图处理流程如图 3.2-2 所示。

① 数据整理与分析

数据整理分析时，以空三加密测区为单位，整理需要的多光谱影像、全色影像、卫星影像 RPC 参数（或者其他成像模型参数），正射纠正需要的 DEM 和控制资料等。

② 数据预处理

数据整理完成后，对所有数据进行分析和必要的数据预处理工作（如格式、坐标转换），以适应遥感数据处理软件的需要。

③ 空三加密

数据整理分析完成后，便开始进行空三加密，即空中三角测量。利用测区中影像连接点（加密点）的像点坐标和少量的已知像点坐标及其大地坐标的地面控制点，通过平差计算，求解连接点的大地坐标与影像的外方位元素，即完成区域网空中三角测量。区域网空中三角测量提供的平差结果是后续的一系列摄影测量处理与应用的基础。

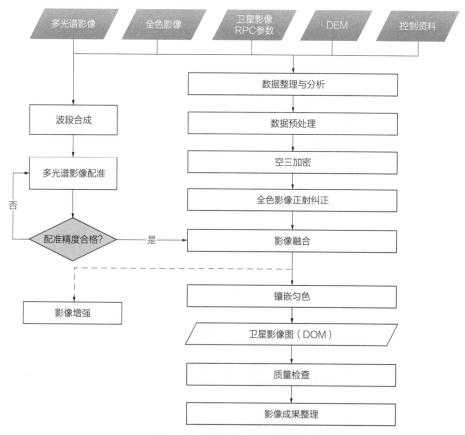

图 3.2-2　卫星影像图制作流程

卫星影像具有全色和多光谱两种成像模式，全色、多光谱数据是同源获取（同一探测器同时接收），因此，首先对全色影像进行空三加密，通过匹配相邻景影像之间的连接点保证接边精度，通过匹配控制资料与影像之间的同名信息保证绝对精度。对于地形起伏较大的山区，适量增加连接点、控制点，以确保山区影像精度。为了保证最终成果的精度，必须根据技术指标，严格检查控制空三加密精度，保证连接点、控制点的数量、分布、精度均达到项目要求后，才能提交空三成果，进行下一步工作。

④ 正射纠正

空三加密完成后，即可采用更新后的 RPC 参数或者其他成像模型对全色影像以及多光谱影像进行正射纠正，得到全色正射影像成果、多光谱影像成果。正射纠正是对影像空间和几何畸变进行纠正生成多中心投影平面正射图像的处理过程，一般是通过在像片上选取一些地面控制点，并利用原来已经获取的该像片范围内的数字高程模型（DEM）数据，对影像同时进行倾斜改正和投影差改正，将影像重采样成正射影像。正射纠正除能纠正一般系统因素产生的几何畸变外，还可以消除地形引起的几何畸变。

⑤ 影像融合及增强

为了提高影像分辨率，又保持影像的多光谱信息，增加影像的判读性、辨别性，需要将全色影像与多光谱影像进行融合，得到高分辨率的彩色影像数据成果。

遥感影像融合是将在空间、时间、波谱上冗余或互补的多源遥感数据按照一定的规则（或算法）进行运算处理，获得比任何单一数据更精确、更丰富的信息，生成具有新的空间、波谱、时间特征的合成影像数据。影像通过融合既可以提高多光谱影像空间分辨率，又保留其多光谱特性。因此，它不仅仅是数据间的简单复合，还强调信息的优化，以突出有用的专题信息，消除或抑制无关的信息，改善目标识别的影像环境，从而增强解译的可靠性，减少模糊性（即多义性、不确定性和误差），提高分类精度，扩大应用范围和效果，如图 3.2-3 所示。

（a）卫星全色影像

（b）卫星多光谱影像

（c）

图 3.2-3　卫星融合影像成果

常用的波段融合方法包括 Brovey 变换、SVR 变换、PCA 变换、Pansharp 变换和 Gram-schmidt 变换 5 种方法。融合影像数据源必须是经过几何正射纠正的数据。融合后的影像要求色彩自然，层次丰富，反差适中。影像纹理清晰，融合后能明显提高地物解译的信息量。

影像融合完成后，利用专业卫星影像处理软件，进行去雾、对比度、色彩饱和度调整、匀光、锐化等影像增强处理，使得影像清晰、色调一致、便于地物识别和视觉显示。影像增强又称图像增强，通过调整、变换影像密度或色调，用以改善影像目视质量或突出某种特征的处理过程，目的在于提高影像判读性能和效果。在遥感应用中，得到经过正确增强处理以后形成的高清晰图像，对展开之后房屋建筑提取工作具有重要的作用。图像增强是一个使图像对某些特殊的应用更易于解释的过程。增强可以使原始遥感数据的重要特征对于人眼更易于解释。增强技术经常代替分类技术从图像中提取有用的信息。常用的遥感图像增强方法包括光谱增强、空间增强和多波段增强等，增强效果如图 3.2-4 所示。

（a）影像增强前　　　　　　　　　　　　　（b）影像增强后

图 3.2-4　卫星影像增强效果

融合效果检查：要求融合影像图的效果接近自然真彩色，纹理清晰，色调均匀，亮度、色彩反差适中，无晕边、扭曲等质量问题，各种地物边缘清晰明确，特别是城乡接合部建设用地与耕地等边界清晰明确。融合效果检查包括以下几方面：

a. 查看融合影像中多源数据配准精度是否符合要求。

b. 检查融合影像整体亮度、色彩反差是否适度、是否有蒙雾。

c. 检查融合影像整体色调是否均匀连贯，不同季节影像只要求亮度均匀，植被变化引起的色彩差异可不考虑。

d.检查融合影像纹理及色彩信息是否丰富，有无细节损失，层次深度是否足够，特别是各类房屋建筑是否可见和容易判读。

e.检查清晰度。判断各种地物边缘是否清晰明确，特别是农村房屋建筑的边界是否清晰明确。

⑥镶嵌匀色

影像融合完成后，需要进行镶嵌匀色工作。传统方式进行影像色彩处理，通常选取一小块样本用其对整个区域进行匀色。由于地理区域的复杂多变，利用特定一块影像对整个区域进行匀色必定使有些区域颜色失真。像素工厂系统采用快视图方式，将整个区域按成图分辨率的9倍输出整个区域快视影像，对其进行色彩调整，然后用快视影像对整个区域进行匀色，保证了大范围测区的颜色能够统一调配，使局部和全局颜色能够达到和谐一致。

⑦质量检查

影像镶嵌融合裁切后，对正射影像成果进行全面的质量检查工作，保证正射影像成果的质量和完整性。采用影像数据处理软件，以人机交互为主的方式对制作完成的正射影像进行质量检查，质量检查的内容包括：影像质量（色彩、色调、纹理、云量覆盖等），平面精度，配准精度以及数据的组织方式等，保证影像成果满足房屋建筑底图制备的技术要求。

⑧影像成果整理

卫星影像图制作、检查修改完成后，对所有成果及中间成果进行整理，包括卫星正射影像图、元数据、检查记录表等，保证成果的完整性、准确性。

3.2.2 房屋建筑矢量底图制备方法

遥感信息的提取先后经历人工目视提取、半自动化和完全自动化提取阶段。传统的遥感信息判别和提取是采用人工目视方法，为了准确理解图像信息，人们需要深刻了解遥感图像成像原理的专业知识。遥感图像半自动化提取则是通过一定的人为干预实现地物信息的提取，其发展在很大程度上是计算机技术和图像处理技术发展的结果。

本次房屋建筑底图制备主要是以"天地图"为空间参考基准，结合国务院普查办统一下发的遥感影像工作底图数据，采用计算机机器学习，结合人工交互的技术方法开展房屋建筑轮廓提取工作。通过建立房屋建筑采集解译标志，提取房屋建筑轮廓信息，形成符合要求的房屋建筑底面轮廓矢量数据集。

1）房屋建筑底面轮廓勾绘流程

房屋建筑底面轮廓的勾绘，主要是以高分辨率的卫星影像为参考基础，采用计算机结合人工交互的技术方法开展房屋建筑矢量数据的提取工作。

房屋建筑底面轮廓提取，主要参考建立的房屋建筑解译标志，采用人机协同解译的方式，主要采用遥感影像建筑物 AI 智能提取技术对房屋建筑进行预先提取，对自动提取的图斑进行人工交互检查，去除伪图斑，对机器自动提取的房屋顶面轮廓边界进行适量平移和精度修正，形成满足项目要求的房屋建筑底面轮廓数据成果，同时利用人机互动采集的方式，对机器自动提取错误的图斑、漏提取的图斑进行人工补充采集，经过严格质检检查和修改后，形成满足自然灾害综合风险普查房屋建筑外业普查的成果数据。房屋建筑底面轮廓勾绘技术路线如图 3.2-5 所示。

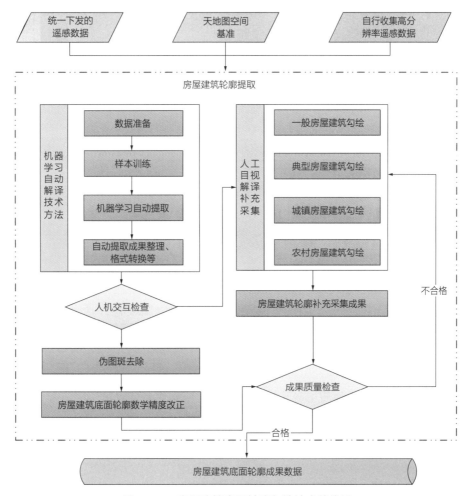

图 3.2-5　房屋建筑底面轮廓勾绘技术路线图

（1）房屋建筑解译标志建立

解译标志是指不同地类要素在影像上表现出来的色调、亮度、形状、纹理及几何分布特征等，这些特征明确阐述各类地物的标志性和相互间的可区分性，是在遥感影像上判读、识别、提取各种地物位置、类型、边界等信息的依据。本次主要提取内容为普查区域内的房屋建筑底图轮廓。

房屋建筑，一般指上有屋顶，周围有墙，能防风避雨，御寒保温，供人们在其中工作、生活、学习、娱乐和储藏物资，并具有固定基础，层高一般在 2.2 米以上的永久性场所。但根据某些地方的生活习惯，可供人们常年居住的窑洞、竹楼等也应包括在内。

房屋建筑空间要素提取主要采用半自动辅助提取的技术方法。因此，在信息提取前，需要明确地物类型的解译标志，从纹理、形状、色调及几何分布特征等几个方面明确阐述各类房屋建筑要素的标志性和相互间的可区分性。解译标志越丰富、越精细、越准确，则解译的效率和质量越高。

根据不同房屋建筑的属性性质，建立解译标志。

根据房屋建筑的属性性质，综合项目需求，将房屋建筑类别分为城镇住宅房屋建筑、城镇非住宅房屋建筑、农村房屋建筑三类[①]。具体分类如表 3.2-5 所示。

房屋建筑分类体系 表 3.2-5

一级	二级	定义
房屋建筑		房屋建筑一般指上有屋顶，周围有墙，能防风避雨，御寒保温，供人们在其中工作、生活、学习、娱乐和储藏物资，并具有固定基础，层高一般在 2.2 米以上的永久性场所
	城镇住宅房屋建筑	城镇供家庭居住使用的建筑
	城镇非住宅房屋建筑	非住宅是指除了住宅以外的非居住用房屋。它包括学校、医院、福利院、商业房屋建筑和工业仓库房屋建筑等
	农村房屋建筑	农村建筑是农村居民点的房屋和附属设施的总称。是农村居民组织家庭生活、开展公共活动、从事农、工、副业生产等的场所

（2）房屋建筑解译标志制作

根据房屋建筑属性性质可分为城镇住宅、城镇非住宅、农村房屋三类，城镇住宅是为城镇家庭居住使用的建筑，我国城镇住宅房屋建筑形式，具有多样性、民族

[①] 由于历史类型房屋建筑在城镇、农村均有分布，使用功能也可分为居住（对应住宅）和非居住（对应非住宅）两大类，所以，在制备底图阶段可纳入城镇住宅房屋建筑、城镇非住宅房屋建筑、农村房屋建筑三类一并完成。

性和地域性等特点，一般住宅房屋在遥感影像上表现为集中，房屋建筑排列整齐，屋顶一般为人字形或者平顶。一般分布在城市中心地区；城镇非住宅是指除了住宅以外的非居住用房屋。它包括学校、医院、福利院、商业房屋建筑和工业仓库房屋建筑等。我国非住宅类房屋建筑风格受到时代政治、社会、经济、建筑材料和建筑技术等影响。一般分布在远离人群居住的地区；农村房屋建筑是农村居民点的房屋和附属设施的总称，是农村居民开展活动的场所。

① 城镇住宅房屋建筑

城镇住宅房屋建筑是指供家庭居住使用的建筑，定义沿用《住宅设计规范》GB 50096—2011。在我国，住宅房屋按楼层可分为单层住宅、多层住宅、高层住宅、超高层住宅。

a. 单层住宅

单层住宅是指仅有一层的住宅。

b. 多层住宅

多层住宅是指层数在 2 层到 9 层的住宅房屋。

c. 高层住宅

高层住宅是指层高在 10 层以上，且建筑高度小于 100 米的独立房屋建筑。

d. 超高层住宅

超高层住宅是指建筑高度超过 100 米，或层高 40 层以上的住宅。

在城镇，我国修建的住宅房屋建筑以高层住宅为主。

我国城镇住宅房屋建筑形式，具有多样性、民族性和地域性等特点，一般住宅房屋在遥感影像上表现为集中，房屋建筑排列整齐，屋顶一般为人字形或者平顶。城镇住宅房屋建筑的地面实景照片与遥感影像实例如图 3.2-6 及图 3.2-7 所示。

图 3.2-6　城镇住宅房屋建筑实景照片　　　图 3.2-7　城镇住宅房屋建筑遥感影像

自改革开放以来，随着我国的经济高速的增长，城镇人口也随之快速增长，加速了人口城镇化的进程，我国的城镇住宅面积也在快速地增加。建筑技术的进步，使城镇住宅出现了大量的高层建筑，随着人口向城镇汇聚，城镇住宅也呈现出不同的样式，例如传统的四合院、高层住宅小区、城镇边缘的棚户区等。

② 城镇非住宅房屋建筑

非住宅类房屋建筑是指除了住宅以外的非居住用房屋。它包括景区园林建筑、学校、体育建筑、商业房屋建筑和工业房屋建筑等。现代城镇非住宅建筑受到时代政治、社会、经济、建筑材料和建筑技术等影响。建造风格多种多样，规模大小不一。

现代非住宅类房屋建筑风格受到时代政治、社会、经济、建筑材料和建筑技术等影响。从遥感影像特征上看，一般房屋建筑顶面表现为圆弧形、单斜顶、尖顶形、梯形或者宝塔形等特征，如图 3.2-8、图 3.2-9 所示。

③ 农村房屋建筑

农村房屋建筑是农村居民点的房屋和附属设施的总称。主要包括居住建筑、公共建筑和生产性建筑三大类。由于社会制度、不同的经济发展水平以及民族习惯的不同，农村建筑的内容和形式也有差异。在半封建半殖民地的中国，农村建筑主要包括住宅、店铺、祠庙、作坊、衙署以及娱乐设施等，一般居民的建筑都比较简陋。新中国成立后，随着生产关系的变化和生产力的发展，农村建筑的内容除住宅

（a）　　　　　　　　　　　　　（b）

图 3.2-8　城镇非住宅商业房屋建筑实景照片

（a）　　　　　　　　　　　　　（b）

图 3.2-9　城镇非住宅商业房屋建筑遥感影像

外，行政、文教、卫生、商业、服务性建筑，以及饲养、加工、贮藏、修理等生产性建筑日益增多。随着农村经济的发展，又出现了温室、塑料棚、养禽场、养猪场、养牛场以及各类仓库、厂房等较大型的生产性建筑。各种建筑的设计和结构也有很大进步。这对满足农村居民日益增长的物质、文化需要，逐步缩小城乡差别，具有积极意义。

我国各地区的自然环境和人文情况不同，各地农村房屋建筑呈现多样化的面貌特征。如北方平原地区农村建筑房屋形状整齐多呈矩形，南方农村房屋建筑形状多样，如图 3.2-10、图 3.2-11 所示。

（a）　　　　　　　　　　　　　（b）

图 3.2-10　农村房屋建筑实景照片

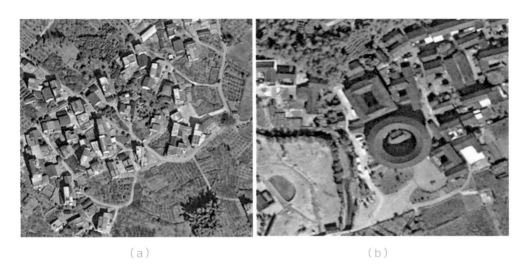

（a）　　　　　　　　　　　　　（b）

图 3.2-11　农村房屋建筑遥感影像

（3）房屋建筑底面轮廓提取方法

① 房屋建筑自动提取

房屋建筑目标的庞大体量和多样形态，意味着在遥感影像中对其进行识别和标绘是一项兼具重复性和繁琐性的劳动密集型工作。研究和应用房屋建筑智能分析算法，对于缓解建筑物标绘任务的高人工依赖性和提高标绘成果的生产效率具有重要意义。近年来，以深度学习为基础的目标识别技术取得长足进步，建筑物提取算法的自动化和智能化程度也随之提高，已经能够在一定程度上为实际生产提供支撑。本次普查房屋建筑轮廓提取首先基于深度学习建筑物矢量的自动提取，获得房屋建筑底图初始数据。

② 人机交互解译

由于现有的图像处理系统还很难完全满足解译任务在精度和功能上的需要，因此有必要将算法解译与目视解译相结合，即人机交互解译。在房屋建筑解译过程中，一方面充分应用机器软件进行简易、核心区域的自动提取，另一方面，解译人员再运用解译经验去进行查漏补缺、删除和修改等操作，以此才可以有效、快捷地完成房屋建筑的解译工作。同时，由于算法解译的局限性和不精准性，导致机器学习提取的成果可能存在漏提、多提、错提（精度不准）和位置不准确等问题，因此在机器学习后要对提取的成果进行人工查漏补缺、删除多余、修改精度和移动位置等一系列综合操作，才能实现对房屋建筑的完整解译。算法解译之后，房屋建筑底面轮廓人工勾绘方法如下：

a. 查漏补缺

机器深度学习会因为模型的不全面性和影像的像素不均衡导致建筑轮廓的漏提，因此需要专业作业人员进行查漏补缺。具体做法是：作业员将算法提取成果导入到高分辨率影像底图中，逐屏进行查漏，并将遗漏的部分进行人工勾绘提取，如图 3.2-12 所示。

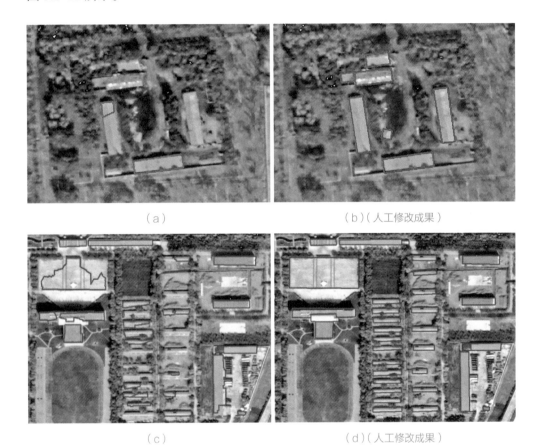

（a）　　　　　　　　　　　　　（b）（人工修改成果）

（c）　　　　　　　　　　　　　（d）（人工修改成果）

图 3.2-12　查缺补漏示例

b. 删除多余

机器深度学习提取的建筑轮廓成果中有一些非建筑的轮廓，因此需要作业人员进行非建筑部分的删除操作。具体做法是：作业员将算法提取成果导入到高分辨率影像底图中，逐屏进行查看，并将非建筑轮廓进行删除。

c. 修改精度

机器深度学习提取的成果会有部分轮廓不精准的问题，因此需要作业人员进行整形修改。具体做法是：作业员将算法提取成果导入到高分辨率影像底图中，逐屏进行查看，遇到精度稍差的图斑轮廓就进行整形修改，对于精度非常差的图斑可直接删除，然后进行人工勾绘，如图 3.2–13 所示。

（a）　　　　　　　　　　　　　　（b）（人工修改成果）

（c）　　　　　　　　　　　　　　（d）（人工修改成果）

图 3.2-13　修改精度示例

d. 移动位置

机器深度学习提取的建筑物轮廓大部分都是在房顶位置，因此对于高层房屋建筑的轮廓需要作业人员进行逐个移动到基底对应位置。具体做法是：作业员将算法提取成果导入到高分辨率影像底图中，逐屏进行查看，遇到漏提的进行补充提取，遇到高层建筑区域，对于仅精确提取楼顶形状的轮廓图斑进行选择，然后移动到建筑底部基底对应位置，如图 3.2–14 所示。

e. 综合修改

机器深度学习提取的成果出现的问题大多是多样性的，因此一般需要人工进行补充、删除、精修、移动等不同程度的综合修改，如图 3.2–15 所示。

③ 人工房屋建筑轮廓勾绘方法

a. 一般房屋建筑底面轮廓勾绘

房屋建筑底面轮廓勾绘首先需要对照遥感影像，将能够识别且面积大于最小上图面积的所有建筑顶部勾画出来。然后判断基底，一般建筑顶部轮廓与底部轮廓是相同的，就画顶部轮廓，画好后，移到基底处。当建筑的底轮廓与顶轮廓不同时，以底部轮廓为准，采取一定的方法画出底部轮廓。勾绘流程如图 3.2-16 所示。

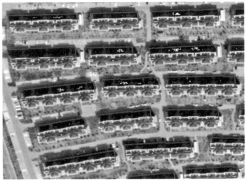

（a）　　　　　　　　　　　　　　（b）（人工修改成果）

（c）　　　　　　　　　　　　　　（d）（人工修改成果）

图 3.2-14　移动位置示例

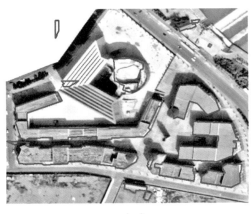

（a）　　　　　　　　　　　　　　（b）（人工修改成果）

图 3.2-15　综合修改示例（一）

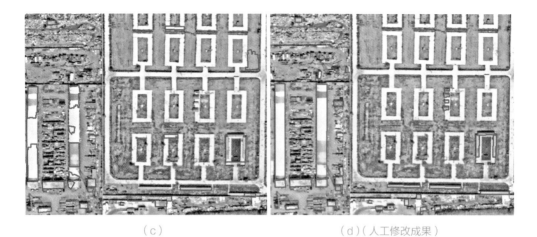

（c）   （d）（人工修改成果）

图 3.2-15　综合修改示例（二）

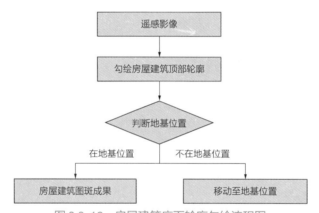

图 3.2-16　房屋建筑底面轮廓勾绘流程图

a）根据房屋顶部画出轮廓，如图 3.2-17 所示。

图 3.2-17　房屋顶部轮廓

b）判断基底位置

建筑物两个侧面与地面相交线的交点就是基底点，如图 3.2-18 所示。

图 3.2-18　基底交点

c）将房屋移动到基底处

通常如果没有建筑的压盖，建筑都能看到两个侧面，两个侧面和地面的交线为基底线，房屋移动过程中，不但要保证房屋面的角点移动到对应的基底点，还要保证房屋面的边线移动到对应的基底线，如图 3.2-19 所示。

图 3.2-19　移动到基底处

b. 典型房屋建筑底面轮廓勾绘

a）单一房屋建筑勾绘方法

对于独栋房屋、平房、厂房以及规则小区房屋底部轮廓可采用直接对照影像进行勾绘的方式进行采集，各类典型房屋勾绘方法如下。

单栋房屋底部轮廓勾绘是基于影像，绘制出房屋顶部轮廓，判断基底位置后移动至基底即可。建筑轮廓按实际形状采集，可个别调整实际拐角形状，即对于房屋底部轮廓凹凸部分小于 5 米时可进行综合处理，如图 3.2-20 所示。

图 3.2-20　轮廓凹凸部分综合处理

平房底部轮廓勾绘主要是依据影像判断屋顶轮廓，少量需要移动至基底位置。并且，对于低矮房屋密集区，若房屋建筑无明显分界，可进行综合采集，如图 3.2-21 所示。

图 3.2-21　平房轮廓勾绘

厂房底部轮廓勾绘主要是依据影像判断屋顶轮廓，少量需要移动至基底位置，如图 3.2-22 所示。

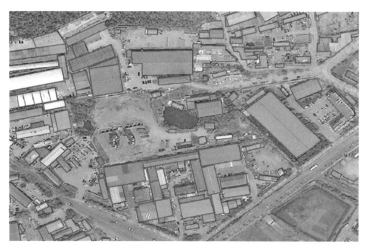

图 3.2-22　厂房轮廓勾绘

　　行列式楼房底部轮廓勾绘需对照影像逐个勾绘房屋顶部，相同结构的房屋采集方法和标准一致，房屋凹凸部分小于 5 米时，可进行综合处理。完成顶部采集后，均需要移动到基地位置，可逐个移动。若是同一小区或同样高度的建筑，被遮挡只能看到一个基底时，参照所能看到基底位置，将所有同高建筑一起选中、移动，如图 3.2-23 所示。

图 3.2-23　行列式楼房轮廓勾绘

　　b）复杂房屋建筑勾绘方法

　　复杂房屋的勾绘流程和简单房屋是一致的，主要是需要根据房屋的形态进行特定的判断，并有一定的勾绘顺序，下文将对顶部有坡度、顶部高低不平、房顶压盖、房屋阳台以及存在空洞房屋等特殊情况的勾绘方法进行说明。

顶部有坡度的建筑不能直接矢量化顶部形状，应该矢量化建筑垂直投影到水平面的平面图，通常，我们就可以去掉其坡度，按相同高度画出图形，再移到基底处，如图 3.2-24 所示。

图 3.2-24 顶部有坡度房轮廓勾绘

顶部高低不平的房屋要特别注意勾绘的顺序，且注意不要漏绘。先矢量化最高层，然后把矢量化好的建筑移到和次最高层同一水平面，捕捉矢量化次最高层，依次类推，直到矢量化最底层，如图 3.2-25 所示。

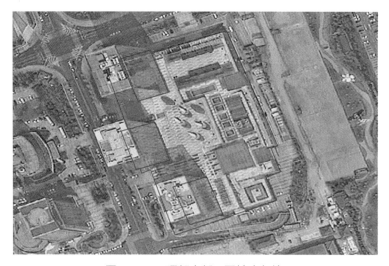

图 3.2-25 顶部高低不平轮廓勾绘

　　房顶压盖无法从影像上完全看到房屋形状时，通常通过能看到的部分对房屋总体形状进行判断。房屋顶部有其他附属物（顶部装饰物）时不进行矢量化，如图 3.2-26 所示。

图 3.2-26　顶部装饰物轮廓不勾绘

　　房屋包含阳台的勾绘方法有阳台的建筑可以根据地图比例尺的不同进行适当的制图综合，如图 3.2-27 所示。

图 3.2-27　含阳台轮廓勾绘

　　房屋包含空洞，在房屋矢量化时，可先不考虑中空部分，画好后，再把中空部分去除掉，如图 3.2-28 所示。

图 3.2-28 房屋包含空洞轮廓勾绘

2）属性字段填写

房屋建筑图斑勾绘后，应及时填写房屋建筑要素类型等属性内容。

（1）图斑属性字段填写内容

房屋建筑要素数据图层有 8 个属性字段，分别为县级行政区代码、县级行政区名称、房屋编号、房屋类别、中心点经度、中心点纬度、房屋面积、备注等。具体详细内容如表 3.2-6 所示。

房屋建筑数据属性表 表 3.2-6

序号	字段名称	属性项含义	字段类型	字段长度	小数位数	是否为空	备注
1	XZQDM	县级行政区代码	Char	6		N	
2	XMC	县级行政区名称	Char	30		N	
3	FWBH	房屋编号	Char	21		N	
4	FWLB	房屋类别	Char	6		N	
5	LZB	中心点经度	Double	15	6	N	
6	BZB	中心点纬度	Double	15	6	N	
7	FWMJ	房屋面积	Double	15	1	N	
8	BZ	备注	Char	100			

（2）房屋建筑编号填写规则

房屋建筑对象编码由"分类码（6 位）＋位置码（6 位）＋顺序码（9 位）"三段编码组合而成，共计 21 位。每次提交数据，编号均按照中心点坐标自上而下，从左到右规则进行排序。

①分类码将调查对象分为大类、中类、小类三级，共计6位编码；

②位置码用于标识调查对象所处的最小行政单元，分为省、地（市）、县（区）3级，共计6位编码；

③顺序码用于标识在最小行政单元中，特定类型调查对象中具体对象的顺序编号，共计9位编码。

房屋编号是指按照自上而下、自左而右的方式，以阿拉伯数字形式表示的唯一图斑号码。如北京市房山区从上而下、从左而右第34号的图斑编号为"110111000000034"。房屋建筑编号说明如图3.2–29所示。

图 3.2–29　房屋编号说明

（3）房屋类别填写规则

房屋类别分为：0110城镇住宅房屋建筑、0120城镇非住宅房屋建筑、0130农村房屋建筑三类。详见表3.2–7。

房屋类别代码　　　　　　　　　　　　　表 3.2–7

类别代码	一级	二级	定义
0100	房屋建筑		房屋建筑一般指上有屋顶，周围有墙，能防风避雨，御寒保温，供人们在其中工作、生活、学习、娱乐和储藏物资，并具有固定基础，层高一般在2.2米以上的永久性场所
0110		城镇住宅房屋建筑	城镇供家庭居住使用的建筑
0120		城镇非住宅房屋建筑	非住宅是指除了住宅以外的非居住用房屋。它包括学校、医院、福利院、商业房屋建筑和工业仓库房屋建筑等
0130		农村房屋建筑	农村建筑是农村居民点的房屋和附属设施的总称。是农村居民组织家庭生活、开展公共活动、从事农、工、副业生产等的场所

①中心点经度、中心点纬度填写规则

采用2000国家大地坐标系，计算房屋建筑面状矢量的中心点经纬度。

② 房屋建筑面积填写规则

采用动态投影，计算房屋建筑面状矢量投影面积，单位为平方米。

③ 备注填写规则

填写房屋建筑要素相关的其他属性信息。

3）房屋建筑底面轮廓成果样例

根据房屋建筑要素提取流程方法，通过对房屋建筑要素进行解译和提取，并对提取的要素进行编号整理，得到房屋建筑底图成果样例。

（1）城镇住宅房屋建筑提取成果样例（图 3.2-30）

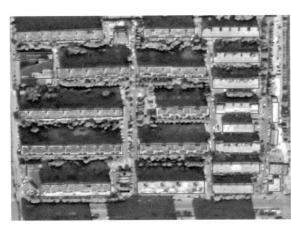 

（a）   （b）

图 3.2-30 城镇住宅房屋建筑提取成果样例

（2）城镇非住宅房屋建筑提取成果样例（图 3.2-31）

（a）   （b）

图 3.2-31 城镇非住宅房屋建筑提取成果样例

（3）农村房屋建筑提取成果样例（图 3.2-32）

（a）　　　　　　　　　　　　　　　　（b）

图 3.2-32　农村房屋建筑提取成果样例

3.2.3　市政设施矢量底图制备方法

本次市政设施底图制备主要是利用"天地图"为空间参考基准，结合国务院普查办统一下发的遥感影像工作底图数据，采用自动加人工方式开展市政道路、市政桥梁轮廓提取工作。形成符合要求的市政设施矢量数据集。市政设施底图制备工艺流程如图 3.2-33 所示。

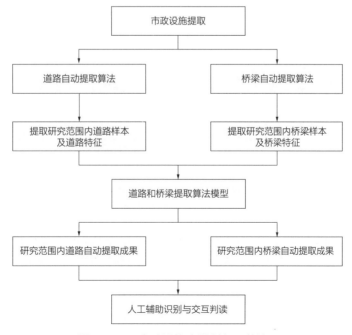

图 3.2-33　市政设施底图制备工艺流程

1）采集内容

本次制备要素采集重要市政设施主要包括市政道路、市政桥梁两个要素。
地面实景照片与遥感影像实例，如图 3.2-34、图 3.2-35 所示：

图 3.2-34 市政设施实景照片   图 3.2-35 市政设施遥感影像

① 市政道路

在城市范围内，通达城市的各地区，供车辆及行人通行的具备一定技术条件和设施的道路，便于居民生活、工作及文化娱乐活动，并与市外道路连接负担着对外交通的道路，如表 3.2-8 所示。

市政设施采集分类   表 3.2-8

采集内容	一级分类	二级分类	空间数据几何类型
市政设施	道路	快速路	线
		主干路	线
		次干路	线
		其他①	线
	桥梁	主线桥	线
		匝道桥	线
		跨河桥	线
		高架桥	线

① 注：本次调查按照导则只需调查次干以上城市道路，但是考虑到调查范围里有要求调查连接重要设施的道路，例如非城市道路或者胡同巷道或者非规划道路，无法给出等级，所以调查表中填报的是其他，这里的其他比支路的范围更大，后同。

    a. 快速路：城市道路中设有中央分隔带，具有四条以上机动车道，全部或部分采用立体交叉与控制出入，供汽车以较高速度行驶的道路，又称汽车专用道。快速路的设计行车速度为 60～100 公里／小时，如图 3.2-36、图 3.2-37 所示。

    b. 主干路：连接城市各分区的干路，以交通功能为主。主干路的设计行车速度为 40～60 公里／小时。主干路是为市域范围内较长距离出行提供服务，联系城市的主要工业区、住宅区、港口、机场和车站等货运中心，承担着城市主要交通任务的交通干道。主干路的交通特点的间断流，交叉口采用信号灯控制，如图 3.2-38、图 3.2-39 所示。

图 3.2-36　快速路实景照片

图 3.2-37　快速路遥感影像

图 3.2-38　主干路实景照片

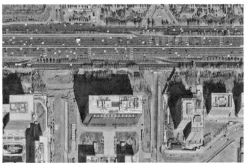
图 3.2-39　主干路遥感影像

c. 次干路：承担主干路与各分区间的交通集散作用，兼有服务功能。次干路的设计行车速度为 30～50 公里 / 小时。次干路是城市内部区域间的联络干道，起联系各部分和集散作用，分担主干路的交通负荷。次干路兼有服务功能，允许两侧布置吸引人流的公共建筑，并应设停车场，如图 3.2-40、图 3.2-41 所示。

图 3.2-40　次干路实景照片

图 3.2-41　次干路遥感影像

d.其他：支路为次干路与街坊路（小区路）的连接线，以服务功能为主。支路的设计行车速度为20～40公里／小时，如图3.2-42、图3.2-43所示。

图3.2-42　支路实景照片　　　　　　　图3.2-43　支路遥感影像

②市政桥梁

市政桥梁是指为道路跨越天然或人工障碍物而修建的建筑物。为适应现代高速发展的交通行业，桥梁亦引申为跨越山涧、不良地质或满足其他交通需要而架设的使通行更加便捷的建筑物，如图3.2-44、图3.2-45所示。

图3.2-44　桥梁实景照片　　　　　　　图3.2-45　桥梁遥感影像

2）采集流程（图3.2-46）

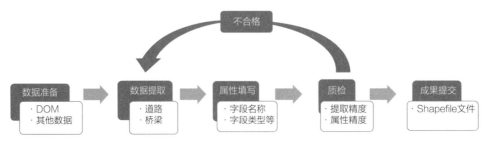

图3.2-46　采集流程

（1）数据准备

市政设施空间数据制备的数据准备阶段实际上是按本项要求，在获取 DOM 和其他数据后，对原始数据进行分析与检查：

① 检查原始数据时相是否满足项目要求；

② 检查原始数据分辨率是否满足项目要求；

③ 检查原始数据质量是否满足项目要求。

（2）数据提取

在遥感影像处理分析过程中，可供利用的影像特征包括：光谱特征、空间特征、极化特征和时间特性。遥感信息提取即根据这些影像的形状、纹理、色调等特征提取所需信息。本项目基于获取的遥感影像工作底图数据，利用以下两种方法提取市政道路、市政桥梁：一是计算机信息提取，二是人机交互解译。

（3）属性字段填写

空间数据采集勾绘后，填写相应属性内容，如表 3.2-9、表 3.2-10 所示。

道路属性数据结构表　　　　　　　　表 3.2-9

序号	字段名称	属性项含义	字段类型	字段长度	小数位数	计量单位	是否为空	备注
1	DLBH	道路编号	Char	14			N	
2	XZQDM	县级行政区代码	Char	6			N	
3	XMC	县级行政区名称	Char	30			N	
4	CD	长度	Float	8	2	米	N	
5	FLM	分类码	Char	6			N	
6	DLMC	道路名称	Char	30			Y	
7	CDS	车道数	Int	2			Y	
8	BZ	备注	Char	300			Y	

桥梁属性数据结构表　　　　　　　　表 3.2-10

序号	字段名称	属性项含义	字段类型	字段长度	小数位数	计量单位	是否为空	备注
1	QLBH	桥梁编号	Char	14			N	
2	XZQDM	县级行政区代码	Char	6			N	
3	XMC	县级行政区名称	Char	30			N	
4	CD	长度	Float	8	2	米	N	
5	FLM	分类码	Char	6			N	
6	BZ	备注	Char	300			Y	

（4）质检

市政设施空间数据提取完成后严格按照表 3.2-11 进行自检。

质检内容 表 3.2-11

检查内容	一级质量元素	二级质量元素	市政设施矢量数据技术说明
基本检查	文件检查	完整性检查	1）提交的矢量数据文件是否可以正常打开； 2）采集的矢量数据是否完整覆盖采集范围
		数据格式检查	提交的矢量数据格式是否正确
		文件命名检查	文件命名是否正确
	矢量基本检查	数学基础检查	坐标系、投影参数、控制点坐标等的准确程度
综合检查	内部接边检查	接边精度检查	相同地物接边线两边的误差是否满足要求
		接边属性一致性检查	相同地物接边线两边的属性是否保持一致
	多图层	图层间拓扑检查	1）采集的矢量数据与采集范围矢量数据之间的拓扑关系检查； 2）采集的矢量数据之间的拓扑关系检查，如市政桥梁中心线，应与道路中心线完全重合，道路的成果应该是连通的，不应断掉
矢量数据检查	采集图形检查	拓扑检查	1）线类型定义正确、节点关系正确等； 2）数据图层内不存在拓扑错误。道路伪节点和悬挂点在数据中存在，但要调整好
		位置精度检查	采集的市政设施的空间数据与调查工作底图影像上相应地物的对应程度。市政设施采集精度中误差优于 5 米，特殊情况（高山区、山区），可放宽至 10 米
		错采检查	1）是否采集多余内部道路，如小区、商圈等内部道路不做采集； 2）城市隧道是否按照路（起终点）采集，不做桥梁采集； 3）市政桥梁的起止点位置是否正确； 4）道路的成果分段是否合理； 5）采集的市政设施矢量与底图影像是否对应
		丢漏检查	对数据中存在遗漏数据的程度地检查。市政设施漏采率应＜5%
	属性检查	分类正确性	采集对象及其属性分类与真值或参考数据集的符合程度
		属性值准确性	对定性属性的正确性的检查，即属性表里的属性与技术要求中是否一致。包括属性表中是否含有非法字符，是否有空字段，固定长度，属性值计算是否准确等

3.3 关键遥感技术应用

3.3.1 房屋建筑遥感智能解译技术

近年来，国内外学者们针对高分辨率遥感影像房屋建筑智能解译开展了丰富的研究工作，主要探索解决房屋建筑解译中的高精度、快速提取和图形规则化等问题。房屋普查中的建筑遥感智能解译技术尤其关注提取的自动化水平和高边缘精度问题。从建筑提取方法上划分，房屋建筑遥感智能解译技术路线分为半自动解译和自动解译两类，其中半自动解译使用交互式半自动技术提取建筑初始轮廓，结合规则化处理技术实现解译；自动解译使用深度学习等自动化技术提取建筑初始轮廓，结合规则化处理技术实现解译。本节主要介绍了可用在房屋普查应用中的基于高分辨率遥感图像进行高边缘精度房屋建筑解译的半自动提取技术、深度学习自动提取技术和提取图形规则化处理技术。

1）房屋建筑遥感智能解译技术概述

（1）房屋建筑交互式半自动提取方法研究现状

房屋建筑半自动提取常采用交互式分割方法，交互式分割利用用户交互提供的有限条件和目标的图像先验知识，引导分割过程获得目标分割结果。面向生产应用的交互式分割方法不仅需要关注目标轮廓提取的精确性，同时还需要关注交互友好性和计算速度。按照所使用的图像特征，可将交互式分割方法分为两类：基于边界的方法和基于区域的方法。

① 基于边界的交互式分割方法

基于边界的交互式分割方法以目标边界作为交互输入，需要用户指定大致的边界位置或边界上的少量关键点，然后基于边界强度和连续性等特征，获取完整且平滑的边界。指定边界位置方法需要用户在目标附近指定一个大概轮廓，然后通过最小化定义在该轮廓上的能量函数，使轮廓动态地演化至目标实际边界。该类方法多采用活动轮廓模型以及在其基础上发展出来的算法（例如 Snake 算法），其基本思想是使用连续曲线来表达目标边缘，并定义一个能量泛函使得其自变量包括边缘曲线，将分割过程转变为求解能量泛函的最小值的过程，当能量达到最小时的曲线位置就是目标的轮廓所在。指定关键点的算法需要用户指定少量目标边界关键点位置，然后利用动态规划算法实时跟踪出关键点之间的目标边界。该类方法是利用动态规划算法分段优化的过程（例如 Intelligent Scissors 算法），用户可以随时调整关键点位置以进行新的优化计算。无论是指定边界位置方法还是指定少量关键点的方法，对人工交互的初始轮廓或关键点质量有一定要求，人工工作量相对较大，尤其是在大规模生产作业中针对边界复杂目标，使用难度更大，缺乏实用性。

② 基于区域的交互式分割方法

考虑到基于边界的交互式分割方法交互相对复杂的缺点，基于区域的交互式分割方法被提出，这类方法不再需要用户指定边界或关键点，只需在目标或（和）背景区域粗略的指定种子点或线，然后通过算法将图像其他未分类区域分类获取分割结果。基于区域的交互式分割方法按照分类方法不同大致分为：基于种子区域生长的方法、基于元胞自动机的方法、基于贝叶斯理论的方法、基于随机游走的方法、基于图匹配的方法和基于图割的方法等。基于种子区域生长的方法首先指定一定数量的种子点，从种子点（区域）往外生长，并以未分类对象与哪一个种子区域之间的特征距离作为生长条件。基于元胞自动机的方法利用元胞自动机来实现区域的增长，并支持添加新的输入来引导算法。基于贝叶斯理论的方法首先根据用户交互的前背景区域估算前背景的高斯分布，然后利用最大似然法同时计算出最优透明度、前景和背景。基于随机游走的方法支持处理多标签分类问题，算法利用交互的不同类别的像素标记，计算每个像素到达各个种子点的概率来判断像素的类别，但该方法对复杂纹理图像鲁棒性不足。基于图匹配的方法首先利用过分割，比如分水岭算法进行分割，然后通过图匹配的过程实现区域合并。基于图割的方法将交互式分割问题转化 Markov 随机场框架下后验概率最大问题，然后利用 min-cut/maxflow 算法求得全局最优解，该方法速度快、稳定性好且具有严格的数学理论基础，近年来成为交互式提取领域内的一个研究热点。

（2）房屋建筑深度学习提取方法研究现状

建筑自动提取的传统方法通常提取经验设计的特征（例如，光谱、空间、纹理），然后利用机器学习分类方法（例如，支持向量机、随机森林）等实现建筑的分类提取。但这些经验设计的特征难以应用于复杂场景，泛化能力较弱。近年来，卷积神经网络发展推动了新一轮针对自动图像分析和理解的研究。通过深度网络进行表示学习可以获取多级语义抽象，使得在建筑提取中的性能可以超出传统的手动特征工程。

房屋建筑的深度学习遥感提取方法从结果形态来讲，主要包括目标检测、语义分割和实例分割三类。目标检测提取建筑单体的最优包围框，语义分割实现像素级的建筑分类，实例分割结合两者获取建筑单体分割。建筑目标检测网络主要是基于区域的模型，包括 R-CNN（Region-based CNN）、Fast R-CNN、Faster R-CNN、YOLO（you only look once）等。该类方法可以获得建筑单体的位置和数量，但无法提取精细边界。建筑语义分割多使用对称结构的编码器—解码器网络架构（例如UNet），网络编码器通过下采样对图像进行编码提取图像的多尺度语义信息，解码器通过上采样使用提取的特征来恢复分辨率并进行预测。该类方法可以获取所有建筑目标的精细边界。建筑实例分割网络具备检测和分割分支（例如 Mask R-CNN），可以获取建筑单体的精细边界。针对建筑精细提取应用，主要采用基于语义分割和实例分割的方法。例如 Alshehhi 等利用多尺度特征和图像上下文语义信息，构建了建筑物提取的语义分割方法。Ji 等结合对象检测和语义分割实现了每个单独建筑对象实例的逐像素分割。然而，由于实例分割的样本标注成本过高，研究与应用中主要以语义分割方法为主。

尽管基于像素的分割方法能较好地描绘建筑轮廓，但其输出通常呈现边缘不规则和拐角过度平滑的问题。这主要是由卷积神经网络的平移和空间不变特性引起的，这种特性利于语义特征抽象，但难以表达对象空间细节的精确定位和描绘。此外，复杂场景建筑和目标背景不平衡等也会使得网络产生不准确的建筑边缘。因此，一些研究利用额外的结构设计来加强建筑边界的学习。从是否使用额外边界设计的角度，建筑分割网络又包括非边界学习网络和带边界学习网络。非边界学习网络主要探索解决建筑提取中的小目标和密集目标、前景背景不平衡、场景复杂和阴影遮挡等问题。相应的网络设计主要考虑残差细化、增加感受野、多尺度特征融合、注意力机制、损失函数优化和多尺度预测等。例如，Lei 等构建了 SNLRUX ++网络，对多个建筑数据集应用取得了良好的精度和泛化能力。带边界学习网络额外探索解决建筑边界、拐角等规则化优化问题。这类网络通过在网络中增加边界、角点等学习分支，利用直接或渐进式优化方法，获取更加精确的建筑边界。例如，Castrejon 等构建了 PolygonRNN 网络，利用卷积神经网络和递归神经网络（RNN）结构顺序预测轮廓点，卷积神经网络用作图像特征提取器，RNN 用于逐次解码多边形顶点。目前带边界学习的网络是有益探索和未来发展的重要方向，但在预测复杂场景建筑，生成规则的边缘、尖角和处理遮挡方面仍然存在问题，尚未达到实用水平。

（3）房屋建筑提取的规则化处理方法研究现状

当前无论是基于交互式半自动提取还是深度学习自动提取获取的初始建筑轮廓均难以获取类比人工作业水平的规则化效果，通常需要进行额外的规则化处理。针对建筑提取初始轮廓的规则化处理主要包括边界优化和直角优化两种。半自动提取方法多在提取过程中包含了边界优化处理，而基于深度学习的自动提取方法往往需要额外的边界优化处理。边界优化多是基于参数活动轮廓模型（例如 Snake 模型）将其转化为带约束的能量优化问题，在图像梯度越大时目标边界外部能量越小，通过迭代求取逐步将轮廓吸引到实际边界获取优化轮廓。基于能量约束的边界优化处理的核心在于求解极小化能量函数，通常采用的方法包括变分法、动态规划算法和贪婪算法。直角优化通常包括边化简和角边优化两部分，对于建筑化简一般先获取主方向，然后通过忽略角度相近边、不规则弯折、较短边等实现化简，角边优化根据主方向对主方向边和垂直主方向边进行调整优化。例如尹烁等基于主方向的直角化，提出基于特征边重构的建筑物化简方法。

2）房屋建筑的半自动提取技术

基于图割方法的建筑物提取可以实现高效高准确度的半自动建筑物提取，本节介绍了基于混合高斯模型和最小割最大流算法的半自动建筑初始轮廓提取技术。该技术首先需要人工目视识别输入遥感影像中的建筑物目标，然后人工勾画出一条位于建筑物轮廓内部的种子线用于指导算法对建筑物目标的半自动提取。算法的整体流程如图 3.3-1 所示：

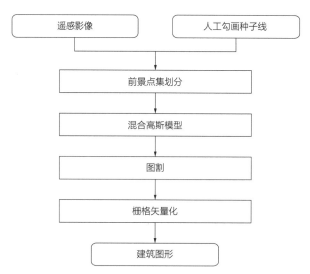

图 3.3-1　建筑物图形半自动提取流程图

算法针对视图范围内的遥感影像数据，根据人工勾画的种子线，通过对种子线上的像素进行一定距离的缓存，得到属于前景目标的点集；并从其他区域随机选取等量的像素定义为背景目标的点集；从而根据前景和背景的点集分别构建对应的混合高斯模型用于描述对应区域的特征信息。此时，算法根据前后景目标的混合高斯模型，构建用于图割的能量函数：

$$E(\alpha, k, \theta, z) = U(\alpha, k, \theta, z) + V(\alpha, z)$$

其中，k 表示混合高斯模型中单高斯模型的个数，α 表示前后景标记，z 表示影像数据，θ 代表混合高斯模型的参数，有

$$\theta = \{ \pi (\alpha, k), \mu (\alpha, k), \sum (\alpha, k) \}$$

其中 π 代表混合高斯模型各组件的权重，μ、$\sum$ 分别代表高斯函数的均值和协方差矩阵。

定义数据项如下：

$$U (\alpha, k, \theta, z) = \sum_n D (\alpha_n, k_n, \theta_n, z_n)$$

定义边界项如下：

$$V (\alpha, z) = \gamma \sum_{m, n} (\alpha_m \neq \alpha_n) \exp (-\beta \| z_m - z_n \|^2) / dis (m, n)$$

通过构建如上所示的能量函数中的数据项和边界项，算法利用最小割最大流算法最小化能量函数得到前后景的分割结果，即图割的过程，如图 3.3-2 所示。

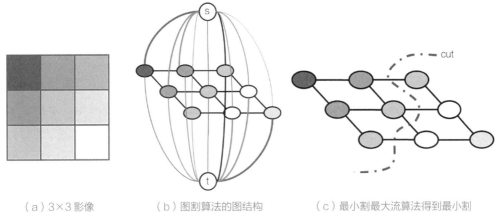

（a）3×3 影像　　　　（b）图割算法的图结构　　　　（c）最小割最大流算法得到最小割

图 3.3-2　图割过程示意图

图中，算法将影像映射为一张有向图 $G = \{ V, E \}$，并引入两个虚拟节点 s 和 t 组成最终的图结构。V 是由影像像素组成的集合，s 表示目标或者前景，t 表示背景。E 包含两个部分：一部分是每个相邻像素之间构成的边，其权值表示像素的连续性代价；另一部分是每个像素与 s、t 节点之间构成的边，表示标记代价，该代价值可以根据前后景的混合高斯模型与像素之间的距离值计算得到。构建出对应的图结构后，利用直线图割算法，即可得到图模型的最小割，从而将像素分割为前景目标与背景区域。

当完成前后景目标的图割后，算法可以将输入的遥感影像分割为前景和背景两个区域，根据种子线所在区域对应图割的前景目标，实现对建筑物轮廓的初始分割，调用快速栅格矢量化算法，得到建筑物轮廓的矢量信息，快速矢量化过程如图 3.3-3 所示。

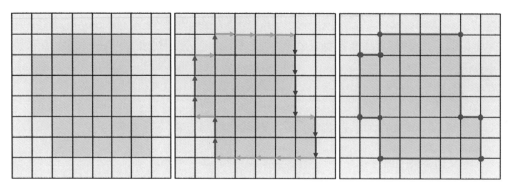

| （a）8×8建筑物分割图 | （b）轮廓单元方向标注 | （c）轮廓连接图形 |

图3.3-3 建筑物目标的快速矢量化示例图

3）房屋建筑的深度学习提取技术

基于深度学习的房屋建筑提取技术的核心是构建样本库与设计模型，建筑样本库是技术的数据基础，模型是提取的算法核心。

（1）房屋建筑解译样本库建设

面向业务生产的房屋建筑解译样本库建设包括样本库实体及相应规范体系的建设。首先需要构建统一分区分类、样本采集和样本组织管理等标准规范，然后通过复用已有成果、人工标注、智能标注等手段，进行样本采集，生成样本库。同时，对应用过程中出现的难例、错例进行采集，更新到样本库，形成样本优化闭环，逐步提升样本库丰度。

①样本库标准规范体系建设

样本库标准规范体系建设需要覆盖样本库建设全流程，涵盖总体标准、数据标准、应用标准、安全标准、基础设施标准和管理标准等方面。总体标准包括参考依据、元数据和术语定义等。数据标准包括房屋建筑分类与编码、样本标注、数据组织、质量检查和样本清洗等。应用标准包括交换与共享和数据开放。安全标准描述数据安全要求。基础设施标准约束数据存储、云服务和智能计算等。管理标准包含数据管理和运行维护。

样本库建设的基础是构建建筑分类编码和采集规范，根据房屋建筑所处的位置及特征，确定房屋建筑类型，划分为城镇居住房屋、城镇非居住房屋、农村房屋等七类。

②样本库设计

样本库的设计包括概念设计、功能设计、逻辑设计、物理设计和安全设计。样本库系统概念设计对样本库所管理的各种样本数据进行归类、综合、抽象等，并用数学模型的方法描述建立概念数据模型。样本库功能涵盖样本数据入库、导出、存贮、处理、查询、统计、备份、恢复、安全管理等。样本库逻辑设计主要建立原始影像信息、标注类型信息及样本标注数据的组织形式，具体包括目录组织、元数据组织及数据的组织与关联。

③ 样本库建库流程

样本库建库流程包括样本数据准备、库体创建、样本数据入库前检查、样本数据预处理、样本数据入库、样本数据入库后检查等步骤。样本数据准备按照样本库设计的要求，收集所需要的各类数据和资料，并生成样本。库体创建根据样本库的概念设计、逻辑设计和物理设计，创建数据表，建立数据表关联等。入库前的样本数据检查应按照样本库规范等规定执行。入库样本数据处理是根据样本库设计的要求进行一致性转换，主要包括样本类别映射、编码转换、标签文件格式转换、坐标转换、投影转换和数据压缩等。样本数据入库指规范组织的样本实体，通过接口批量入库。样本数据入库后检查包括入库后样本数据是否完整、和入库样本数据是否一致、样本数据是否重复入库、入库参数是否正确等。

（2）房屋建筑解译深度学习模型

面向房屋普查应用的房屋建筑解译应用的深度学习模型，按照样本类型可分为使用连片建筑样本的语义分割模型和使用建筑单体样本的实例分割模型，考虑到建筑单体样本制备成本高数量少，应用中以连片建筑样本为主。建筑解译语义分割模型按照是否带轮廓优化的结构设计又分为通用模型和轮廓优化模型。通用模型通常为单输入单输出的编码器—解码器结构网络，轮廓优化模型相比通用模型额外增加边界或角点的输入和输出作为辅助的监督信息，如图 3.3-4 所示。

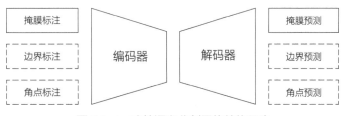

图 3.3-4　建筑语义分割网络结构示意

通用模型主要考虑解决建筑物体小而多、前景与背景平衡、前景与背景复杂多样、阴影遮挡等问题，这类模型多采用高性能多尺度特征获取、多尺度特征融合、注意力机制等特点的模块。在编码器中使用带注意力机制和残差特性的模块，例如MBConv 和 Fused-MBConv 中使用了 SE 模块和残差连接，可以高效地提取特征，如图 3.3-5 所示。

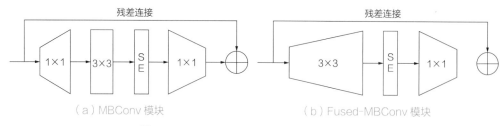

（a）MBConv 模块　　　　　　　　　　（b）Fused-MBConv 模块

图 3.3-5　MBConv 和 Fused-MBConv 模块

在解码器部分使用多尺度特征融合预测可以获取更加精确完整的预测结果，多尺度特征融合首先将低分辨率尺度特征上采样到 1/4 原始图像分辨率的特征，然后对多个尺度直接拼接或使用注意力卷积融合，最后对融合后的特征使用分割预测模块获取预测结果，如图 3.3-6 所示。

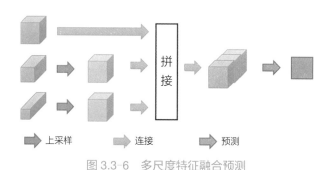

图 3.3-6　多尺度特征融合预测

图 3.3-7 给出了通用建筑提取模型在 0.8 米遥感影像上应用的效果，在该分辨率上通用建筑提取模型提取结果具有较好的正检率与召回率，但其主要面向建筑掩膜进行优化，同时受 0.8 米分辨率影像中建筑边界精细度不足等制约，提取的图形边界圆滑，规则化不足，如图 3.3-7 所示。

（a）城区建筑　　　　　　　　　　（b）乡村建筑

图 3.3-7　通用建筑提取模型效果

　　带轮廓优化的模型相比通用模型额外增加边界、角点及相关的监督信息，但直接使用边界和角点难以准确学习，帧场可以相对平滑的同时表达边界和角点信息。帧场是以四向矢量表达边界点方向的元素构成的矢量场，对于每个像素帧场表示为向量集合 $\{u, -u, v, -v\}$。为了避免符号和顺序的混淆性使用以下公式替代。

$$c_0 = u^2 v^2$$
$$c_2 = -(u^2 + v^2)$$

　　建筑语义分割的标注一般为图形掩膜，获取帧场标注需要从掩膜标注转换处理。图 3.3-8 给出了帧场标注的转换示例，图中（a）为影像，（b）为掩膜标注，（c）为标注边和角，（d）为边界帧场。转换处理的流程为：根据掩膜标注获取栅格中标注多边形的角点和边，通过边的方向计算边界上点的帧场信息。

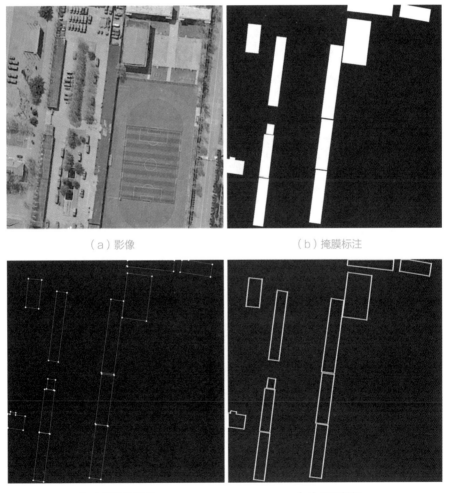

（a）影像　　　　　　　　　　（b）掩膜标注

（c）标注边和角　　　　　　　（d）边界帧场

图 3.3-8　模型输入构建

带轮廓优化的帧场建筑模型同时使用原始建筑掩膜和帧场信息作为输入，相应的在模型优化中需要同时引入掩膜损失和帧场损失，掩膜损失采用交叉熵损失和Dice损失的线性组合，帧场损失采用边界切线方向损失、向量抑制重叠损失和平滑损失。

模型预测同时得到掩膜和帧场，基于掩膜和帧场，利用活动骨架模型可以构建出建筑多边形的边界和顶点，并简化非角点的顶点，从而获取最终的建筑多边形。带轮廓优化的模型效果受图像分辨率影响较大，该方法在优于 0.2 米图像上具有相对较好的效果，在更低分辨率的图像上难以适用。图 3.3-9 给出了模型在 0.2 米图像上的应用效果，图（a）和（b）分别为独立建筑和连片建筑结果，模型具有良好的边界规则化效果，但也存在一些误检，在较高分辨率上具有良好的应用潜力。

（a）独立建筑　　　　　　　　　　　　　　（b）连片建筑

图 3.3-9　轮廓优化模型的提取效果

4）房屋建筑提取的规则化处理技术

当前房屋建筑提取的半自动方法和基于深度学习的自动方法均不能直接实现建筑边界的精确分割，针对提取结果的规则化处理是获取类手绘规则边界的必要步骤，通过规则化处理可以在部分场景下达到接近人工手绘水平。房屋普查中的建筑规则化处理技术包括建筑物轮廓直角多边形拟合技术，建筑物轮廓直角多边形自动补角技术和基于高精度拓扑模型的相邻建筑物缝隙处理技术。

（1）建筑物轮廓直角多边形拟合技术

基于自动或半自动的建筑物提取技术，实现了对建筑物图形的提取。然而，由于影像中噪声以及像素化的影响，提取结果具有明显的像素锯齿结果；实际中，建筑物轮廓通常为具有 90 度转角的简单多边形，为此，将提取的图形结果输入到建筑物轮廓直角多边形拟合算法，得到优化后的半自动建筑物提取矢量结果。

建筑物轮廓直角多边形拟合过程的流程如图 3.3-10 所示：

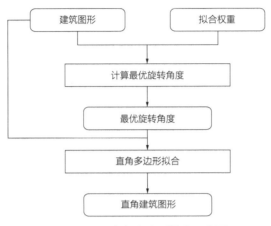

图 3.3-10　直角多边形拟合示意图

其中，拟合权重为用户自主设置项，参数越大，拟合得到的图形越简洁，反之，参数越小，拟合得到的图形具有更多的边。

通常位于影像中的建筑物与像素的水平方向都具有一定的夹角，为此，算法通过对输入的建筑物图形进行 0 至 90° 区间的角度旋转，得到对应角度下的多边形拟合结果与原图形的拟合误差，保留拟合误差最小的角度为最优旋转角度，再次执行一次最优旋转角度下的直角多边形拟合算法，得到优化后的建筑物图形，不仅该图形的转角都是直角，而且边界与对应的建筑物目标轮廓所对应。

建筑物直角多边形拟合算法实施细节如下：定义原始的建筑物轮廓旋转角度 $\alpha \in [0, 90]$，对建筑物轮廓进行旋转；$p_i (i = 0, 1 \cdots n)$ 为建筑物轮廓线上的矢量节点，n 为节点的个数，定义 Δ 为输入的拟合权重，建议如下拟合公式：

$$F(m, \{p\}, \Delta) = m \cdot \Delta + \sum_{j=1}^{m} \varepsilon_{q_{j-1}, q_j}$$

其中，m 为拟合的线段个数，$\varepsilon_{q_{j-1}, q_j}$ 表示原始轮廓线上第 j 段上的线段与其拟合后直线的距离之和；F 为线段拟合后的误差。从而有：当原始轮廓线被划分为最佳的 m 个线段后，此时的 F 具有最小值，可用动态规划算法快速求解 m 的值及其对应的 F 误差值。

针对建筑物轮廓都是由直角组成，表明每个相邻的线段之间具有相互垂直的关系，从而上述公式可以扩展为：

$$F(m, X, Y, \{p\}, \Delta) = m \cdot \Delta + (\varepsilon_{q_0 q_1}^{X} + \varepsilon_{q_1 q_2}^{Y} + \cdots + \varepsilon_{q_{m-1} q_m}^{Y})$$

其中，$\varepsilon^X_{q_0q_1}$ 代表线段 1 为水平线段的残差，$\varepsilon^Y_{q_1q_2}$ 代表线段 2 为垂直线段的残差，最后一个线段总与第一个线段垂直；可以继续利用动态规划算法快速求解 F 误差值最小的情况下，m 的值及其线段的划分。

鉴于每个旋转角度相互不影响，算法可以并行计算每个旋转角度 $\alpha \in [0, 90]$ 下的 F_α 值，得到误差项最小时的最优旋转角度，再次执行一次最优旋转角度情况下的 F 误差值求解，即可知道输入的建筑物轮廓的划分情况，使用最小二乘法对轮廓线段上的节点进行直线拟合，相邻线段因为具有垂直关系，计算出每个相邻线段的垂直交点，并根据最优旋转角度转回原来的角度，即可得到直角多边形拟合后的图形。

（2）建筑物轮廓直角多边形自动补角技术

经过直角化操作虽然能够取得较好的提取结果，但是有些情况会存在限制，如树冠阴影遮挡时会出现提取出的房屋角缺失、房屋内凹等错误情况。这些情况，用常规的编辑工具进行修补会涉及多个点位的移动、捕捉，非常耗时，利用建筑物轮廓直角多边形自动补角技术，能够非常便捷地进行房屋图形的修复，如图 3.3-11 所示。

图 3.3-11　房屋拐角缺失数据情况示意图

房屋补角技术作为一种半自动房屋修补技术需要人工目视识别缺失直角或凹坑的部位并利用定制性的修复工具进行框选，用于指导算法对建筑物目标进行处理，如图 3.3-12 所示。

该算法的关键点如下：

① 缺失的直角夹角有一定的约束，针对目标凹陷角，须是凹直角；凹直角两侧的拐角必须是凸直角。

② 凹直角两侧的直角边，在识别时如遇到节点，需判断该节点处的角是否为平角，若是平角则视作直角边的一部分进行延伸，若不是平角则需判断是否为直角拐点。

③ 在识别凹陷平坑时如遇到节点，需判断该节点处的角是否为平角，若是平角则视作直角边的一部分进行延伸，若不是平角则需判断是否为直角拐点。

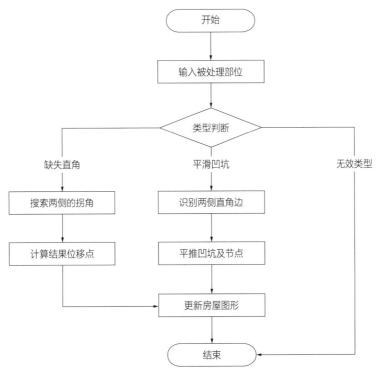

图 3.3-12 直角多边形自动补角流程图

④ 凹坑两侧的直角拐角须是凹直角。凹凸角的判断可以结合房屋点序的正、逆时针属性以及夹角的有向性进行判断。

算法效果如图 3.3-13、图 3.3-14 所示：

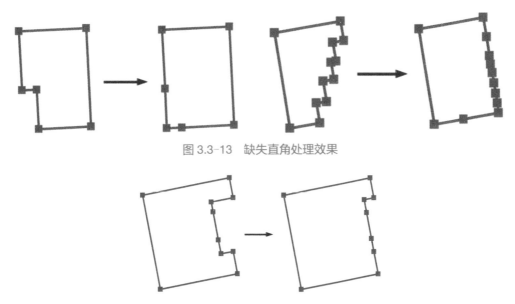

图 3.3-13 缺失直角处理效果

图 3.3-14 凹坑填平处理效果

直角补角与凹坑填平算法可以相互补充、相互配合，在实际作业生产过程中会出现两种算法多次串接使用的情况，最终形成理想的房屋形状。

（3）基于高精度拓扑模型的相邻建筑物缝隙处理技术

对于单建筑物个体看已满足采集要求，但从整体看，与周围个体之间可能形成细缝、压盖，需要通过房屋邻近吸附规整算法进行规整，解决建筑物之间的冲突，如图 3.3-15 所示。

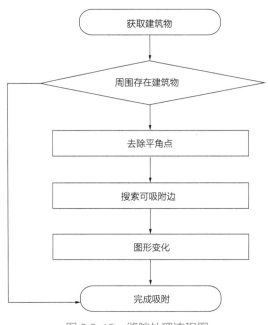

图 3.3-15 缝隙处理流程图

由于规整过程以边为单位计算，平角点可能将本来属于同一视觉边拆分成两端，造成吸附类型判断错误，因此第一步需要去除平角点。定义边为建筑物图形中相邻节点所连接的线段，设 $s_i(i=0,1\cdots n)$ 为原建筑物的边，其中 n 为原建筑物边的个数，$t_j(j=0,1\cdots m)$ 为周围建筑物的边，其中 m 为周围建筑物边的个数，Δ 为输入的可吸附距离，规整算法具体细节如下：

吸附边搜索通过边匹配算法进行判断是否可吸附：

$$\text{Match}(s_i,t_j,\Delta)=\begin{cases}\text{mArea}(s_i,t_j)/\text{mLength}(s_i,t_j)<\Delta,\text{true}\\\text{mArea}(s_i,t_j)/\text{mLength}(s_i,t_j)=\Delta,\text{true}\\\text{mArea}(s_i,t_j)/\text{mLength}(s_i,t_j)>\Delta,\text{false}\end{cases}$$

其中 $\text{mLength}(s_i,t_j)$ 为计算的匹配长度，$\text{mArea}(s_i,t_i)$ 为计算的匹配面积，匹配长度和匹配面积计算方法因匹配类型而异，分为以下三种类型，如图 3.3-16 所示：

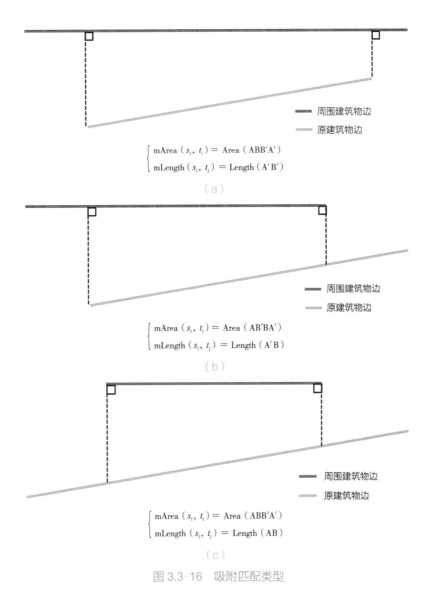

$$\begin{cases} \mathrm{mArea}\,(s_i,\ t_i) = \mathrm{Area}\,(\mathrm{ABB'A'}) \\ \mathrm{mLength}\,(s_i,\ t_j) = \mathrm{Length}\,(\mathrm{A'B'}) \end{cases}$$

（a）

$$\begin{cases} \mathrm{mArea}\,(s_i,\ t_i) = \mathrm{Area}\,(\mathrm{AB'BA'}) \\ \mathrm{mLength}\,(s_i,\ t_j) = \mathrm{Length}\,(\mathrm{A'B}) \end{cases}$$

（b）

$$\begin{cases} \mathrm{mArea}\,(s_i,\ t_i) = \mathrm{Area}\,(\mathrm{ABB'A'}) \\ \mathrm{mLength}\,(s_i,\ t_j) = \mathrm{Length}\,(\mathrm{AB}) \end{cases}$$

（c）

图 3.3-16　吸附匹配类型

当 Match（s_i，t_j，Δ）为 true 时即匹配成功，t_j 为 s_i 的可吸附边。当 s_i 的可吸附边为 1 条时发生如下变化，如图 3.3-17 所示：

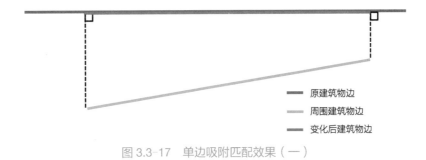

图 3.3-17　单边吸附匹配效果（一）

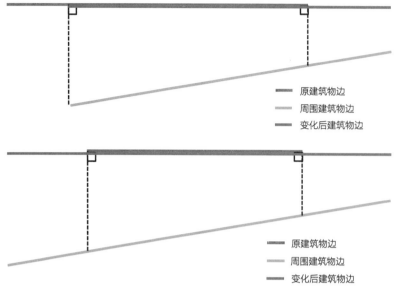

图 3.3-17　单边吸附匹配效果（二）

当 s_i 的可吸附边为多条时，仅头部和尾部整体偏移，中间部分仅偏移匹配部分，具体如图 3.3-18 所示：

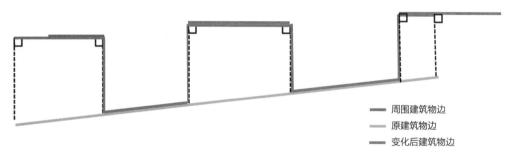

图 3.3-18　多边吸附匹配效果

按照以上规则进行图形变化，当所有建筑物的边变化后完成吸附。

（4）应用实践

当前在生产中使用的方法主要是"半自动提取＋人工修编"和"自动提取＋人工修编"两类。"自动提取＋人工修编"方案受影像数据分辨率和质量影响较大，取得较好效果需要 0.5 米及以上分辨率影像。"半自动提取＋人工修编"方案在应用中对图像分辨率的适用性相对较强，可用于面向全国房屋普查生产的 0.8 米影像数，该生产方案比直接人工作业提升 30% 的工作效率。

① 应用效果

"自动提取＋人工修编"方案在 0.5 米分辨率影像的应用效果如表 3.3-1 所示，

表中三行分别代表城镇住宅区、厂房建筑区和农村住宅区的应用效果。

| "自动提取＋人工修编"方案应用效果 | 表 3.3-1 |

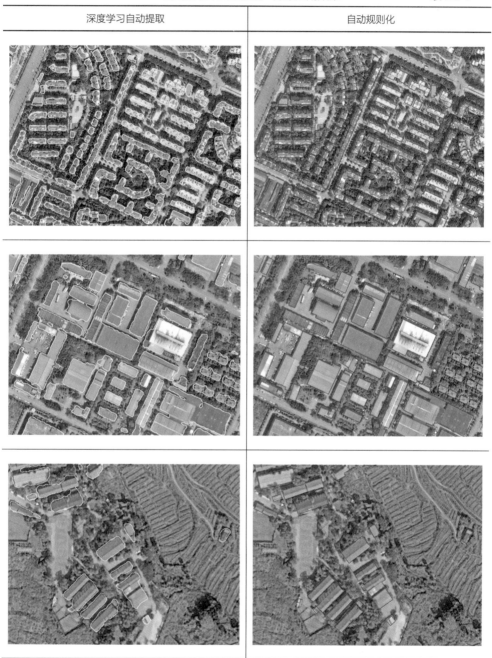

"半自动提取＋人工修编"方案在 0.8 米分辨率影像的应用效果如图 3.3-19～图 3.3-25 所示，包含不同房屋建筑特点采集成果图。

图 3.3-19　城市高密度、复杂高层房屋

图 3.3-20　城市高密度、普通矮层房屋

图 3.3-21　城市高密度、普通矮层房屋

图 3.3-22　农村低密度低矮房屋

图 3.3-23　农村高密度低矮房屋

图 3.3-24　城中村低密度低矮房屋

图 3.3-25　城中村高密度低矮房屋

② 精度验证

针对城市、城中村、农村区域的各类不同特点的房屋进行提取试验与验证，并结合图形采编工具，形成房屋建筑数据成果，房屋建筑成果精度验证结果如下：

a. 房屋建筑数据采集精度中误差小于 5 米，特殊房屋建筑小于 10 米；

b. 房屋建筑之间的相对位置 100% 准确；

c. 房屋建筑漏采率小于 5%；

d. 房屋建筑的拓扑精度正确，无重叠、打折、缝隙等不合理情况，满足成果要求。

③ 效率验证

基于"半自动提取＋人工修编"技术的生产方案采集效率为 4550 个／日，直接人工采编采集效率为 3500 个／日，提升作业效率为 30%。针对不同区域、不同影像特征的房屋，使用半自动提取方案的工作效率不同，相比传统纯人工采集模式节约的工作量亦不同，具体如表 3.3-2 所示：

"半自动提取＋人工修编"方案效率验证　　　　　　　　表 3.3-2

序号	区域	房屋特点	工作量（个／日）	节约工作量
1	城市	低密度、单栋、普通矮层房屋	4920	≥40%
2		高密度、普通矮层房屋	4340	≥20%
3		低密度、普通高层房屋	4206	≥20%
4		高密度、复杂高层房屋	4211	≥20%
5	城中村	高密度、复杂房屋	4103	≥15%
6	农村	低密度低矮房屋	5343	≥50%
7		高密度低矮房屋	4732	≥35%

3.3.2 市政设施遥感智能解译技术

1）道路、桥梁等线性地物智能解译技术概述

高分辨率遥感影像得到了日益广泛的应用，这为遥感影像的信息提取提供了更大的可能性和更高的准确性。道路提取是遥感影像信息提取中的一个重要内容，对于数据更新、影像匹配、目标检测、数字测图自动化等具有重要意义。从目前的研究进展来看，道路自动提取还存在很大困难。现有的技术在完整性和正确性上尚未取得满意的结果，通常需要人工后处理。而且道路提取只是局限在一定范围内，对于非预期的输入经常导致错误的结果。人工干预的半自动方法更快速、准确地提取道路也成了目前道路信息提取的重要选择。

2）道路、桥梁半自动提取技术

① 高分辨率遥感影像道路、桥梁特征分析

与低、中分辨率遥感影像相比，高分辨率遥感影像能表示更多的地面目标和更多的细节特征。在高分辨率卫星影像上，可以看到许多不同类型的道路和桥梁，如高速公路、立交桥、主要街道、次要街道以及建筑物之间的小路等等。这些道路可以看作是灰度较周围显著不同的连续的狭长区域。由于路面材料、车辆、树木阴影、障碍物、道路标记线等的影响，道路上的灰度值并不是一致不变的，这样无疑会给道路提取增加难度。基于高分辨率遥感影像上城市道路的具体特点，选取目前效果较好的道路提取方法有道路中心线提取活动窗口线段特征匹配方法、直线道路提取的整体矩形匹配方法、路径数学形态学去噪方法、道路矢量自动追踪法。这些方法较好地解决了高分辨率遥感影像上城市道路和桥梁的半自动提取问题。

3）高分辨率遥感影像道路提取方法

① 基于活动窗口线段特征匹配的道路、桥梁中心线提取方法

目前半自动道路、桥梁提取方法中，基于活动窗口线段特征匹配的模板匹配方法有着更为广泛的应用。模板匹配的核心问题是如何引导匹配来提取目标，通过利用附加的几何约束与相关度量来确定相似性，借助一种不附加几何约束的最小二乘相关匹配算法，用于高分辨率遥感影像道路中心线跟踪。高分辨率影像上道路中心线的半自动提取方法中基于活动窗口进行线段特征匹配的方法，能够有效地适应灰度变化，克服道路、桥梁中心线两侧噪声的影响。同时模型中采用的改进序贯相似度检测算法搜索策略，加快了匹配速度将基于算法的自动跟踪和少量人工处理有机地结合在一起，使得方法具有实用性。

基于活动窗口的线段匹配的基本思想是：以道路中心线上一点为中心定义模板窗口，采取 SSDA 算法，在沿道路前进方向一定范围内寻找与之匹配的目标窗，确定下一个道路的中心点。为了有效地抵御道路中心线两侧噪声的影响，只对窗口内感兴趣的线段特征进行匹配，而中心线以外的部分则无需匹配。找到与模板窗匹配的目标窗之后，其中心就是下一个道路中心点，以此生成新的模板窗，通过重复前面匹配的过程可以得到一系列位于道路中心线上的点，从而提取道路中心线。道路中心线提取的过程如图 3.3-26 所示：

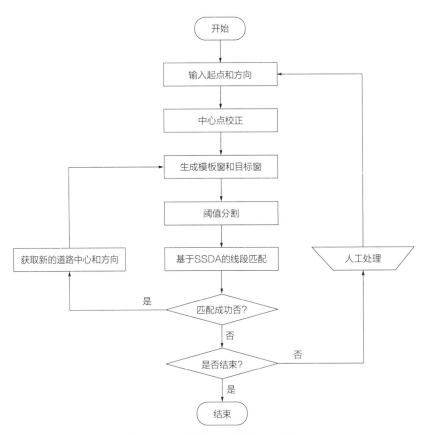

图 3.3-26　道路中心线提取过程图

道路、桥梁中心线提取过程中，为了找到与模板窗的线段特征最为相似的目标窗，可以首先将模板窗沿道路方向移动一定步长得到一个初始目标窗，然后对该初始目标窗在适当范围进行平移和旋转，并进行线段匹配，寻找满足最佳相似性的目标窗。基于 SSDA 的搜索策略加快了匹配速度。算法的基本思路是预设一个门限，在计算相似性时，当累计误差大于该门限时则停止计算，这样可以大大减少在非匹配点的计算量，提高匹配计算速度。算法中门限值的选择非常关键，选得太大，减少匹配计算的效果可能不明显，而选得太小，又可能会使配准概率减少，甚至找不到最好的匹配点位置。因此，不预设门限而按照自学习的方式进行匹配能够取得更好的效果。自学习方法的思想是对初始目标窗内的全部像元进行累积误差计算，而从第二个目标窗开始则只计算到累积误差达到或刚超过前面出现过的最小累积误差为止。这样一个搜索遍历全部完成后即可得到累积误差最小，找到满足最佳相似性的那个目标窗位置。这一算法利用了匹配搜索过程中的累积误差知识，如果累积误差最小的目标窗在搜索前期就能找到，那么对后续所有点的匹配计算量就会非常小。为此，初始目标窗平移和旋转的优先顺序尽可能在搜索的前期找到，便于确定累积误差最小的目标窗。

　　确定一系列目标窗后对模板窗和目标窗进行阈值分割，并进行基于线段的匹配。一旦匹配成功，就得到新的道路中心和方向。若匹配失败，与模板窗最相似的目标窗对应的值大于设定值时，匹配失败，转入人工处理，包括沿道路方向持续跟踪、后退或跨越道路交叉口。待人工处理完毕，可以恢复匹配过程，直至获得完整的道路信息（图 3.3-27）。

图 3.3-27　道路提取效果图

　　② 道路、桥梁矢量自动追踪方法

　　道路、桥梁矢量自动追踪方法从高分辨率遥感影像道路语义关系角度出发，充分利用道路、桥梁内外边缘与道路方向的相似关系，构建道路与非道路、桥梁与道路混合区域（以下简称"混合区域"）差异分析模型，以此完成对道路的模板匹配跟踪提取。具体流程如图 3.3-28 所示。

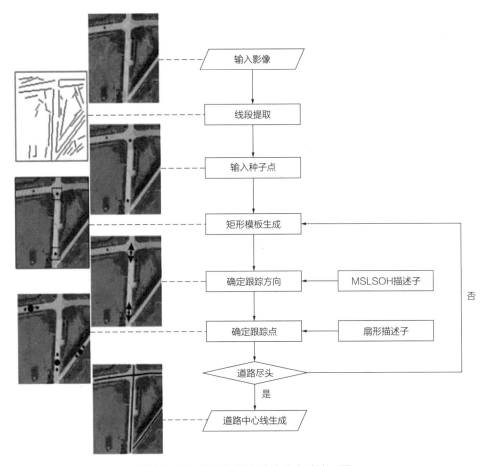

图 3.3-28　道路矢量自动追踪方法流程图

道路、桥梁矢量自动追踪方法主要包括：

a. 线段提取，链码跟踪与相位验证相结合的算法用于影像线段提取，以此作为道路几何纹理特征语义关系的基础。

b. 设计道路跟踪模型，输入道路的起点和终点位置，自适应获取道路中心点与参数，建立矩形跟踪模板。

c. 刻画道路几何信息，依据道路内外边缘与道路方向间的语义关系，基于线段结果建立多尺度线段方向直方图描述子，以此对道路方向进行预测。

d. 依次连接跟踪点，形成道路线输出。

4）应用实践

因自动化提取成果无法满足要求（图 3.3-29），当前生产使用"半自动提取＋人工修编"方法较为实用，作业效率比传统工艺效率提升约 50%。

"半自动提取＋人工修编"方法应用效果如图 3.3-30 所示。

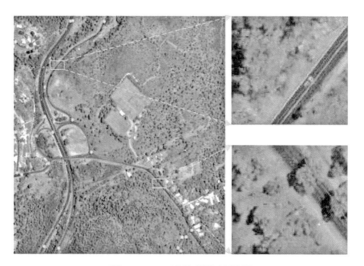

图 3.3-29　道路提取效果图

图 3.3-30　"半自动提取＋人工修编"方法应用效果图

3.4 大规模协同解译和分析

整个项目由住房和城乡建设部信息中心组织、协调和监督，在既定的过程质量控制和实施保证措施之下，项目团队围绕项目总体目标，充分理解数据质量检查对全国自然灾害综合风险普查项目顺利完成的重要性，在此基础上充分理解本项目的技术指标、工作内容、范围、进度等总体要求。以工作目标任务为核心，根据项目特点及难点，严格按照有关标准和规范，结合行业内往年在地理信息数据质量检查与集成的实施经验，制定了适宜本项目实施的技术方法，包括：资料检查收集和使用方法、遥感影像图质量检查方案、房屋建筑矢量数据质量检查方案、市政设施矢量数据质量检查方案、成果集成方案，以及成果整理与分析的方法，确保高效、高质的顺利完成设计总体技术路线中的各项任务，如图 3.4-1 所示。

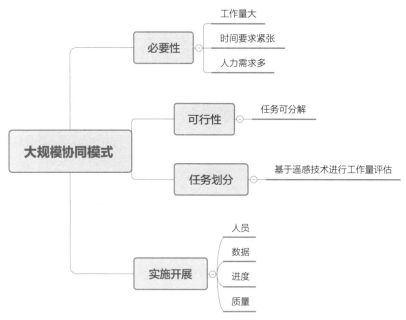

图 3.4-1 整体编写思路分析图

3.4.1 协同解译需求分析

1）大规模协同解译的必要性分析

全国第一次房屋建筑底图制备工作，利用国家地理信息公共服务平台为空间参考，结合国务院普查办统一下发的 0.8 米遥感影像工作底图数据，开展全国自然灾害综合风险普查房屋建筑协同解译工作，要求采集房屋建筑单体化面矢量成果，并对采集的矢量成果进行质量检查和成果集成，确保底图数据成果的数学基础、位置精度、完整性指标等满足普查工作质量要求，为全国自然灾害综合风险普查工作提供基础数据。具体任务要求包括工期要求、技术要求和人员要求。

房屋建筑协同解译工作工期要求紧，要求于 2021 年 8 月至 2021 年 11 月底 4 个月完成全国协同解译工作，并完成分阶段检查、分批次提交数据成果，过程中需按照国家普查办工作进度要求以及地方工作要求实行动态调整。

针对单体房屋建筑调查需求，在获取第三次全国国土调查和第一次全国地理国情普查等房屋数据的基础上，按照国务院普查办、住房和城乡建设部规定的与房屋建筑相关技术要求，提取房屋矢量及基本属性特征。

协同解译工作要求采集人员具备遥感识图能力与 GIS 软件操作能力，同时要求岗位配置齐全、分工及责任明确，且须设置专门的质量管理组，确保协同解译任务按时保质保量完成；本项目实际操作过程中按照甲级测绘单位（摄影测量与遥感）作为遴选条件，选择满足人员技能要求的分工。

全国房屋建筑自然灾害普查第一次以全覆盖方式按照单体房屋开展，全国大范围区域房屋建筑解译工作量巨大，且由于自然环境、人文条件差异明显，房屋建筑建设年代跨度大，房屋建筑在遥感影像上的特征较为复杂，导致利用计算机算法直接识别大规模单体房屋建筑物无法满足国家普查办的精度要求及现场调查的单体要求，因此，采用大规模协同的方式进行房屋建筑解译具有很高的现实意义与必要性。

2）大规模协同解译研究现状与可行性分析

大规模协同模式作为一种分布式的问题解决和生产模式，通过高效调用分散的人力资源，实现海量数据的快速精准分析，成为解决人类比较擅长，而计算机难以自动计算的复杂问题的绝佳方案，目前已经在多个领域得到应用，如图像标记、自然语言处理领域等。同时，众包平台也得到了很大的发展，其中用户规模最大、知名度最高的众包平台是亚马逊的土耳其机器人（Mechanical Turk，MTurk）。MTurk 充分利用了公众的碎片时间，发布的任务一般比较简单，如图片识别等，这些任务相互独立，通过传统的方法即可完成，需要的时间、知识和技能较少，但通常报酬也非常低。

Fritz、Dstes 等人利用公众协作开发了 GeoWiki 和 DIYlandcover 平台，均通过在网上发布遥感影像，由公众目视解译、勾画土地利用类型，从而实现遥感影像的信息提取。由于其对参与人没有任何专业知识和技能方面的要求，容易出现结果质量参差不齐的情况。See L 等人通过 GeoWiki 的人类影响分支进行实验，研究发现，只有在提供大量例子和训练材料或者评价反馈的情况下，大众处理的数据质量才能达到专家的水平。而且，对于一个独立的遥感影像信息提取任务，无法保证其能够在有限的时间内征集到足够多的公众参加，因此对于有时间限制的大规模遥感影像信息提取任务来说，单纯依靠公众人工绘制无法保证在有限时间内完成任务。

大规模协同模式是互联网时代催生出的一种新型的任务生产模式，不仅能够聚集人才、智慧，还能低成本地整合个人、中小微企业手中的资源，短期内获得大量可用资源，为实现大规模任务的采集提供了可能。但目前尚缺少解决该类问题的技术平台，协同解译开展过程中的用户关心的信任问题、任务执行效率等问题，尚缺乏完备的研究理论与方法，本项目通过管理手段约束探索大规模协同解译工作模式。

全国房屋建筑协同解译工作，采集要求、人员技术要求、工作目标和实现过程具有较强确定性，任务可纵向分解，属于典型的成果集成模式，适合采用大规模协同解译的工作模式。

3）大规模协同解译模式下的难点分析

（1）任务划分的合理性

本项目是在管理手段、财政资金、产能情况的约束下的大规模协同解译，任务的合理划分是大规模协同工作模式的关键环节，它决定着协同模式能否顺利开展，而利用遥感技术对房屋建筑解译工作量进行科学的评估又是任务合理划分的关键技术依据。

可能存在的问题：任务分配不合理。

关键技术依据：利用遥感技术、已有技术资料对房屋建筑解译工作量进行科学的评估。

（2）任务进度的协同性

大规模协同工作模式参与单位、人员众多，各包、各组、组内成员的任务进度的协同性是保证任务按期完成的关键所在，制定有效的进度管理与协调机制至关重要。

可能存在的问题：进度滞后、进度不统一。

关键技术依据：加强团队建设、人员管理与考评机制。

（3）数据质量的统一性

采集精度要求高、技术难度大：房屋建筑采集精度要求中误差优于 5 米，特殊房屋建筑可放宽至 10 米，该要求对底图数据的分辨率和勾绘的准确性提出了极高的要求。

可能存在的问题：数据质量参差不齐。

关键技术依据：制定统一的数据质量标准，加入专门质检团队。

3.4.2 协同解译技术路线

协同解译技术路线为：房屋建筑大规模协同任务—协同工作模式—不同任务下的组织管理模式（根据工作量大小、人员数量、管理模式划分）—质量控制—数据集成，如图 3.4-2 所示。

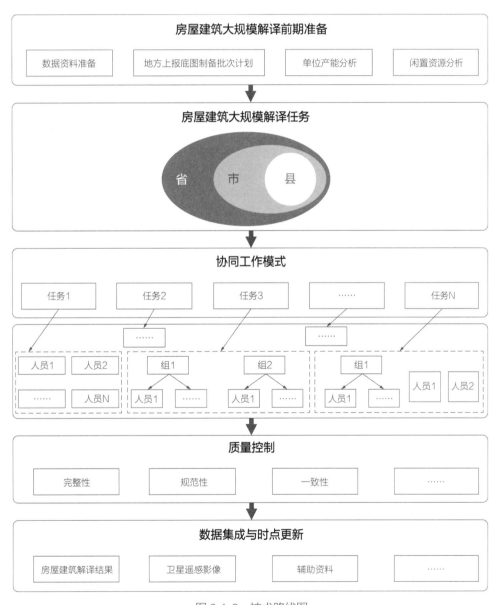

图 3.4-2 技术路线图

1）协同解译前期准备

（1）数据资料准备（表3.4-1）

数据资料准备 表3.4-1

编号	数据类型	数据内容	数据用途
1	地方上报的数据资料	包括卫星或航空正射影像数据（优于0.5米）、房屋建筑矢量数据（地面轮廓）、市政设施矢量数据（道路和桥梁中心线）	一是进行工作量评估及进度计划制定；二是有效利用地方数据，减少重复工作
2	遥感影像数据	国家地理信息公共服务平台"天地图"空间基准数据	作为房屋建筑矢量数据提取的空间基准，用于全国房屋建筑要素提取
3		国务院普查办下发的工作底图数据	用于全国房屋建筑时点更新
4		补充的高分辨率遥感影像底图	对时间较早或影像缺失的地方进行影像补采采集
5	任务评估所需数据	行政界线数据	采集工作区域行政分区
6		土地权属性质数据	区分城镇房屋和农村房屋
7		土地利用数据	基于工作量评估的任务分区
8		统计数据	基于工作量评估的任务分区

① 地方上报数据收集

2021年5月31日，住房和城乡建设部办公厅印发《关于做好第一次全国自然灾害综合风险普查房屋建筑和市政设施调查软件系统省级部署等工作的通知》（建办质函〔2021〕231号），要求各省、自治区、直辖市住房和城乡建设管理部门上报分批次解译计划的需求，同时，对可供标准化处理的底图数据进行摸底调研，具体包括卫星或航空正射影像数据（优于0.5米）、房屋建筑矢量数据（地面轮廓）、市政设施矢量数据（道路和桥梁中心线），地方上报的数据经住房和城乡建设部遥感应用中心认定满足要求后可进行使用。

2021年7月，住房和城乡建设部信息中心印发《关于全国房屋建筑和市政设施调查底图制备工作的通知》（建信系函〔2021〕58号），再次强调"我中心将参照各省提交的底图顺序，按计划开展房屋建筑和市政设施开展底图制备工作。对于自有基础数据的地区，可将既有数据以县（区）为单元提交我中心进行数据整合和时相更新，有助于减少底图数据制作周期，能够优先获取底图制备成果数据"。

结合房屋建筑要素数据提取要求，对房屋相关的数据包括不动产、农房一体、地籍调查报告数据进行整理，筛选出与房屋建筑要素提取要求相关的基础数据图层作为重要数据参考。主要检查方面包括：地籍调查成果数据是否覆盖项目研究区；地籍调查成果数据中哪些图层数据及哪些类别能够作为本项目中房屋建筑提取的重要参考，其属性字段是否包含本项目中房屋要素提取数据的重要字段；收集的成果数据坐标是否与本项目成果数据坐标一致，是否需要进行坐标转换。

② 遥感影像数据收集

遥感影像数据是房屋建筑协同解译的工作基础。普查办下发遥感影像数据为经过处理的且与国家"天地图"影像进行配准后的数字正射影像图（DOM），DOM 是利用数字高程模型（DEM）对经扫描处理的数字化影像数据，经逐像元进行投影差改正、镶嵌，按国家基本比例尺地形图图幅范围剪裁生成的数字正射影像数据集。

亚米级遥感影像数据采集需满足房屋建筑空间要素勾绘的要求，其要求为：时相上，为准时点影像，90% 为 2020—2021 年 0.8 米影像，少量为 2020 年前的影像，与普查时点 2020 年 12 月 31 日稍有差异，为保障房屋建筑空间信息采集的时效性，后续需进行时点更新。

③ 土地权属性质矢量数据

在本项目中，土地权属性质数据可用于区分城镇房屋、农村房屋，即国有土地上的房屋均为城镇房屋，后续按照调查要求区分城镇住宅和城镇非住宅。农村房屋即在农村集体土地上的房屋，后续实地调查按照农村住宅（独立住宅、集合住宅）、辅助用房、农村非住宅等开展调查。土地权属性质矢量数据应通过各级普查办同自然资源管理部门进行协调，用于房屋建筑初步分类的参考依据。

④ 行政界线数据

本项目以区县为任务包进行分批次提交。区县行政界线数据对于全国各采集区域房屋建筑要素的提取调查提供重要的基础边界信息。

区县行政界线数据使用：结合区县行政界线数据，对项目包含的灾害综合风险普查采集区域获取明确的空间位置及清晰界线，对于房屋建筑要素数据的信息提取、位置精度数据审核及要素是否遗漏等方面提供基础数据参考和明确的界线规定。

（2）协同解译工作量评估

① 去除房屋建筑稀少区域

考虑生产工作范围尽量连片的情况，将全国范围内全国植被覆盖度低于 10% 的自然覆盖土地、永久积雪、冰川和冰雪覆盖的土地进行擦除，得到任务区。

② 基于遥感的自动解译技术估算房屋密度评估

了解各区域地理环境、人文环境与经济发展现状等知识，结合任务要求，在东北、西北、华北、东南、西南、华中、西南等分区域利用机器学习、深度学习算法等使用易于获取、覆盖面全的遥感影像，分别开展工作量评估，预估各区域房屋建筑密度。

实际生产过程当中，深度学习方法监测房屋建筑遗漏率极低，自动成果附近的房屋不需要生产人员进行逐屏搜索，大大提升人员工作效率，通过与人工勾绘结果比对，房屋面积提取的误差在 10% 以内，自动成果遗漏率在 5% 以内，遗漏现象主要发生在房屋稀疏的区县。

（3）单位产能分析

单位的生产运营包括将资源投入转变为产品或服务的所有活动。对于绝大多数单位而言，生产运营的主要成本发生于生产过程中，因此，生产管理能力的高低决定着企业战略的成败，而生产管理的首要任务就是开发和管理一个有效的生产体系。美国学者罗杰·施罗德（Roger Schroeder）认为，生产管理主要包括五种功能或决策领域，即：生产过程、生产能力、库存、劳动力和质量，因此，生产管理能力分析也应从这五个方面进行。

① 生产过程分析

主要分析整个生产工艺的设计，具体内容包括：技术、设施的选择，工艺流程分析，设施布局，生产线平衡，工艺控制和运输等；本项目协同解译目标、采集要求各包要求一致，仅各家内部采集及质检工具使用，提升解译效能的工艺稍有区别。

② 生产能力分析

生产能力的利用程度是企业主要考虑的因素，2020 年开展了 122 个区县的协同解译，从协作模式探索、技术路线及技术细节调整，以便优化工作方案指导全面工作开展，通过总结分析，综合解译工作效率预估在 2000～2500 个图斑／（人·天），考虑到前期生产工序、生产方式均在探索过程中，故工作效率较低；全面调查阶段一般区域可达到 3000～5000 个图斑／（人·天），房屋密集区域可达到 4000～6000 个图斑／（人·天），统计表见表 3.4-2：

2020 年前期开展区域工作效率统计表　　　　　　　　　　表 3.4-2

分工	工作量（个）	生产人员数量（人）	生产周期（天）	生产效率（个／人天）
A	4671084	50	45	2076
B	4145175	60	50	1382
C	5196704	50	46	2259
D	5739255	55	50	2087
E	5428716	50	53	2049
F	6797915	50	55	2472

③ 库存（项目）分析

主要分析各单位当前项目执行情况、人力资源冲突情况以及可用基础数据、传输成本等。

④ 劳动力分析

主要对熟练、非熟练员工、管理人员的管理分析，具体内容包括：岗位设计、绩效测定、工作标准和激励方法等。

人员数量分析：根据试点工作量 2000～3000 个图斑／（人·天）来说，全国预计 6 亿多单体房屋建筑，工期为 120 天，去除培训、基础数据、环境、人员准备、节假日时间，实际生产周期约为 80～90 人／天。项目平均投入人数预计为 2200～3300 人，按照各包最多可组织 150 人的生产作业队伍考虑，预计需要将整体任务分为 20 个分工。

岗位设计分析：大规模协同解译技术特点分析，主要岗位包括项目经理、技术培训、影像收集、影像处理、房屋要素采集、质量保障、成果管理（本项目集中驻场）、安全保密管理等，各岗位应分工明确、各司其职；其中房屋要素采集和质量保障的人员配比不得低于 10∶1，否则会影响生产质量。

激励方法：项目工期紧、任务量大，鼓励各包制定利于项目实施的激励举措；住房和城乡建设部针对进度超前、质量较好的包在国普办范围内通报表扬。

⑤ 质量管理

质量管理的目的在于生产高质量的产品与服务，具体内容包括质量控制、质量检验、质量保证和成本控制。

2）协同解译实施开展

（1）大规模解译任务划定

根据任务要求与工作量评估结果，综合分析评估实施难度与成果数量，根据单位产能与资源分析、与各地区不同的调查需求，合理进行任务划分、任务分发。

任务划定原则如下：

a. 每个分工均包含各省区县内容，以便与地方进度协同；

b. 各分工整体工作量尽量一致，不出现较大差距；

c. 根据进度动态调整各分工协同解译任务。

（2）进度协同

① 任务阶段划分

全部区域解译任务阶段划分如图 3.4-3 所示。

② 动态调整方案

本项目立足于大规模协同解译实际需求，根据总体工作量、实施工期、各分包人员组织能力综合分析，按照资源统筹、数据共享、统筹推进的原则，制定了解译

全国房屋建筑和市政设施调查国家层面底图制备、调研督导、抽检审核进度计划表

序号	省份名称	县区数	试点县区数	净胜县区数	第一轮调研督导		2021	底图制备和调研督导																	抽检审核						2022年		
					7月上半月	7月下半月	8月6日	8月13日	8月20日	8月27日	9月3日	9月10日	9月17日	9月24日	10月1日	10月8日	10月15日	10月22日	10月29日	11月5日	11月12日	11月19日	11月26日	12月3日	12月10日	12月17日	12月24日	12月31日	1月7日	1月14日	1月21日
15	山东省	136	12	124			1	2	3	10	10	10	10	10	10	10	10	10	10	10	8											
14	江西省	100	3	97			1	2	3	10	10	10	10	10	10	10	10	11														
25	云南省	129	3	126			1	2	2	2	20	20	20	20	20	19																
10	江苏省	96	3	93			5	10	10	20	20	15	15	13																		
3	河北省	167	3	164			25	30	50	59																						
18	湖南省	122	3	119			20	30	40	29																						
1	北京市	16	1	15			7	8																								
17	湖北省	103	3	100				2	3	10	10	10	10	12	12	12	12	7														
11	浙江省	90	3	87				2	3	10	10	10	10	10	10	12																
8	黑龙江省	121	3	118				2	3	20	20	20	20	20	13																	
12	安徽省	104	3	101					3	10	10	10	10	10	10	10	10	8														
19	广东省	122	3	119						10	10	10	10	10	10	10	10	10	10	19												
13	福建省	85	3	82						10	10	10	10	10	10	10	10	12														
4	山西省	117	3	114						20	20	20	20	20	14																	
22	重庆市	38	2	36						5	5	10	10	6																		
29	青海省	44	6	38						10	10	10	8																			
9	上海市	16	1	15						5	5	5																				
30	宁夏回族自治区	22	3	19						10	9																					
2	天津市	16	1	15							6	9																				
5	内蒙古自治区	103	3	100							1	10	10	10	10	10	20	20	9													
6	辽宁省	100	3	97							1	10	10	10	10	10	20	20	6													
7	吉林省	60	3	57							1	10	10	10	10	10	6															
27	陕西省	107	3	104							9	8	10	10	10	10	10	20	20	7												
16	河南省	158	5	153							10	10	19	20	30	30	30	4														
23	四川省	183	3	180							10	20	20	30	30	30	30	10														
20	广西壮族自治区	111	3	108							10	10	10	10	10	10	48															
21	海南省	23	2	21							7	7	7																			
31	新疆维吾尔自治区	106	3	103							10	13	16	16	20	28	8															
32	新疆生产建设兵团	149	2	同自治区							同步	同步	同步	同步	同步	同步	同步															
24	贵州省	88	15	73								10	10	10	10	33																
26	西藏自治区	74	2	72								7	10	15	40																	
28	甘肃省	86	13	73								7	8	10	48																	
	合计	2992	122	2723																											

注：
1. 颜色含义   调研督导 ▮   底图制备 ▮   抽检审核 ▮

2. 数字含义   表格内数字为该周完成底图制备的县级行政区个数

图 3.4-3 全面普查周计划调度样表

任务包动态调整的工作方案。

任务调减（增）。项目采用按周通报进度计划的组织方式开展，若存在两次及以上明显进度滞后，进行通报批评，两次通报未有明显改进的分包，对其未开展的任务区调减，向产能剩余的单位动态分配，原则上已开展区县仍由原分包进行解译。

任务调换。项目采用地方上报工作计划、基础数据情况动态分配原则，针对地方天气急剧变化、地方调查工作组织调整等原因，动态分配各包任务内容，如十月后黑龙江、新疆阿勒泰地区迅速变冷，需集中各包力量在十月份前完成相关区域解译工作。

③ 协同解译案例集

由于全国范围内自然环境、人文条件差异明显，房屋建筑建设年代跨度大，故房屋建筑在遥感影像上的特征较为复杂，各包、各组、各成员对房屋解译标志的理解不一致，在本项目实施伊始，建立并逐步完善《第一次全国自然灾害综合风险普查房屋建筑和市政设施底图制备问题清单》，针对有异议问题，会同专家协商解决，保证项目标准统一，如图 3.4-4 所示。

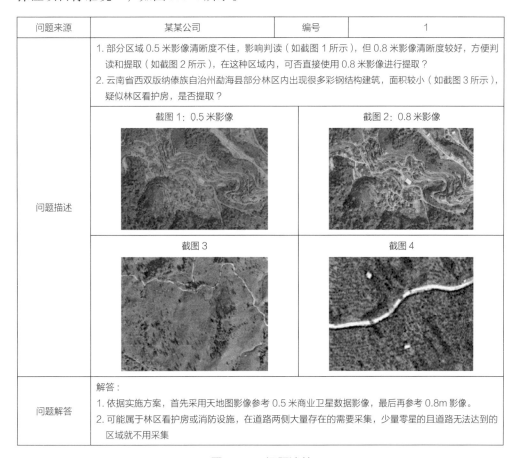

图 3.4-4　问题清单

④ 进度管理机制

依据应用遥感技术的房屋建筑解译工作量评估结果，根据整体工期倒排日进度、周调度、适度奖罚进度管理机制，制定严格的工期管理保障措施。

控制目标分解。根据各阶段控制目标、按照工作方向进行目标分解，按照总体节点分解进度目标；以合约控制为手段，以工期控制为目标，调度各个工作人员的积极性，发挥综合协调管理优势，确保各项指标的完成。

建立进度检查制度。通过建立进度控制检查制度，落实进度控制、检查调整方式方法；定期举行进度协调会议，对影响进度的各方面因素进行分析和预测；严格工序实施质量控制，确保一次验收合格，杜绝返工，以达到缩短工期的效果。

加强协调和控制。在整个项目实施过程中，经常进行实施进度与计划进度的比较，出现偏差及时调整，并及时协调实施过程中影响进度的问题。

制定项目实施进度控制性网络计划。根据工期控制点制定各个实施阶段性计划及专业计划，并对计划进行动态管理，通过不断的调整寻找确定新的关键战略，并通过计划落实、检查，以制定、分析、总结标准化工作方法，使工程进度始终处于受控状态。

多项工作并行实施。为了充分利用项目实施时间，可将一些工作环节并行开展，合理安排工作程序，在绝对保证安全质量的前提下，充分利用时间，以达到缩短工期的效果。

解决实施技术难点。在总结分析本项目实施过程中技术难点的基础上，有针对性地制定具体方案加以解决，以保证成果质量和实施进度。

构建充足的实施团队和良好的工作环境。在整个项目的实施过程中，选用高素质的专业实施团队作为保障，以具有相关专业背景且经验丰富的高素质人才作为项目经理，并根据实施内容选择专业深厚、基础扎实的专业人员作为项目各个环节的实施者，从上到下充分保障整个项目的实施进程。同时，投标人会保障整个实施团队在一个良好的工作环境下开展工作，包括工作室、电脑配置等，提供充分满足工作人员工作需要的良好工作环境和相关设备，为项目的顺利实施提供从人员到环境的双重保障。

做好优化技术环节和细节措施。在项目实施过程中，做好技术环节和细节上的把控，对于保证整个项目进度是非常重要的。要做到以下几点：

a.统一标准。针对众包模式的协同解译工作，首要工作即统一标准，减少重复性工作中出现的成果规格偏离，做到严格按照标准执行，制定统一的工序，运用成

熟的技术进行生产，保证细节上的标准统一，从而减少检验修正时间，以保障工期
按计划进行。

b. 采取合理的实施方式保证工作的开展。在充分熟悉整个工作流程的基础上，
对拟定的实施组织设计、实施方案及方法进行认真分析比较，做到统筹组织、全面
安排，确保整个项目按工期完成；根据各部分工作的特点，采用平行施工与独立作
业相结合的方式，减少技术间歇，制定严密的、紧凑的、合理的实施穿插计划，尽
可能压缩工期，加快施工进度。

c. 其他应急性进度保证措施。在工期发生滞后时，首先分析工期发生滞后的原
因，滞后时间是否影响下一步工作安排，再根据分析结果采取合理的补救措施；同
时需加强各个工作部分的配合，提高效率；必要时刻，适当延长工作时间，加大人
员投入，提高产量。

（3）数据管理技术

项目成果管理必须严格执行《中华人民共和国保守国家秘密法》，建立成果数
据管理办法和制度，保障各类数据资料、相关调查信息的安全，避免出现泄密问
题。结合以往各类数据管理工作经验、对项目成果数据及其产品在保密工作上的要
求，制定成果数据保密管理制度。

保密制度。在已有的《信息安全保密工作体系》的基础上，结合本项目特点，
制定本项目专项保密制度，规定保密工作的形式与流程，全员签订保密协议。

涉密数据管理。项目所有数据、资料、成果均按类别和密级进行分类存储；对
项目部成员进行权限设置，规定涉密数据的操作权限，非关键人员对涉密数据只有
浏览权限，只有具备权限的人员在申请批准后才可以拷入 / 拷出数据。

数据版本管理。各类房屋建筑和市政设施底图数据成果按照版本进行管理，根
据质检版本保存矢量及文字说明、移交成果，存储到指定的存储设备中，能方便快
捷地实现历史数据的回溯，重现数据在历史上某一时刻的情况，直至入库前最终版
本，入库后确认无误后，清除中间版本数据，避免冗余数据的存储。

（4）人员管理

①团队管理（人力资源）

团队岗位设置及分工如下：

项目经理：负责整个项目的统筹工作，对接甲方、上级部门、监理，明确甲方
需求，汇报工作。

数据收集专员：负责自有数据和减灾中心影像的收集工作，及时分发给作业员。

技术培训人员：负责在各包、各组单位开展生产前，对作业要求进行培训，主要包括数据使用方法、质量要求、工期要求等。

进度管理专员：负责收集统计每日进度。

信息生产负责人：统筹信息生产工作。

信息生产作业员：负责房屋建筑矢量信息提取工作。

质检人员：负责对信息生产作业员提交的矢量数据进行质检，质检完成提交给监理单位。

驻场人员：负责涉密数据处理，成果集成工作。

质量专检人员：设置专检人员对各分包进行质量检验，保证满足项目精度要求、符合入库标准。

注：项目涉及所有人员严格遵守保密协议。

② 沟通机制

在明确项目接口的基础上，通过建立项目的沟通协调机制，以报告、会议、电话等多种方式实现人力、物力等资源的有效配置，作业标准严格统一、数据资料的快速调配、分歧意见的及时沟通以及项目信息的全面共享，使整个项目分工明确、权责清晰，互相配合，有问题及时沟通，高效完成任务，如表 3.4-3 所示。

进度成果样表 表 3.4-3

| 分工 | 地方上报区县名称 | 房屋建筑部分（第一周工作计划66＋2个无区划） | | | | | | | | |
		完成采集个数	完成采集进度（%）	计划提交质检时间（M月D日）	实际提交质检时间（M月D日）	质检次数	质检状态	要求成果入库时间（M月D日）	实际成果提交入库时间（M月D日）	房屋建筑成果图斑个数
A	A区县	120657	100%	2021/8/16	2021/8/16	2	质检合格		2021/9/16	118534
B	B区县	179263	100%	2021/8/15	2021/8/15	5	质检合格		2021/10/11	179354
C	C区县	182936	100%	2021/8/15	2021/8/15	2	质检合格		2021/9/18	181872
D	D区县	87802	100%	2021/8/6	2021/8/6	3	质检合格		2021/8/10	83502

项目沟通协调机制主要包括：由住房和城乡建设部信息中心、项目组主要负责人之间通过项目领导小组召开周例会进行协调。

沟通协调机制的具体开展形式包括：

a. 日进度填报；

b. 会议：包括周例会和紧急会议；

c. 汇报：包括每周工作汇报；

d. 电话、电子邮件：编制项目通讯录，包括项目领导小组、项目办公室、总体组所有人员的常用电话号码和电子邮件地址。

③ 应急管理

应急管理从疫情等突发情况来考虑应急处理措施，在出现疫情等紧急突发问题的情况下，在最短时间内作出应急响应。一旦出现紧急情况，需要启动应急预案的情况下，应急预案必须以保证业务正常运行为目标。

流程说明如下：

出现突发问题情况，立即启动应急报告上报，接受应急报告，并确定为紧急情况。启动应急处理服务流程。紧急情况处理小组的领导立刻调派资深专家和用户相关人员。首先尽最大可能收集事件相关信息，确定事件类别、事件来源，保护证据，以便缩短应急响应时间。根据收集的信息，紧急情况处理小组立刻采取措施抑制事件的影响进一步扩大，限制潜在的损失与破坏。根据实际情况，技术专家进行突发问题的恢复工作。在问题得到解决、恢复正常工作后，回顾并整理该事件的各种相关信息，尽可能地把所有情况记录到文档中，完成并提交《紧急事件处理结果报告》，应急行动结束，如图 3.4-5 所示。

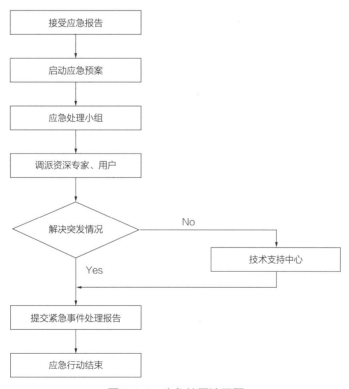

图 3.4-5　应急处置流程图

基于以上应急时间处置流程，针对疫情等突发情况管理，项目经理跟踪人员配备管理计划以监控项目人员的投入状况，并每周进行总结，监控的主要内容包括：人员投入的数量以及投入的人员技能是否可以满足项目实施要求；是否需要为项目人员提供必要的培训；人员负荷是否不平衡；人员是否流失或有流失的可能；在项目例会上，项目总负责人评审以上人员状况，制定合理的措施以处理人员管理中遇到的一些问题。

在本项目的执行过程中，指定专职于本项目的项目经理和核心技术人员，且在项目建设期内保证核心人员不能更换，项目团队分工合理，确保项目顺利实施。若由于疫情等突发情况引起项目中人员的变更，项目经理分析人员变更所带来的影响，尽量控制人员变动，对于不可避免的人员变动要处理好工作交接，以使工作能够全面、顺利的交接，降低工作交接对项目工作带来的风险和问题。

3）协同解译后期完善

（1）质量控制方法与技术

① 质量控制原则

全面性原则。质量控制要求全体解译人员参加，贯穿于整个解译工作全过程。

可行性原则。解译质量控制从工作实际出发，根据实际工作环境和条件，制定并执行解译质量控制的制度与程序。

② 质检标准

质检核查的目的是确保数据的完整性、规范性和一致性。质检遵循如下标准：

完整性。指解译数据填写完整性。一是指与解译区域工作底图比照，保证所调查区域的调查对象无遗漏，对于现场发现不属于应调查对象但工作底图中包括的图斑对象，以及归属于无法提供数据的管理主体的调查对象，经审核同意后可不调查；二是与信息采集表内容比照，保证所调查对象的调查数据资料不缺项；三是检查填报数据是否符合必填、选填、条件必填等要求。

规范性。规范性分为数据格式规范性和文件格式规范性。填报数据的要求应符合相关数据格式，包括填报指标数据类型是否符合要求（如，字符型、数据值、整型、浮点型、日期型、日期时间型），字符长度、精度、选型个数的规范性（如，单选、多选、选型个数）等；文件格式规范性包括上传附件是否符合格式要求等。

一致性。上传的内容及影像资料与调查对象一致。一致性分为逻辑一致性、空间一致性、时间一致性、属性一致性。逻辑性一致包括填报指标选型间逻辑关系约

束、填报指标间逻辑关系、调查表间逻辑关系等；空间一致性包括填报地址、位置
与实际情况是否一致等；时间一致性包括填报时间与事实一致性、填报时间的规范
等；属性一致性包括表中数据与实际情况的一致性，如图 3.4-6 所示。

检查内容	一级质量元素	二级质量元素	矢量数据技术说明
基本检查	文件检查	完整性检查	1）提交的矢量数据文件是否可以正常打开； 2）采集的矢量数据是否完整覆盖采集范围
		数据格式检查	提交的矢量数据格式是否正确
		文件命名检查	文件命名是否正确
	矢量基本检查	数学基础检查	坐标系、投影参数、控制点坐标等的准确程度
综合检查	内部接边检查	接边精度检查	相同地物接边线两边的误差是否满足要求，接边处两侧房屋相对位置是否准确
		接边属性一致性检查	相同地物接边线两边的属性是否保持一致
	多图层检查	图层间拓扑检查	采集的房屋建筑矢量数据与采集范围矢量数据之间的拓扑关系检查
矢量数据检查	采集图形检查	拓扑检查	房屋建筑矢量数据成果拓扑特征准确，无图斑重叠、相交等错误，采集线应连续，且应独立闭合
		位置精度检查	采集的房屋建筑顶面外轮廓位置与影像底图上房屋建筑底面基底位置的对应程度的检查。包括： 1）房屋建筑采集精度中误差优于 5 米。特殊房屋建筑，（高层、超高层房屋建筑）可放宽至 10 米； 2）房屋建筑之间的相对位置是否准确
		错采检查	1）房屋是否独立表示； 2）是否多余采集如建筑物周围的附属设施（平台、门廊等），建筑工地的临时性建筑物，塑料大棚等； 3）房屋建筑底面轮廓是否准确； 4）采集的房屋建筑矢量与底图影像是否对应
		丢漏检查	对数据中存在遗漏数据的程度的检查。房屋建筑漏采率应＜5%
	属性检查	分类正确性	采集对象及其属性分类与真值或参考数据集的符合程度
		属性值准确性	对定性属性的正确性的检查，即属性表里的属性与技术要求中是否一致。包括属性表中是否含有非法字符，是否有空字段，固定长度，属性值计算是否准确等

图 3.4-6　质检标准列表

③ 质量控制方法

质量控制工作贯穿于房屋建筑解译全过程，对各个环节的工作实行全过程、全
方位的质量控制。质量控制采用工作督查、资料查阅、现场检查、数据质量审核等
多种方式进行。设立质量控制小组，定期组织人员到现场检查，对工作中出现的问
题及时予以纠正，同时收集、整理、分析工作质量情况，及时向项目负责人反映，
采取有效措施防止出现系统性质量问题，如图 3.4-7 所示。

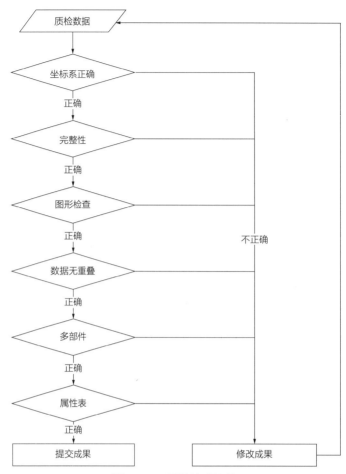

图 3.4-7　质检技术流程

④ 全过程质量控制

a. 实施方案制定阶段

检查实施方案编制进度；检查实施方案的规范性、完整性、可操作性；跟踪实施方案履行审批程序情况。

b. 工作底图制备阶段

检查矢量数据的平面位置、单体化程度、拓扑关系、完整性、逻辑一致性等质量情况，编制质量检查报告；形成质量检查过程中的成果内容，如质量检查记录表、质量检查评分表等。

c. 任务区域划分阶段

检查工作区划分的合理性，做到不重不漏、完整覆盖。

d. 基础数据内业整理阶段

检查基础数据的来源和获取方式，确保基础数据的安全性和适用性；检查基础数据文件组织、命名和格式，确保基础数据满足录入调查软件系统的条件；检查基础数据的覆盖范围、坐标系、成果字段和精度，保证基础数据的准确性和可用性。

e. 工作人员培训阶段

检查培训内容的全面性、准确性；检查工作人员是否均持证上岗。

f. 信息采集阶段

检查人员到岗时间、轨迹等工作情况；抽查采集成果的完整性、规范性、一致性、准确性等质量情况，并进行实地核查；检查在信息采集过程中通过交叉审核等方式同步开展质量控制情况。

g. 数据质量自检阶段

检查数据质量自检方法的科学性和合理性；检查数据质量自检覆盖面的完整性；检查数据质量自检报告。

h. 数据共享阶段

依据各阶段的系统要求对数据共享系统进行测试、试用，保证阶段成果的可用性；严格依据系统设计需求，对数据共享系统功能模块进行测试，确保系统功能的完备性、安全性和可用性，实现多部门数据共享和互联互通。

i. 工作总结阶段

检查房屋建筑解译报告的规范性、完整性；检查调查业务工作总结的技术管理、技术创新及技术应用，检查技术工作总结报告的规范性、完整性。

⑤ 成果精度控制方式

成果精度主要包括数学精度、房屋建筑采集精度、房屋建筑采集属性精度三个方面，成果精度符合如下技术标准：

《第一次全国自然灾害综合风险普查房屋建筑和市政设施调查质量控制细则》

《第一次全国自然灾害综合风险普查房屋建筑调查数据成果质检核查指南》

《数字测绘成果质量要求》GB/T 17941—2008

《数字测绘成果质量检查与验收》GB/T 18316—2008

《测绘成果质量检查与验收》GB/T 24356—2009

a. 数学精度控制方式

数据采集精度，即采集的房屋建筑顶面外轮廓位置与影像底图上房屋建筑底面基底位置的对应程度。

数学精度评判标准：房屋建筑采集精度中误差优于 5 米。特殊房屋建筑（高层、超高层房屋建筑），可放宽至 10 米。房屋建筑之间的相对位置准确。房屋建筑漏采率小于 5%。

数学精度控制方法：严格按照空间数据基础要求统一数据要求：坐标系采用 2000 国家大地坐标系。高程基准采用 1985 国家高程基准。

采用完善的采集提取方法进行房屋建筑提取：采用自动提取与人工勾绘相结合的方式进行房屋建筑采集，保证房屋建筑采集精度中误差优于 5 米，特殊房屋建筑（高层、超高层房屋建筑）优于 10 米；房屋建筑之间的相对位置准确并且房屋建筑漏采率小于 5%。

配置经验丰富的作业人员及质检人员：为确保数学精度的准确性与真实性，选取项目中经验丰富人员进行采集及质量检查。按照数学精度评判标准，对每批数据进行质量把控，根据特殊类别划分为普通与特殊房型，根据房型不同要求对成果进行统一要求评判。质检人员依靠专门质检软件与丰富的监测经验，对房屋建筑的相对位置与房屋建筑漏采率根据评判标准要求进行统一评判。质检人员对错误与遗漏成果内容进行详细记录，要求作业人员根据记录描述对作业成果进行改正，改正后将成果交于质检人员进行二次质检。

b. 建筑物采集精度控制方式

建筑物采集精度要求：建筑物应单独采集。房屋采集时线应连续，且应独立闭合。相同结构的楼群采集方法应一致，房屋底面的凸凹部分小于 5 米时，可进行综合处理。低矮房屋建筑密集区，房屋建筑无明显分界的，可综合采集。建筑物周围的附属设施，如平台、门廊等不需要采集，建筑工地的临时性建筑物不采集。

建筑物采集精度控制方法：严格按照建筑物采集精度要求开展建筑物的提取工作。充分利用项目普查办下发 DOM 或其他数据，以及采集的地形图等基础数据，严格按照建筑物采集精度要求开展建筑物的提取工作；相同结构的楼群采集方法一致，对于房屋底面的凸凹部分小于 5 米时，进行综合处理；低矮房屋建筑密集区，房屋建筑无明显分界的，进行综合采集；建筑物周围的附属设施，如平台、门廊等不采集，建筑工地的临时性建筑物不采集。对生产中各环节提取的成果进行拓扑检查，确保房屋采集时线的连续，且独立闭合。

建筑物采集生产流程中，每个生产环节都制定标准化的技术实施方案和技术标准规范，并建立对整个生产流程的总体任务和质量的控制机制。既注意每个细节环节自身的行为特点和质量控制重点，同时也对整个生产任务和质量的宏观把握与控制，保证生产过程中每个环节与整体安排的统一和协调，既避免出现某一环节产生的问题由于没能够及时得到调整控制而导致整个生产进度受到影响的现象，同时也能对每个阶段成果生产的质量进行总体把握，防止上一个环节的质量问题直接影响到下一个环节的生产的质量，以保证建筑物采集精度符合标准要求。

利用拓扑检查工具结合人工质检的方式对建筑物采集成果数据，按照建筑物采集精度评判标准进行成果质量检查。使用拓扑检查工具设置检查规则，根据本项目要求设置对生成的成果进行仔细的检查，无错误信息出现，生成的结果完全符合建筑物采集精度评判标准的要求，同时提高了工作效率，在规定的时间内，确保工作保质保量地完成。

c. 属性精度控制方式

房屋建筑采集属性要求：主要涉及底面轮廓面积、城镇房屋建筑类型（居住建筑、公共建筑、其他）、农村房屋建筑类型（居住建筑、公共建筑、辅助用房、其他）等属性符合标准要求。属性精度主要包括要素分类与代码的正确性，要素属性值的正确性，要素注记的正确性等方面的要求。

属性精度控制方法：针对要素分类与代码的正确性，要素属性值的正确性，要素注记的正确性等属性精度标准，通过在屏幕上一一显示要素，进行检查。

进行属性标准化处理：对于一些有明确规定的代码字段，通过分类整理，建立对照关系，统一处理为国家标准的相关代码值，确保数据符合国际及行业标准。对于一些需要格式统一的字段进行格式统一。

图属填写一致并进行一致性检查：生产过程中，建筑图斑落图斑编号与实际坐落城镇、农村类型关系填写一致，并进行一致性检查；建筑坐落单位代码与坐落行政区填写一致，并进行一致性检查；建筑图斑层坐落单位代码字段值与图形上坐落的单位填写一致，并一致性检查。

对成果进行属性抽取检查：检查被选图层中的字段值符合性以及要素代码符合性以及一致性检查。其中，一致性检查分为三种：图属一致性检查、图层间属性一致性检查、图层内属性一致性检查。

（2）协同解译成果集成

① 房屋建筑解译成果集成

任务块数据集成（空间数据集成）。对任务块的接边区域成果进行质量核查，以便成果集成工作顺利进行。接边检查时沿着不同任务块边界线核查接边处房屋建筑图斑，质量检查内容主要包括数据完整性、位置精度、属性精度等，对检查出的拓扑问题、图斑遗漏问题等进行标记。按照既定的接边原则，将接边线之间相邻房屋建筑数据进行修改整合，消除遗漏、重叠、精度偏差等问题，确保相邻接边数据的空间特征一致性。

属性数据集成。按照任务块集成后的数据，需叠加行政边界数据，对所属省、市、县等属性信息进行填写，对于跨行政边界的房屋建筑，按照就左就上原则进行属性录入。

② 卫星遥感影像成果集成

卫星遥感影像成果主要可以通过基于文件系统、基于数据库和基于互操作集中方式进行集成。其中，基于文件系统进行卫星遥感影像数据集成是一种简便易行、成熟可用的集成方式。基于数据库方式集成卫星遥感影像数据成果可以有效解决基于文件格式转换时存在的数据损失、重复建库、更新困难等。当前，WebService 正在成为主流，通过发布 OGC 服务标准，基于互操作模式的空间数据集成方法体现其最大优势则是开发性，可以解决涉及更深层次的共享。

③ 辅助资料成果集成

辅助资料成果的集成可采用成熟的数据集成技术，不改变原有的资料数据模型标准和数据表示方法，通过 URL 协议或 GUID 协议动态地访问数据并通过数据的视图来表现数据。采用直接存储辅助材料成果数据文件、关系对象数据库和空间对象数据库的连接器。为上层应用提供访问辅助材料成果数据的手段和方式，实现辅助资料成果数据的集成管理。

（3）协同解译模式的房屋建筑时点更新

① 准时点更新

根据项目精度及质量要求，房屋建筑质量检查过程中，需要使用两种遥感影像，分别为 0.5 米"天地图"影像和 0.8 米在线影像。其中，0.5 米"天地图"影像作为位置精度质检影像，使用"天地图"在线数据，0.8 米在线影像用于房屋建筑数据现势性时点更新的质检。在基于 0.5 米提取完房屋建筑轮廓后，根据国家普查办下发的 0.8 米影像进行准时点更新。

② 调查时点更新

调查时点为 2020 年 12 月 31 日，因卫星影像拍摄机制，无法在同一天拍摄完全国范围，故以国家普查办下发影像为准时点影像，在实地调查过程中，区县调查人员应根据实际情况进行底图调整，具体如下：

现场已拆迁、拆除或发生重大灾害损毁，已无房屋或市政设施，应通过调查系统填写原因；

现场有房屋，底图上无房屋的情况，利用调查软件新增功能，添加底图数据，如实开展调查；

　　针对底图制备阶段无法区分为单栋房屋还是多栋房屋，调查阶段应利用调查软件分割功能，根据实际情况将单栋房屋分割成多栋或将多栋合并为一栋。

（4）地方反馈问题更新处理

　　住房和城乡建设部信息中心建立了数据分发机制及各省问题反馈渠道，为各省开通底图数据在线分发账号，分区县底图制备完成后，通过政务外网定向分发，各省指定专人负责数据接收，并做好数据安全保障工作。区县住房和城乡建设管理部门收到底图数据后，在开展调查前先检查底图数据情况，对存在问题的底图区域进行分析后处理，如图 3.4-8、表 3.4-4 所示。

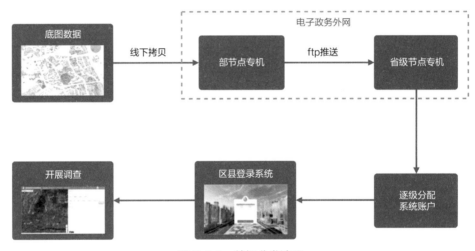

图 3.4-8　数据分发流程

问题反馈渠道列表　　　　　　表 3.4-4

提交者（自动）	提交时间（自动）	省份（必填）	芒康县	问题类别（必填）	问题具体描述（必填）	问题图斑对应编号（必填）	填报人（必填）	填报人所在单位（必填）	本次填报反映的问题涉及图斑个数（必填）	填报人联系电话（手机）（必填）	部普查专班判定	制图公司反馈	质检公司反馈	0.8米遥感底图提供方反馈

第 4 章

调查技术

4.1 调查对象

按照第一次全国自然灾害综合风险普查有关部署，调查对象为标准时点在中华人民共和国境内（不含港澳台地区）实际存在的房屋建筑和市政设施承灾体进行普查，满足第一次全国自然灾害综合风险普查对房屋建筑和市政设施承灾体信息需求，支撑全国自然灾害综合风险与减灾能力评估。

依照《中华人民共和国军事设施保护法》《中华人民共和国保守国家秘密法》等法律法规确定的军事禁区、军事管理区和属于国家秘密不对外开放的其他场所、部位的房屋建筑和市政设施，不在调查范围之内。

具体调查的对象及要求如下：

1）房屋建筑

（1）房屋建筑包括所有城镇房屋建筑（分为住宅和非住宅）和所有农村房屋建筑（分为住宅和非住宅）[①]。

（2）未建成使用的城镇房屋建筑工程、未建成使用的农村房屋建筑工程不在普查范围之内。

2）市政设施

市政设施包括市政道路、市政桥梁、供水管网和供水厂。

（1）市政道路为城市次干路（含四条车道及以上）及以上、连接重要设施（如

[①] 由于历史类型房屋建筑中具有保护身份的历史类型房屋建筑有明确归口部门予以调查和管理，所以，在房屋建筑与市政设施普查过程中，仅调查明确其保护身份即可。而非保护类其他历史类型房屋建筑的调查指标、重点与当代房屋建筑无异，因此无需强调区分。

学校、医院、交通枢纽等）的道路、与公路普查道路衔接的城市道路、应急管理相关的重要道路。

（2）市政桥梁为城市范围内修建在河道上的桥梁和道路与道路立交、道路跨越铁路的立交桥。

（3）供水设施为地级以上城市的供水设施，包括取水设施（含预处理设施）、输水管道、净水厂设施（含地下水配水厂）、加压泵站设施、调压站设施以及配水干管管网。

（4）人行天桥、人行地下通道、轨道交通和城市隧道不在普查范围之内。

（5）未建成使用的市政设施工程不在普查范围之内。

4.2　调查技术指标

按照国家制定的标准规范和技术导则要求，对房屋建筑和市政设施承灾体的属性信息、抗震设防等信息开展调查，分层级建立房屋建筑和市政设施调查数据库。

根据不同的调查对象和调查内容，制定了相应的指标体系，主要制定城镇住宅建筑调查信息采集表、城镇非住宅建筑调查信息采集表、农村住宅建筑调查信息采集表、农村非住宅建筑调查信息采集表、供水设施—厂站调查信息采集表、供水设施—管道调查信息采集表、市政道路调查信息采集表、市政桥梁调查信息采集表等8 份调查表。其中，城镇和农村房屋建筑区分的原则是依据所在土地的权属性质。国有土地上的房屋建筑按照城镇房屋建筑表格填报，集体土地上的房屋建筑按照农村房屋建筑表格填报。已经征收为国有土地但地上附着的房屋建筑仍为征收前自建的，填报城镇房屋建筑表格，需要特别说明的是表格的使用不代表对房屋性质的认定。

为了开展工作的方便，本次调查中不采用纸质表单进行填报。调查表所设计的调查指标项已全部纳入软件系统，通过信息化方式录入和汇交数据。

4.2.1　房屋调查指标

1）城镇住宅

城镇住宅建筑的调查内容主要包括房屋基本信息、建筑信息和抗震设防基本信息及使用情况等，具体采集指标详如表 4.2-1 所示：

城镇住宅建筑调查信息采集表   表 4.2-1

第一部分：基本信息				
1.1 小区名称			1.2 建筑名称	
1.3 产权单位			1.4 户数	
1.5 建筑地址 （在底图选取定位）	____省（市、区）____市（州、盟）____县（市、区、旗）____街道（镇） ____社区____路（街、巷）____号____栋			
1.6 产权登记	□是　□否			
第二部分：建筑信息				
2.1 建筑概况	2.1.1 建筑层数	地上____层，地下____层	2.1.2 建筑高度	____米
	2.1.3 建筑面积	____平方米	2.1.4 建成时间	____年
2.2 结构类型	砌体结构（□底部框架—抗震墙结构砌体结构　□其他）□钢筋混凝土结构 □钢结构　□木结构　□其他_____			
2.3 是否采用减隔震	□减震　□隔震　□未采用			
2.4 是否保护性建筑	□否　□全国重点文物保护建筑　□省级文物保护建筑　□市县级文物保护建筑 □历史建筑			
2.5 是否专业设计建造	□是　□否			
第三部分：抗震设防基本信息（注：该部分内容通过软件后台填写）				
第四部分：使用情况				
4.1 变形损伤	有无明显裂缝、倾斜、变形等			□有　□无
4.2 改造情况	4.2.1 是否进行过改造	□是　□否	4.2.2 改造时间	____年
4.3 抗震加固	4.3.1 是否进行过抗震加固	□是　□否	4.3.2 抗震加固时间	____年
4.4 物业管理	有无物业管理			□有　□无
信息采集人		单位		日期	

根据上表内容，具体的调查填报要求如下：

（1）房屋基本信息

城镇房屋基本信息包括建筑名称、小区名称（单位名称）、建筑地址、户数（仅住宅）、单位名称（仅非住宅）、产权单位、户数（仅住宅）、是否进行产权登记等。

①建筑名称

指被调查建筑的名称，如某某宿舍、某某教学楼等。无建筑名称的，填写文字性描述，如"某某某的住宅""某某路北第三排西起第二栋"等。

②小区名称（住宅建筑）

指被调查建筑所在小区的名称。没有小区的填写"无小区"。

③建筑地址

可通过软件系统移动端在底图上选取定位，软件已有缺省项。应详细填写

____省（市、区）____市（州、盟）____县（市、区、旗）____街道（镇）

_____社区_____路（街、巷）_____号_____栋。

④ 户数（住宅建筑）

指房屋套数，一套房为一户。一套房屋指由居住空间和厨房、卫生间等共同组成的基本住宅单位。

⑤ 产权单位

指房屋产权所有人为单位（或机构）的，称之为产权单位（个人产权不填写）。住宅建筑对于在我国住房制度改革以前由单位分给职工的、产权单位还存在的房屋按照实际产权单位填写，其余情况可以不填。产权单位有多个的均应逐一填写。

⑥ 产权登记

指调查房屋是否进行产权登记。

（2）房屋建筑信息

房屋建筑信息包括建筑层数（地上、地下分别统计）、建筑面积、建筑高度、建造时间、结构类型、房屋用途（仅非住宅）、是否采用减隔震、是否为保护性建筑、是否专业设计建造等。

① 建筑层数

建筑地上部分和地下部分的主体结构层数，不包括屋面阁楼、电梯间等附属部分，相关信息系统中一般均有登记数据。实际调查时若登记层数和实际层数不符，可初步判断房屋进行过改造。

② 建筑面积

建筑面积是指建筑物各层水平面积的总和，包括使用面积、辅助面积。如在相关信息系统中有登记数据的，可经核实无误后采用登记数据。没有登记的需要进行现场简单测量。建筑面积以平方米为单位，精确到 10.0 平方米。

发现信息系统登记面积和实际面积有明显出入时，初步判断房屋进行过改、扩建。

③ 建筑高度

指房屋的总高度，指室外地面到主要屋面板板顶或檐口的高度，半地下室从地下室室内地面算起，全地下室和嵌固条件好的半地下室可从室外地面算起；对带阁楼的坡屋面应算到山尖墙的 1/2 高度处。如图 4.2-1 建筑高度测量。以米为单位，精确到 1.0 米。

调查时如在相关信息系统中有登记数据的，可经核实无误后采用登记数据。没有登记的需要进行现场测量。

图 4.2-1　建筑高度测量

通过信息系统登记高度和实际高度有明显出入情况，可初步判断房屋是否进行过加层扩建。

山地建筑的计算高度的室外地面起算点，对于掉层结构，当大多数竖向抗侧力构件嵌固于上接地端时宜以上接地端起算，否则宜以下接地端起算；对于吊脚结构，当大多数竖向构件仍嵌固于上接地端时，宜以上接地端起算，否则宜以较低接地端起算。如图 4.2-2 山地建筑示意。

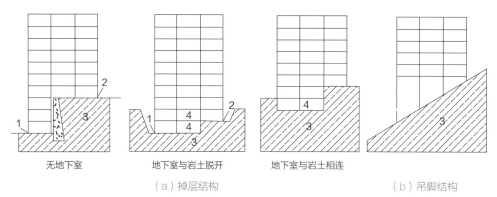

（a）掉层结构　　　　　　　　　　　　　　　（b）吊脚结构

1—下接地端；2—上接地端；3—岩土；4—地下室

图 4.2-2　山地建筑示意

④ 建造时间

建造时间：指房屋设计建造的时间，精确到年，如 2010 年。根据我国的抗震规范版本情况，房屋设计建造年代可划分为 1980 年及以前、1981—1990 年、1991—2000 年、2001—2010 年、2011 年及以后，共 5 个建造年代。不允许出现跨越建造年代的错误。

⑤ 结构类型

此次调查将结构类型按照结构承重构件材料简化分类为：砌体结构、钢筋混凝土结构、钢结构、木结构和其他。但对于中小学幼儿园等教育建筑、医疗建筑、福利院建筑等，因为涉及重点设防类的一些规定，故又在砌体结构里增加了二级选项即底部框架—抗震墙砌体房屋、内框架砌体房屋；在钢筋混凝土结构增加了二级选项即是否为单跨框架结构选项。

⑥ 是否采用减隔震

指所调查的房屋是否采用了减隔震技术。

⑦ 是否为保护性建筑

指所调查的房屋是否为文物保护建筑或历史建筑。其中文物保护建筑指依据《中华人民共和国文物保护法》等法律法规认定的各级文物保护单位内，被认定为不可移动文物的建筑物。历史建筑指根据《历史文化名城名镇名村保护条例》确定公布的历史建筑。

⑧ 是否为专业设计建造

指该建筑是否是在建设方的统一协调下由具有相应资质的勘察单位、设计单位、建筑施工企业、工程监理单位等建造完成。

（3）抗震设防基本信息

房屋建筑应根据使用功能的重要性分为甲类、乙类、丙类、丁类四个抗震设防类别。甲类建筑应属于重大建筑工程和地震时可能发生严重灾害的建筑，乙类建筑应属于地震时使用功能不能中断或需尽快恢复的建筑，丙类建筑应属于除甲、乙、丁类建筑以外的建筑，丁类建筑应属于抗震次要建筑，具体的分类指标详见国家标准《建筑抗震鉴定标准》GB/T 50223.1—2008 确定的设防类别。

房屋建筑普查中，该部分内容将依据表中第一部分的普查基本信息，通过软件后台自动生成。

（4）使用情况信息

① 是否进行过改造及改造时间

指从竣工验收后的房屋改造情况，可登录房屋建筑所在地既有房屋安全管理系统，获取房屋改造、抗震加固等相关信息，可现场询问并通过房屋建筑面积、层数和高度等校核改造情况。

改造时间指房屋建筑竣工验收后再次进行改造的时间，一般指房屋改造设计建造的时间，若多次改造可填写最后改造的时间，填写到年。

随着房屋建筑交易的增加，人们对房屋使用功能要求的多样化，房屋建筑的改造变得频繁常态化。房屋改造的一般内容有：房屋墙体开洞、房屋楼板开洞、原有房屋内增设夹层、原有房屋屋顶增层改造、增设雨棚、房屋外增设室外钢梯、房屋窗户外增设支撑窗台、原有房屋增设室外阳台、原有房屋增设室外电梯、原有房屋顶部增设临时加层等。

② 是否进行过抗震加固及抗震加固时间

抗震加固指房屋建筑竣工验收之后，是否进行过结构抗震加固。

抗震加固时间指房屋建筑竣工验收后进行抗震加固的时间节点，一般指房屋抗震加固设计建造的时间，若多次加固可填写最后加固的时间，填写到年。

③ 是否有变形损伤

房屋有无明显可见的裂缝、变形、倾斜等缺陷，指静荷载下有无前述严重缺陷。

④ 有无物业管理

需对房屋的物业管理进行调查，并在房屋建筑调查表上相应处填写是否有物业管理。

⑤ 现状及变形损伤照片

房屋建筑照片是反映房屋现状的重要依据。拍摄照片要求房屋正面、侧面、后面各一张，共计三张照片。如果房屋建筑物有变相损伤，需要损伤部位至少一张照片。

2）城镇非住宅

普查的非住宅建筑的调查内容也主要包括房屋的基本信息、建筑信息和抗震设防基本信息及使用情况等，具体采集指标详见表 4.2-2：

城镇非住宅建筑调查信息采集表 表 4.2-2

第一部分：基本信息			
1.1　单位名称		1.2　建筑名称	
1.3　产权单位（产权人）			
1.4　建筑地址 （见底图选取定位）	＿＿＿省（市、区）＿＿＿市（州、盟）＿＿＿县（市、区、旗）＿＿＿街道（镇）＿＿＿社区＿＿＿路（街、巷）＿＿＿号＿＿＿栋		
1.5　产权登记	□是　□否		
第二部分：建筑信息			
2.1　建筑概况	2.1.1　建筑层数	地上＿＿＿层，地下＿＿＿层	2.1.2　建筑高度 ＿＿＿米
	2.1.3　建筑面积 ＿＿＿平方米		2.1.4　建成时间 ＿＿＿年
2.2　结构类型	□砌体结构（若中小学幼儿园等教育建筑＼医疗建筑＼福利院建筑＼养老建筑＼救灾建筑＼基础设施建筑＼大型商业建筑、文化、体育建筑：□底部框架—抗震墙结构□内框架结构　□其他　）□钢筋混凝土结构（若中小学幼儿园教育建筑＼医疗建筑＼福利院建筑＼养老建筑＼救灾建筑＼基础设施建筑＼大型商业建筑、文化、体育建筑：□单跨框架　□非单跨框架　）□钢结构　□木结构　□其他＿＿＿＿＿＿		

续表

第二部分：建筑信息		
2.3	建筑用途	□中小学幼儿园教学楼宿舍楼等教育建筑　□其他学校建筑　□医疗建筑　□福利院　□养老建筑　□办公建筑（□科研实验楼　□其他）□疾控、消防等救灾建筑　□商业建筑［□金融（银行）建筑　□商场建筑　□酒店旅馆建筑　□餐饮建筑　□其他］　□文化建筑（□剧院电影院音乐厅礼堂　□图书馆文化馆　□博物馆展览馆　□档案馆　□其他）□体育建筑　□通信电力交通邮电广播电视等基础设施建筑　□纪念建筑　□宗教建筑　□综合建筑（□住宅和商业综合　□办公和商业综合　□其它）□工业建筑　□仓储建筑　□其他＿＿＿＿＿＿
2.4	是否采用减隔震	□减震　□隔震　□未采用
2.5	是否保护性建筑	□否　□全国重点文物保护建筑　□省级文物保护建筑　□市县级文物保护建筑　□历史建筑
2.6	是否专业设计建造	□是　□否

第三部分：抗震设防基本信息（注：该部分内容通过软件后台填写）				
第四部分：使用情况				
4.1	变形损伤	有无明显裂缝、倾斜、变形等		□有　□无
4.2	改造情况	4.2.1　是否进行过改造　□是　□否	4.2.2　改造时间	＿＿＿＿年
4.3	抗震加固	4.3.1　是否进行过抗震加固　□是　□否	4.3.2　抗震加固时间	＿＿＿＿年
信息采集人		单位	日期	

（1）房屋基本信息

城镇非住宅普查基本信息包括单位名称、建筑名称、产权单位、建筑地址、产权登记共计五部分内容，其中建筑名称、建筑地址、产权登记普查填报内容与城镇住宅普查填报内容一致，而单位名称、产权单位两项普查指标填报内容不一致，详见如下：

① 单位名称

指房屋使用单位的名称（非住宅），如某某公司。

② 建筑名称

调查填报详见《城镇住宅房屋基本信息》，建筑名称普查填报内容。

③ 产权单位

是指房屋产权所有人为单位（或机构）的，称之为产权单位（个人产权不填写）。非住宅类房屋建筑就填写房屋产权所有单位（或机构）。

④ 建筑地址

普查填报详见《城镇住宅房屋基本信息》，建筑地址普查填报内容。

⑤ 产权登记

普查填报详见《城镇住宅房屋基本信息》，产权登记普查填报内容。

（2）房屋建筑信息

城镇非住宅房屋建筑普查指标中除"结构类型和建筑用途"部分与城镇住宅部分不同外，其余几项填报指标与城镇住宅指标一致。详见如下内容：

① 建筑概况

普查填报详见《城镇住宅房屋建筑信息》，建筑概况普查填报内容。

② 结构类型

城镇非住宅建筑普查过程中，为便于普通调查人员填写，也将结构类型按照结构竖向承重构件材料简化分类为：砌体结构、钢筋混凝土结构、钢结构、木结构和其他。但对于幼儿园、中小学、医疗建筑、福利院、养老建筑、救灾建筑、基础设施建筑、大型商业建筑、文化、体育建筑等，因为涉及重点设防类的一些规定，故又在砌体结构里增加了二级选项即底部框架—抗震墙结构、内框架砌体结构；在钢筋混凝土结构增加了二级选项即是否为单跨框架结构选项。

③ 建筑用途

城镇非住宅房屋建筑普查技术指标中，考虑抗震设防、防灾减灾等各因素将非住宅房屋用途归列为如下几类：

中小学幼儿园教学楼宿舍楼等教育建筑、其他学校建筑、医疗建筑、福利院建筑、养老建筑、办公建筑（科研实验楼、其他）、疾控消防等救灾建筑、商业建筑〔金融（银行）建筑、商场建筑、酒店旅馆建筑、餐饮建筑、其他〕、文化建筑（剧院电影院音乐厅礼堂、图书馆文化馆、博物馆展览馆、档案馆、其他）、体育建筑、通信电力交通邮电广播电视等基础设施建筑、纪念建筑、宗教建筑、综合建筑（住宅和商业综合、办公和商业综合、其他）、工业建筑、仓储建筑、其他等。

其中"其他学校建筑"是指除中小学、幼儿园教育建筑以外的学校建筑，如大学建筑、中等职业技术学校等。其余各个分项用途类别里的"其他"是指除了列出以外的次用途类别，"其他"类是指前述情况中没有罗列的房屋用途。

（3）抗震设防基本信息

房屋建筑应根据使用功能的重要性分为甲类、乙类、丙类、丁类四个抗震设防类别。详见《城镇住宅抗震设防基本信息》章节，该部分内容将依据表中第一部分的基本信息，通过软件编程加以实现，属于自动生成内容。

（4）使用情况信息

城镇非住宅房屋建筑普查的指标内容详见《城镇住宅使用情况》。

3）农村住宅

农村住宅建筑调查内容包括房屋的基本信息、建筑信息和抗震设防信息及房屋照片四部分。农村住宅建筑根据农房使用功能和建造方式不同区分为独立住宅、集合住宅，以及住宅辅助用房。

农村住宅建筑调查信息采集指标详见表 4.2-3 所示：

农村住宅建筑调查信息采集表 表 4.2-3

第一部分：基本信息					
1.1 建筑地址	_____省（市、区）_____市（州、盟）_____县（市、区、旗）_____乡（镇、街道）_____村（社区）_____组_____路（街巷）_____号				
1.2 户主姓名		□产权人 □使用人			
第二部分：建筑信息					
2.1 建筑层数	_____层	2.2 建筑面积		_____平方米	
2.3 建造年代	□ 1980 年及以前 □ 1981—1990 年 □ 1991—2000 年 □ 2001—2010 年 □ 2011—2015 年 □ 2016 年及以后				
2.4 结构类型	□砖石结构 □土木结构 □混杂结构 □窑洞 □钢筋混凝土结构 □钢结构 □其他_____				
2.5 建造方式	□自行建造 □建筑工匠建造 □有资质的施工队伍建造 □其他_____				
2.6 安全鉴定	2.6.1 是否经过安全鉴定	□是 □否	2.6.2 鉴定时间	_____年	
	2.6.3 鉴定或评定结论	□A级 □B级 □C级 □D级 □安全 □不安全			
第三部分：抗震设防信息					
3.1 专业设计	是否进行专业设计	□是 □否			
3.2 抗震构造措施	3.2.1 是否采取抗震构造措施	□是 □否			
	3.2.2 抗震构造措施（可多选）	□圈梁 □构造柱 □其他_____			
3.3 抗震加固	3.3.1 是否进行过抗震加固	□是 □否	3.3.2 抗震加固时间	_____年	
3.4 变形损伤	有无明显墙体裂缝、屋面塌陷、墙柱倾斜、基底沉降等	□有 □无			
第四部分：房屋照片 房屋外观、抗震构造措施和变形损伤部位照片					
信息采集人			日期		

农村住宅建筑调查信息采集（集合住宅）指标详见表 4.2-4 所示：

农村住宅建筑调查信息采集表（集合住宅） 表 4.2-4

第一部分：基本信息			
1.1 建筑地址	_____省（市、区）_____市（州、盟）_____县（市、区、旗）_____乡（镇、街道）_____村（社区）_____组_____路（街巷）_____号		
1.2 建筑（小区）名称		1.3 楼栋号或名称	

续表

第一部分：基本信息		
1.4　住宅套数		
第二部分：建筑信息		
2.1　建筑层数　_____层	2.2　建筑面积	_____平方米
2.3　建造年代	□ 1980 年及以前　□ 1981—1990 年　□ 1991—2000 年　□ 2001—2010 年 □ 2011—2015 年　□ 2016 年及以后	
2.4　结构类型	□砖石结构　□钢筋混凝土结构　□钢结构　□其他	
第三部分：抗震设防信息		
3.1　抗震加固	3.1.1　是否进行过抗震加固　□是　□否	3.1.2　抗震加固时间　_____年
3.2　变形损伤	有无明显墙体裂缝、屋面塌陷、墙柱倾斜、地基沉降等　□有　□无	
第四部分：房屋照片		
信息采集人	单位	日期

在农村房屋建筑普查过程中，原则上以独立的一栋房屋为单位，当为连片建造的住房但属于不同农户，且有明显分界时，应分别填报，并在底图上标出。

独立住宅指独栋住宅或单一院落中的房屋，也包括独立分户但多户宅基地相邻联排建造的住宅；当为联排住宅户间有明确分界时，应在底图补充。

独立住宅调查以建筑单体（栋）为单位填报，对于在各自宅基地上建造且独立入户的联排住宅按照独立住宅分别填报，并在底图上标出分界线。

此类房屋通常为独门独院或独立的无院房屋，与其他房屋无共用墙体。也包括规划为集中成排建设，但在各自宅基地上建造且独立入户的住宅房屋，各户之间有共用墙体分隔，这类房屋可在底图上划分明显分界线，也属于独立住宅，界线准确划分后分别填报相关信息。如图 4.2-3 和图 4.2-4 所示：

图 4.2-3　独门独院或无院的独立住宅

图 4.2-4 成排建造但不同户间有明显界线

集合住宅指有多个居住单元，供多户居住的住宅，多户住宅内住户一般使用公共走廊和楼梯、电梯。建筑形式与城镇单元式住宅类似。

集合住宅调查以建筑单体（栋）为单位填报，不需逐户调查。

一般为统规统建项目，履行建设工程审批程序，由具有相应资质的勘察单位、设计单位、建筑施工企业、工程监理单位等建设完成。与统规统建独立农村住宅的区别在于独立住宅可按户有明确的界线划分，在工作底图上可以拆分，集合住宅为单元式，各户没有明确的用地分界。如图 4.2-5 集中成规模建设的多层集合住宅所示。

图 4.2-5 集中成规模建设的多层集合住宅

辅助用房指附属于农村住宅的非人员居住的其他功能建筑。在建筑上与住宅房屋分开，用途包括并不限于厨房、厕所、车库、杂物间、养殖圈舍等，填写其他时简要说明用途。

辅助用房不进行详细调查，但对于工作底图上显示的房屋应在外业调查软件中标识，并归于户主（或使用人）名下。拍摄一张照片上传。当工作底图中没有房屋轮廓时，可不补充。

需要注意的是，辅助用房是指不具备人员居住功能，并非以调查时是否有人员居住使用为准。农村中常见的厢房、南房等，在院落中虽不属于正房，当房屋有一定的面积，且具备可供居住或起居的条件时，应按独立住宅调查，不应简单划分为辅助用房。图 4.2-6 住宅辅助用房为农村中的独立厨房、车棚、圈舍等，属于辅助用房。

图 4.2-6　住宅辅助用房

（1）房屋基本信息

农村住宅普查的基本信息包括建筑地址、户主姓名。

① 建筑地址

建筑地址指房屋具体地址应准确详细。可直接填写或通过移动端 APP 在底图中选取定位并进行核对确认。路（街巷）、号为选填。

② 户主姓名

户主姓名指取得房屋产权登记的，户主姓名应与不动产登记证书一致。在难以获取产权人信息的情况下，可填报户主、使用人或承租人姓名。同一栋房屋有多户居住时，可填报多个产权人或户主等信息。

（2）房屋建筑信息

包括建筑层数、建筑面积、建造年代、结构类型、建造方式、安全鉴定情况等信息。对于进行了加层改扩建的房屋，填报现状层数、面积等信息，建造年代填报原房屋的建造时间。

① 建筑层数

地面以上建筑主体主要层数，夹层及局部突出（如楼梯间，局部突出小房等）不计入。平屋面上增设彩钢坡屋面、彩钢棚（开放式无围护墙）或高度较低的架空层（闷顶）不计入层数。平屋面上加层封闭，人活动使用的需计入层数，如图4.2-7平屋面上层数情况所示。

（a）平屋面上彩钢棚　　　　　　　　　（b）平屋面上加层

图 4.2-7　平屋面上层数情况

② 建筑面积

指建筑物各层水平面积的总和。以平方米为单位，精确到10.0平方米。可通过现场简单测量、查询导入信息或由调查移动端自动生成获得。当通过信息系统登记面积和实际面积有明显出入时，初步判断房屋是否进行过改、扩建。

③ 建造年代

指房屋建成投入使用的时间，1980年以前和2016年之后两档之外，其余为10年一档。农村中存在农户外出打工，房屋逐年建造装修的情况，原则上主体结构完成的时间为建造时间。对于建造年代较久的房屋，可大致估计后填报。对于近年建造的房屋，应填报准确，建造时间与房屋的抗震设防有直接关系。

④ 结构类型

结构类型按照结构承重构件材料简化分类，包括砖石结构、土木结构、混杂结构、窑洞、钢筋混凝土结构、钢结构等。选择砖石结构或土木结构的，应在二级选项中继续勾选承重墙体、楼（屋）面主要材料，并填报是否为底层框架砌体结构。农房地域差异大，地方材料和建造方式多样，当上述结构类型不能涵盖时，可结合地方情况补充，勾选"其他"并简要说明。

⑤ 建造方式

根据实际建设情况填写，主要包括自行建造、建筑工匠建造、有资质的施工队伍建造等方式，若为其他方式需填报并进行简要说明。

自行建造指农户自行组织劳力，自己动手或请亲友、村民协助建造。通常不发生人工费用。

建筑工匠建造指农户出资委托建筑工匠建造，通常为有经验的建筑工匠带几个小工的小包工队形式。

有资质的施工队伍建造指农户出资聘请有施工资质的施工队伍建造，或统一规划建设后分配给农户的方式，前文所说联排住宅通常采取这种建造方式。

其他指现产权人或使用人对于房屋建造情况不了解时，可填报房屋来源或获得使用权的方式。

⑥ 安全鉴定

根据现状房屋安全性鉴定情况选择填报"是否经过安全鉴定"，调查人员无须现场对房屋开展安全性鉴定，而是根据已完成的鉴定或评估报告如实填写鉴定结论。当调查农房未经过安全性鉴定，填报"否"。当房屋开展了安全性鉴定，填报"是"并填报"鉴定时间"和"鉴定结论"。有安全性鉴定结论的优先填报鉴定结论，没有安全性鉴定结论但有安全性评定结论的填报评定结论。

（3）抗震设防信息

抗震设防信息依据建筑所在地区、建造年代、专业设计、抗震加固情况以及用途等在软件后台自动生成。

① 专业设计

指委托有资质的建筑设计单位或专业设计人员进行农房建筑工程设计，或采用农房设计标准图集。所称标准图集指依据国家、行业或地方标准规定，由有资质的建筑设计单位设计制图，县级及以上住房和城乡建设行政管理部门正式发布供农户建房使用的标准图集。

② 抗震构造措施

抗震构造措施信息采集主要为自建、非专业设计且未采用标准图集房屋的抗震设防水平评估提供参考。

③ 抗震加固

是否进行抗震加固，对于实施了抗震加固且验收合格的农房，选"是"，并填写加固实施时间。

④ 变形损伤

变形损伤指有无明显墙体裂缝、屋面塌陷、墙柱倾斜、地基沉降等。主要在现场通过观察进行判断，并与产权人或使用人充分沟通了解。

（4）房屋照片信息

房屋照片指房屋外观、抗震构造措施和变形损伤部位照片。

普查时应现场定位后拍摄房屋照片，应包含至少1张房屋建筑整体外观照片，因周边环境影响不能拍摄正面全景时，可从房屋背立面和侧立面角度拍摄照片并上传，以反映房屋现状情况。

4）农村非住宅

农村非住宅建筑指除住宅建筑以外的其他农村房屋建筑，包括各类公共建筑、商业建筑、文化建筑、生产（仓储）建筑等。农村非住宅建筑调查以独立的单体房屋建筑为单位，当为连片建造的房屋但有不同归属，并且有明显分界可划分时，应在底图上拆分，并分别填报。

农村非住宅建筑调查内容包含房屋的基本信息、建筑信息、抗震设防信息、房屋照片共计四部分。农村非住宅建筑与城镇非住宅建筑的区分在于用地性质，即建造于集体用地（包括集体建设用地和集体经营用地）上的建筑。具体的调查指标详见表 4.2-5 所示：

农村非住宅建筑调查信息采集表　　　　　　　　　　　表 4.2-5

第一部分：基本信息			
1.1 建筑地址	_____省（市、区）_____市（州、盟）_____县（市、区、旗）_____乡（镇、街道）_____村（社区）_____组_____路（街巷）_____号		
1.2 房屋或单位名称			
1.3 姓名或机构名称		□产权人 □使用人	
第二部分：建筑信息			
2.1 建筑层数	_____层	2.2 建筑面积	_____平方米
2.3 建造年代	□ 1980年及以前 □ 1981—1990年 □ 1991—2000年 □ 2001—2010年 □ 2011—2015年 □ 2016年及以后		
2.4 结构类型	□砖石结构 □土木结构 □混杂结构 □窑洞 □钢筋混凝土结构 □钢结构 □其他_____		
2.5 建造方式	□自行建造 □建筑工匠建造 □有资质的施工队伍建造 □其他_____		
2.6 建筑用途	□教育设施（□中小学幼儿园教学用房及学生宿舍、食堂 上述功能请勾选） □医疗卫生（□具有外科手术室或急诊科的乡镇卫生院医疗用房 上述功能请勾选） □行政办公 □文化设施 □养老服务 □批发零售 □餐饮服务 □住宿宾馆 □休闲娱乐 □宗教场所 □农贸市场 □生产加工 □仓储物流 □其他（可多选）		

续表

第二部分：建筑信息				
2.7 安全鉴定	2.7.1 是否经过安全鉴定	□是 □否	2.7.2 鉴定时间	_____年
	2.7.3 鉴定或评定结论	□A 级 □B 级 □C 级 □D 级 □安全 □不安全		

第三部分：抗震设防信息				
3.1 专业设计	是否进行专业设计	□是 □否		
3.2 抗震构造措施	3.2.1 是否采取抗震构造措施	□是 □否		
	3.2.2 抗震构造措施（可多选）	□圈梁 □构造柱 □其他_____		
3.3 抗震加固	3.3.1 是否进行过抗震加固	□是 □否	3.3.2 抗震加固时间	_____年
3.4 变形损伤	有无明显墙体裂缝、屋面塌陷、墙柱倾斜、地基沉降等	□有 □无		

第四部分：房屋照片
房屋外观、抗震构造措施和变形损伤部位照片

信息采集人		单位		日期	

（1）房屋基本信息

农村非住宅建筑调查基本信息内容包括建筑地址、房屋名称或单位名称、产权人（使用人）姓名或机构名称等。

①建筑地址

房屋具体地址应准确详细，以便定位。填报方式参考农村住宅房屋基本信息即可。

②房屋名称或单位名称

根据所有权和用途填写，如××超市、××村委会、××宾馆、××厂房、××办公楼等。

③姓名或机构名称

根据房屋产权人或使用人性质填写相关信息。当为个人所有的出租或自营类时，填写个人姓名信息。当房屋产权单位为政府、村集体、国有企业、民营企业时，填写对应的单位或机构名称。

（2）房屋建筑信息

建筑信息包括建筑层数、建筑面积、建造年代、结构类型、建造方式、建筑用途和安全鉴定等。除建筑用途以外，其他各项目信息填报说明与农村住宅建筑相同。

① 建筑层数

参考农村住宅建筑信息填报要求。

② 建筑面积

参考农村住宅建筑信息填报要求。

③ 建造年代

参考农村住宅建筑信息填报要求。

④ 结构类型

结构类型按照结构承重构件材料简化分类，参考农村住宅建筑信息填报要求。

⑤ 建造方式

参考农村住宅建筑信息填报要求。若为其他方式需填报并进行简要说明。

⑥ 建筑用途

根据房屋用途选择填报，当为功能综合的村民中心建筑整合多项用途时，也可以多选。对于农村房屋，大部分为标准设防类，教育设施里的"中小学幼儿园教学用房及学生宿舍、食堂"和医疗设施里的"具有外科手术室或急诊科的乡镇卫生院医疗用房"为重点设防类，应在用途分类下勾选二级选项。

教育设施：包括幼儿园、中小学、职业培训等教育设施，设二级选项，是否为"中小学幼儿园教学用房及学生宿舍、食堂"；

医疗卫生：包括卫生所、诊所、注射室、留观室、保健室等医疗卫生设施，设二级选项，是否为"具有外科手术室或急诊科的乡镇卫生院医疗用房"；

行政办公：包括村委会办公室、党员活动室、村民议事厅、礼堂（聚会）的房屋，以及生产加工、仓储物流等企业的附属办公或管理用房；

文化设施：包括文化展览室、图书馆、阅览室、礼堂等文化设施；

养老服务：包括敬老院、养老院、幸福院等养老设施；

批发零售：包括日用品、农产品、农资、药品批发零售，超市、电商（店）等；

餐饮服务：包括饭店、餐馆、冷（热）饮店、茶馆等；

住宿宾馆：包括民宿、旅馆（店）、招待所等，以及乡镇、村委会干部宿舍等；

休闲娱乐：包括棋牌室、KTV、浴室、理发馆、足浴店等；

宗教场所：包括寺庙、教堂、道观等；

农贸市场：指设在建筑中的农贸市场；

生产加工：包括农产品、日用品、工业品等加工与生产；

仓储物流：包括仓储厂房、普通库房、冷库等。

当以上不能包括时，可填报其他并简要备注。

⑦ 安全鉴定信息

参考农村住宅建筑信息填报要求。

（3）抗震设防信息

建筑抗震设防信息采集项目填报说明及内容与农村住宅建筑基本一致。

农村非住宅房屋的抗震设防类别根据用途进行判断，一般为标准设防类，重点设防类主要包括"中小学幼儿园教学用房及学生宿舍、食堂"和"具有外科手术室或急诊科的乡镇卫生院医疗用房"。具体可参考《农村住宅建筑信息》填报要求。

（4）房屋照片信息

参考农村住宅建筑信息填报要求。

4.2.2 市政调查指标

1）道路调查的范围和内容指标

（1）普查范围

市政道路普查范围为中华人民共和国境内（不含港澳台地区），以各省、市、县（区）为基本单位，重点为城市快速路、主干路、四条车道及以上的次干路、连接重要设施（如：学校、医院、交通枢纽等）的道路、与公路普查道路衔接的城市道路、应急管理相关的重要道路。

普查遵循"先老后新、重点突出"的原则。建设年代较早、使用年限较长、规范标准较低、地震和地质灾害考虑不足、承担防灾减灾重要生命通道等重点基础设施，应最早被列入调查范围。

（2）内容指标要求

调查指标包括道路设施信息、道路基本信息及安全信息等内容，指标是以道路的交通功能、服务对象（人、车）为基础所选取的基本、必要信息，通过这些指标可以充分了解该道路的整体使用状况及预判在灾害中所能发挥的作用，帮助相关部门选择合适的应急救援路线、躲避风险隐患区域、计算最短到达时间和疏散能力，将损失降低到最小。

① 位置行政区划，反映道路位置所在的省级（直辖市）、市级（县、区）、街道（镇）。

② 道路名称，反映道路在规划、设计图纸、地图的名称，有时存在不一致的情况，最终以地方地名管理部门的命名批复为准。

③ 道路等级、红线宽度，反映道路在该区路网中的地位及其功能是哪种（交通功能、集散功能、服务功能），可查询设计资料、规划文件等相关资料。

④ 道路车道宽度、车道数、路幅型式，反映通行车辆类型（大型车、小客车等）和交通量。

⑤ 设计速度、起终点、长度、交叉口个数、交叉形式、隧道、桥梁，可以反映通行的条件、时间和效率。

⑥ 非机动车宽度、人行步道宽度，可以反映当地慢行交通的服务水平。

⑦ 通车日期、最后一次大中修或改扩建时间、建设单位、设计单位、管理单位、养护单位，反映道路的运行使用状况、路面破损情况和承灾能力，当发生灾害时，排查道路存在隐患情况的熟悉（人员、位置）程度。

⑧ 工程投资，反映道路的规模、复杂程度和不同地区的经济发展水平。为项目总投资，已竣工项目以工程决算为准，未竣工项目填写概算批复金额。

⑨ 是否为城市救灾生命线，城市救灾生命线是指维持城市居民生活和生产活动所必不可少的交通、能源、通信、给水排水等城市基础设施。当符合国家规范规定的、地方规划确认的、地方应急部门确认的，满足其一时为城市救灾生命线。

⑩ 设计阶段项目场地抗震设防烈度，反映当地的抗震设防情况及承灾能力。

⑪ 区域地质构造及不良地质，体现该区域可能发生的地质灾害，包括滑坡土地段路基、崩塌地段路基、岩堆地段路基、泥石流地段路基、岩溶地段路基、软土地段路基等。

⑫ 沿线设施，反映道路沿线政府部门、医院、学校、避难场所、交通枢纽、部队等重要单位。

（3）道路调查实施方案

根据调查内容指标，制定市政道路普查信息采集表，按照"全国统一领导、部门分工协作、地方分级负责、各方共同参与"的原则组织实施。调查采用全面调查的方法、内外业结合的作业方式，以标准时点实际存在的每一条市政道路为单位进行登记，调查工作全程采用信息化工作模式。

普查时，首先进行内业电脑端市政道路设施基本信息收集，并上传至移动端，之后进行现场普查，即实地获取市政道路所在的地理位置，然后利用手机 APP 填写市政道路普查信息采集表和现场调查附表，如表 4.2-6、表 4.2-7 所示，包括 1 道路设施信息、2 道路基本信息及安全信息、3 现场复核、4 现场调查及附表。

市政道路普查信息采集表　　　　　　　　表 4.2-6

1. 道路设施信息（注：该部分通过软件自动生成）

位置行政区划 （在底图选取定位）	_____省（直辖市）_____市（县、区）_____街道（镇）
分段数量	道路总长（公里）
高架数量	□有 / □无
沿线立交数量	□有（_____）处 / □无
沿线交叉口数量	□有（_____）处 / □无
＞8 米高填方路基情况 / 处	□有（_____）处 / □无
＞10 米高挖方边坡情况 / 处	□有（_____）处 / □无
＞6 米高挡墙情况 / 处	□有（_____）处 / □无
沿线桥梁长度 / 数量	□有（_____）处 合计（_____）米 / □无
沿线隧道长度 / 数量	□有（_____）处 合计（_____）米 / □无
现阶段项目场地抗震设防烈度	（_____）度

2. 道路基本信息及安全信息（注：该部分需查询相关资料）

道路名称				编号		
是否分段	□是	第 N 段分段起点		第 N 段分段终点		□以下无分段
	□否	道路起点		道路终点		
工程投资（万元）	□根据资料查实 _____　□估算数据			是否为城市救灾生命线	□是 □否	
道路等级	□快速路　□主干路　□次干路　□其他（_____）					
通车日期	_____年					
路幅形式	□四幅路　□三幅路　□两幅路 □一幅路　□其他（_____）		路面宽度	一 / 三幅路		_____米
				二 / 四幅路		左侧_____米 右侧_____米
最窄机动车道宽度（米）	□ 3.75 米　□ 3.5 米　□ 3.25 米　□机非混行（_____）□其他（_____）					
机动车道数	□单向行驶　□双向行驶　　车道数（_____）（1/2/3/4/5/6/7/8）车道					
最窄非机动车道宽度（米）				最窄人行道宽度（米）		
红线宽度（米）		至		设计速度（公里 / 小时）		
建设单位	□无法查明					
设计单位	□无法查明					
管理单位						
养护单位						
设计阶段项目场地抗震设防烈度	□＜0.05 或 6 度以下，□ 0.05 或 6 度，□ 0.10、0.15 或 7 度，□ 0.20、0.30 或 8 度，□ ≥ 0.40 或 9 度及以上　□无法查明					

续表

区域地质构造及不良地质简述	□滑坡地段路基　□崩塌地段路基　□岩堆地段路基　□泥石流地段路基　□岩溶地区路基　□软土地区路基　□膨胀土地区路基　□红黏土与高液限土地区路基　□盐渍土地区路基　□多年冻土地区路基　□风沙地区路基　□雪害地段路基　□涎流冰地段路基　□采空区路基　□滨海路基　□水库地段路基　□季节性冻土地区路基　□黄土地区路基　□无
最近一次大中修或改扩建时间	□大修　□中修　□改扩建 /（　　　　　）年　□无

3. 现场复核（注：以下内容需现场核实是否有误）

路幅形式	
路面宽度	□资料无误 □现场不符，需修改
机动车道数	
最窄机动车道宽度	
最窄非机动车道宽度	
最窄人行道宽度	

4. 现场调查　详见附表（道路沿线政府部门、医院、学校、避难场所、交通枢纽、水厂、部队等分布情况）

现场调查附表

表 4.2-7

起终点	位置 / 名称	重要承灾体类别 / 沿线设施	结构形式 / 开口类别	隐患
	□道路左侧 □道路右侧	□8 米以上填方路基 □10 米以上挖方边坡 □6 米以上挡墙	□全圬工 □圬工加植物防护 □植物防护 □无防护 <div align="right">附照片</div>	□裂缝 □破损 □不均匀沉降 <div align="right">附照片</div>
	□道路左侧 □道路右侧	□政府部门　□医院　□学校 □避难场所　□交通枢纽 □其他重要地（　　　）	□人车混行开口 □机动车开口 □人行开口 □消防通道开口	附照片
		□桥梁 □4 米以上涵洞	编号（　　　）	附照片
		□隧道	□闭合框架 □盾构式 □暗挖式 □沉管式	车道数（　　　） 附照片
		□高架	□辅路　编号（　　　） □无辅路	附照片
		□立交	□分离式立交 □全互通式立交 □半互通式立交	附照片
		□交叉口	□十字交叉口 □丁字交叉口 □异型交叉口 □环型交叉口	附照片

2）桥梁调查的内容和指标

（1）桥梁抗震设防调查

地震是地球上的一种自然现象，地震灾害也是世界上造成经济损失最严重和人员伤亡最多的自然灾害之一。我国地处世界两大地震带——环太平洋地震带与欧亚地震带之间，是世界上地震多发且震害最为严重的国家之一。我国地震活动十分活跃，5.0级以上地震平均每年发生40次，中华人民共和国成立后历经了唐山地震、汶川地震、玉树地震等影响较大的地震。同时，我国地域广阔、人口众多且分布不均、经济发展快速且不平衡，地震动各地差异性很大，抗震设防要求不同，地震产生的灾害也差异明显。

随着经济的发展和地震研究的加深，我国抗震相关的标准也在不断更新。为了更好、更全面地进行桥梁抗震设计，桥梁的抗震设防调查是桥梁调查的重要组成部分。桥梁的抗震设防调查包括：桥梁建造时的设防烈度调查（原设防烈度调查）、现设防烈度调查、桥梁建造时的设防类别调查（原设防类别调查）、现设防类别调查等。

随着经济的发展和地震研究的加深，我国抗震相关的标准也在不断更新。由于桥梁的抗震设防调查是桥梁调查的重要组成部分，为了对桥梁建筑的抗震设计有较全面的把握，本节将对地震及抗震有关知识进行简单介绍。

① 桥梁抗震设防分类

由于地震作用具有间接性，复杂性和随机性等特点，与恒荷载、活荷载等一般荷载不同，故经过抗震设计的桥梁结构，一般能够减轻地震的损坏和破坏，但尚不能完全避免损坏和破坏。根据《城市桥梁抗震设计规范》CJJ 166—2011 的规定，我国采用甲、乙、丙、丁四类抗震设防分类，如表4.2-8所示。

城市桥梁抗震设防分类　　　　　　表4.2-8

桥梁抗震设防分类	桥梁类型
甲	悬索桥、斜拉桥及大跨度拱桥
乙	除甲类桥梁以外的交通网络中枢位置的桥梁和城市快速路上的桥梁
丙	城市主干路和轨道交通桥梁
丁	除甲、乙和丙三类桥梁以外的其他桥梁

② 抗震设防烈度

抗震设防烈度是指按国家规定的权限批准作为一个地区抗震设防依据的地震烈度。一般情况下，取50年内超越概率10%的地震烈度。抗震设防烈度是一个地区的设防依据，不能随意提高或降低。

抗震设防烈度是用于度量桥梁对地震作用的抵抗能力。抗震设防烈度和地震烈度没有直接关系。设防烈度目前分为 6 度（0.05g）、7 度（0.10g）、7 度（0.15g）、8 度（0.20g）、8 度（0.30g）、9 度（0.40g），如表 4.2-9 所示。

地震基本烈度和地震动峰值加速度的对应关系　　　　　表 4.2-9

地震基本烈度	6 度	7 度	8 度	9 度
地震动峰值加速度	0.05g	0.1（0.15）g	0.20（0.30）g	0.40g

注：g 为重力加速度。

一个地区的抗震设防烈度，一般可参照现行标准《中国地震动参数区划图》GB 18306—2015 或者《建筑抗震设计规范（附条文说明）（2016 年版）》GB 50011—2010 等取用。

随着社会经济和科技的发展以及重大灾害性地震事件经验教训的积累，一个地区的抗震设防烈度可能会有所变化（提高或个别降低），故桥梁设计时所依据的抗震设防烈度和现行国家技术标准规定的抗震设防烈度可能不一致。

实际调查时，如有桥梁设计图纸，应记录图纸中标明的抗震设防烈度（一般此信息位于结构图纸说明中）；如果没有图纸，则应根据建设年代向当地住房和城乡建设部门进行咨询。

③ 抗震设防标准

在进行桥梁设计时，根据桥梁破坏造成的人员伤亡，直接和间接经济损失及社会影响的大小，桥梁的规模，桥梁使用功能失效后对全局的影响范围大小、抗震救灾影响及恢复的难易程度等因素，桥梁根据所在道路等级、重要性等采取了不同的抗震设防标准，如表 4.2-10 所示。

城市桥梁抗震设防标准　　　　　表 4.2-10

桥梁抗震设防分类	E1 地震作用		E2 地震作用	
	震后使用要求	损伤状态	震后使用要求	损伤状态
甲	立即使用	结构总体反应在弹性范围，基本无损失	不需修复或经简单修复可继续使用	可发生局部轻微损伤
乙	立即使用	结构总体反应在弹性范围，基本无损失	经抢修可恢复使用，永久性修复后恢复正常运营功能	有限损伤
丙	立即使用	结构总体反应在弹性范围，基本无损失	经临时加固，可供紧急救援车辆使用	不产生严重的结构损伤
丁	立即使用	结构总体反应在弹性范围，基本无损失	—	不致倒塌

为了实现以上抗震设防标准，现行规范规定了各抗震设防桥梁的抗震设防标准。同时要求如下：

地震基本烈度为 6 度及以上地区的城市桥梁，必须进行抗震设计，甲类城市桥梁的抗震措施：当地震基本烈度为 6~8 度时，应符合地区地震基本烈度提高一度的要求；当为 9 度时，应符合比 9 度更高的要求。乙类和丙类桥梁抗震措施：一般情况下，当地震基本烈度为 6~8 度时，应符合本地区地震基本烈度提高一度的要求；当为 9 度时，应符合比 9 度更高的要求。丁类桥梁抗震措施均应符合本地区地震基本烈度的要求。

（2）桥梁普查的技术要求

① 调查背景

目的：桥梁调查的目的是摸清现有桥梁存量底数，了解桥梁的基本信息和建筑信息（包括名称和位置、管理单位、桥梁跨数、面积、高度、建造时间、结构类型、等级等）、抗震设防基本信息（包括原建造时的设防烈度、现设防烈度、原设防类别、现设防类别）、桥梁的使用情况（包括桥梁的改造情况、抗震加固情况、裂缝倾斜等，以及桥梁是否有管理单位等情况）。

调查范围和目标：调查包括全国城镇桥梁。

依照《中华人民共和国军事设施保护法》《中华人民共和国保守国家秘密法》等法律法规确定的军事禁区、军事管理区和属于国家秘密不对外开放的其他场所、部位的桥梁，不在本次调查范围之内。

调查表所设调查项目全部纳入软件系统，通过信息化方式录入和汇交数据。调查表及调查软件所设项目的填写要求，依据调查技术导则。

桥梁调查适用于地方各级政府相关部门对所属范围内桥梁的调查，明确调查工作的组织实施、调查内容、数据库平台建设以及人员培训等。

桥梁调查最终目标是为了完成全国范围内桥梁底数调查，建立全国桥梁抗震设防基本信息数据库，按照统一标准，在统一提供的含有桥梁地理位置底图的软件移动端上填写桥梁相关信息，获取全国桥梁分布、数量、建筑信息、抗震设防情况及使用状况等信息。建立互联共享的覆盖国家、省、地（市）、县四级的反映桥梁承灾体数量与抗震设防情况空间分布的调查成果地理信息系统数据库。最终为非常态应急管理、防灾减灾、空间发展规划、生态文明建设等提供基础数据和科学决策依据。

调查任务及主要内容：桥梁调查的主要任务是按照国家统一标准，在全国范围内统筹利用现有的桥梁的基础数据，调查桥梁的地理位置、基本信息和建筑属性信息等，全面掌握全国桥梁的分布及灾害属性特征，建立互联共享的覆盖国家、省、地（市）、县四级的桥梁各要素信息为一体的，反映桥梁数量与设防水平空间分布的调查成果地理信息数据库。

② 指标要求

市政桥梁普查范围内的指标信息主要包括基本信息、桥梁附属及资料信息、承灾体隐患情况等三项。

a. 桥梁基本信息

桥梁基本信息可通过咨询当地规划局、城管委等相关单位，查询桥梁原设计图或竣工图及现场调查等相关方法获取。桥梁基本信息应包含桥梁的行政区域、桥梁管理单位、桥梁设计单位、桥梁名称及设计名称（曾用名）、桥梁长宽信息及桥梁面积、桥梁所在道路名称、所在道路等级、桥梁斜度、桥梁类别、桥梁建成日期及改建日期、养护类别、桥梁跨越类别、桥梁设计使用年限、桥梁功能类型、桥梁抗震设防烈度、设计洪水频率、桥梁工程投资等。

a）桥梁类别：

根据《公路桥涵设计通用规范》JTG D60—2015 第 1.0.5 条要求，桥梁类别可按跨径分为特大桥、大桥、中桥、小桥、涵洞。其具体区分方法如表 4.2-11 所示。桥梁类别的信息应根据现场检测及查询原设计图纸及竣工资料所得桥梁分孔和跨径确定桥梁类别。

桥梁涵洞分类   表 4.2-11

桥涵分类	多孔跨径总长 L（m）	单孔跨径 L_K（m）
特大桥	L > 1000	L_K > 150
大桥	100 ≤ L ≤ 1000	40 ≤ L_K ≤ 150
中桥	30 < L < 100	20 ≤ L_K < 40
小桥	8 ≤ L ≤ 30	5 ≤ L_K < 20
涵洞	—	L_K < 5

b）桥梁斜度：

桥梁斜度角指桥梁上部结构支撑线与道路定测线的夹角，当二者夹角为 90° 时二者正交，此时桥梁为正桥。支撑中线与道路定测线夹角大于或小于 90° 时桥梁为斜桥，斜度为桥梁支撑中线与道路定测线法线的夹角的绝对值。若一座桥梁中支撑中线互相不平行，则取最大斜度作为桥梁斜度。桥梁斜度应根据桥梁原设计资料及竣工资料和桥梁现场调查测量确定。正桥与斜桥示意如图 4.2-8 所示。

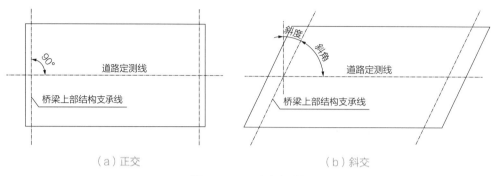

图 4.2-8 正交桥梁图

c）桥梁所在道路等级：

根据《城市道路工程设计规范（2016 年版）》CJJ 37—2012，城市道路等级可分为快速路、城市主干路、城市次干路、支路。道路等级划分如表 4.2-12 所示。桥梁所在道路等级应根据桥梁所在道路及桥梁的原设计资料及竣工资料和现场调查道路桥梁情况确定。

城市道路等级划分表　　　　　　　　　　　　　表 4.2-12

项目 类别	级别	设计车速 （公里／小时）	双向机动 车道数（条）	机动车道宽 （米）	分隔带设置	道路断面形式
快速路	—	100、80、60	≥4	3.75	必须设	双、四幅路
主干路	I	60、50	≥4	3.75	应设	单、双、三、四幅路
	II	50、40	≥4	3.75	应设	单、双、三幅路
	III	40、30	2~4	3.5~3.75	可设	单、双、三幅路
次干路	I	50、40	2~4	3.75	可设	单、双、三幅路
	II	40、30	2~4	3.5~3.75	不设	单幅路
	III	30、20	2	3.5	不设	单幅路
支路	I	40、30	2	3.5~3.75	不设	单幅路
	II	30、20	2	3.5	不设	单幅路
	III	20	2	3.5	不设	单幅路

d）桥梁跨越类别：

桥梁跨越类别为桥梁实际跨越的地物类别，包含道路、河流、湖泊、铁路、隧道、管线和其他类别。单座桥梁的跨越类别可为多种。桥梁跨越类别应根据原设计图纸及竣工资料及现场复核确认。

e）桥梁设计使用年限：

《城市桥梁设计规范（2019 年版）》CJJ 11—2011 第 3.0.9 条规定，桥涵的设计年限与桥梁类别相关，详见表 4.2-13 所示。桥梁类别确定时应根据桥梁原设计及竣工资料和现场调查确认。

桥梁结构的设计使用年限　　　　　　　　表 4.2-13

类别	设计使用年限（年）	类别
1	30	小桥
2	50	中桥、重要小桥
3	100	特大桥、大桥、重要中桥

f）桥梁养护类别：

根据《城市桥梁养护技术标准》CJJ 99—2017 第 3.0.3 条规定，桥梁养护类别根据桥梁在城市道路系统中的地位，桥梁养护类别共分为 5 类。在确定桥梁养护类别时，应参考原设计及竣工资料和现场调查情况确定。5 类养护类别的情况如下所示：

Ⅰ类养护—单孔跨径大于 100m 的桥梁及特殊结构桥梁；

Ⅱ类养护—城市快速路上的桥梁；

Ⅲ类养护—城市主干路上的桥梁；

Ⅳ类养护—城市次干路上的桥梁；

Ⅴ类养护—城市支路上或街坊路上的桥梁。

g）桥梁功能类型：

桥梁功能类型可根据桥梁的实际使用场景分为主线桥、匝道桥、高架桥及跨河桥等。桥梁功能类型应根据桥梁原设计资料及竣工资料和现场调查情况确认。

h）设计洪水频率：

桥梁的设计洪水频率可分为 25 年一遇，50 年一遇，100 年一遇，300 年一遇和无洪水频率等。桥梁的设计洪水频率应根据桥梁原设计资料及竣工资料和现场调查情况确认。

i）抗震设防烈度：

桥梁的抗震设防烈度应根据桥梁所在地的抗震烈度区划及桥梁的要求所决定，筛查时应根据桥梁的原设计资料及竣工资料和桥梁现场调查情况确定现况桥梁的实际抗震设防烈度。

j）桥长、桥宽及桥梁面积：

桥梁的桥长、桥宽及面积应根据桥梁原设计资料及竣工资料和现场调查情况确认。

k）桥梁工程投资：

桥梁工程投资应根据桥梁原设计资料及竣工资料和现场调查情况确认。

b. 桥梁附属及资料信息

桥梁附属及资料信息可通过咨询当地规划局、城管委等相关单位，查询桥梁原设计图或竣工图及现场调查等相关方法获取。桥梁附属应包含桥梁的防护类型、桥梁护栏防护等级、伸缩缝类型、支座类型、桥梁抗震设施、挡土墙类型及其他设施；桥梁资料信息应包含穿越情况及附挂管线、档案资料、桥梁检测类别、加固维修情况、技术状况等级等。

a）桥梁护栏防护类型：

根据《公路交通安全设施设计细则》JTG/T D81—2017，桥梁的护栏类型包括梁柱式护栏、钢筋混凝土护栏、组合式护栏和无护栏。桥梁的护栏类型应根据桥梁原设计资料及竣工资料和现场调查情况确认。桥梁护栏示意图如图4.2-9所示。

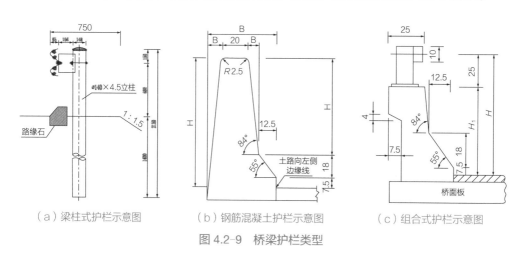

（a）梁柱式护栏示意图　　　（b）钢筋混凝土护栏示意图　　　（c）组合式护栏示意图

图4.2-9　桥梁护栏类型

b）桥梁护栏防护等级：

桥梁护栏的防护等级分为二至八级，等级越高防护能力越强。桥梁的护栏防护等级应根据桥梁原设计资料及竣工资料和现场调查情况确认。

c）伸缩缝类型：

桥梁伸缩缝是为满足桥面变形的要求，通常在两梁端之间、梁端与桥台之间或桥梁的铰接位置上设置伸缩缝。伸缩缝类型有模数式伸缩缝、梳齿板式伸缩缝、无缝式伸缩缝和其他类型。桥梁的伸缩缝类型应根据桥梁原设计资料及竣工资料和现场调查情况确认。桥梁伸缩缝类型如图4.2-10所示。

（a）模数式伸缩缝　　　　　　（b）梳齿板式伸缩缝　　　　　　（c）无缝式伸缩缝

图 4.2-10　桥梁伸缩缝类型

d）支座类型：

桥梁支座是连接桥梁上部结构和下部结构的重要结构部件，位于桥梁和垫石之间，它能将桥梁上部结构承受的荷载和变形（位移和转角）可靠地传递给桥梁下部结构，是桥梁的重要传力装置。桥梁支座的类型有板式橡胶支座、盆式橡胶支座、球型支座和其他类型等。桥梁的支座类型应根据桥梁原设计资料及竣工资料和现场调查情况确认。桥梁支座类型如图 4.2-11 所示。

（a）板式橡胶支座　　　　　　（b）盆式橡胶支座　　　　　　　　（c）球型支座

图 4.2-11　桥梁支座类型

e）桥梁抗震设施：

桥梁抗震设施的类型包含抗震锚栓、抗震连杆、抗震挡块、抗震阻尼器、抗震销座、抗震台和其他类型等。桥梁的抗震设施应根据桥梁原设计资料及竣工资料和现场调查情况确认。部分桥梁抗震设施类型如图 4.2-12 所示。

f）挡土墙类型：

挡土墙是指支承路基填土、防止填土或土体变形失稳的构造物。挡土墙类型有重力式挡土墙、非重力式挡土墙、石笼式挡土墙、悬臂式挡土墙、扶壁式挡土墙、锚杆、锚定板、加筋土、板桩式和其他类型等。桥梁的挡土墙应根据桥梁原设计资料及竣工资料和现场调查情况确认。部分桥梁挡土墙如图 4.2-13 所示。

g）其他附属设施：

其他桥梁附属设施包括隔声屏障、排水系统、人行道、照明装置、监测装置、湖泊锥坡等。其他桥梁附属设施应根据桥梁原设计资料及竣工资料和现场调查情况确认。其他桥梁附属设施如图 4.2-14 所示。

（a）抗震锚栓

（b）抗震挡块

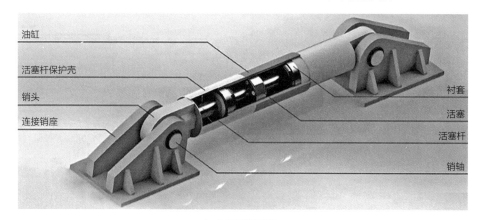

（c）抗震阻尼器

图 4.2-12　抗震设施图

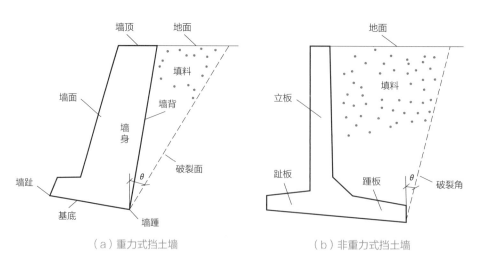

（a）重力式挡土墙　　　　　　（b）非重力式挡土墙

图 4.2-13　挡土墙类型图

（a）隔声屏障

（b）人行道

（c）桥梁护坡锥坡

图 4.2-14　其他桥梁附属设施

h）桥梁穿越情况及附挂管线：

桥梁被穿越类型包括铁路隧道、公路隧道、水底隧道、地下铁道、人行地道、引水隧道、尾水隧道、导流隧道、排沙隧道、给水隧道、污水隧道、管线隧道、线路隧道和其他类型等；附挂管线包括给水管、排水管、燃气管、热力管、电力缆、通信电缆和其他类型等。桥梁穿越情况及附挂管线应根据桥梁原设计资料及竣工资料和现场调查情况确认。

i）档案资料：

桥梁的档案资料包含竣工图资料、维修加固设计资料、城市桥梁日常巡检报表、城市桥梁资料卡、设施量年报表、定期检测报告、特殊检测报告、桥梁咨询报告等。

j）技术状况等级：

桥梁检查分为经常检查、定期检查和特殊检测。依据检查结果，桥梁技术状况等级评定分为一至五类。一类桥（A级）：技术状况处于完好或良好状态，仅需对桥梁进行保养维护。二类桥（B级）：技术状况处于良好或较好状态，仅需对桥梁进行小修或保养。三类桥（C级）：技术状况处于较差状态，个别重要构件有轻微缺损或分次要构件有较严重缺损，但桥梁尚能维持正常使用功能。四类桥（D级）：技术状况处于差的状态，部分重要构件有较严重缺损或部分次要构件有严重缺损，桥梁正常使用功能明显降低，桥梁承载能力降低但尚未直接危及桥梁安全。五类桥（E级）：技术状况处于危险状态，部分重要构件出现严重缺损，桥梁承载能力明显降低并直接危及桥梁安全。

桥梁技术状况等级的调查应根据桥梁最近的定期检查报告或特殊检查报告确定。

k）加固维修部位：

桥梁的加固维修部位按照桥面系及附属设施、上部结构、下部结构进行区分。桥梁的加固维修部位应根据桥梁加固设计资料和现场调查情况确认。

c. 承灾体隐患情况填写

桥梁承灾体隐患情况可通过咨询当地规划局、城管委等相关单位，查询桥梁原设计图或竣工图及现场调查等相关方法获取。桥梁承灾体隐患情况应包含桥区不良地质、桥梁是否存在滑坡及泥石流等灾害、是否有过强风后损伤、是否存在冲刷或冰凌、是否有超限车辆通行情况、是否经过抗倾覆评价、是否存在车船物撞击风险、桥梁最严重的耐久性环境作用、桥梁单项控制指标及桥梁典型照片等。

a）桥区不良地质：

桥区不良地质有大型节理、卸荷缝隙、岩溶、危岩体、崩塌体堆积、塌落体等。桥区不良地质应根据桥梁设计时的地质勘查报告及最近的桥区地质勘查报告确定。

b）最严重的耐久性环境作用：

耐久性环境包括碳化锈蚀环境、风沙磨蚀环境、严寒冻融环境、氯盐环境、化学侵蚀环境、盐类结晶环境等。

（3）桥梁普查的其他要求

① 人员要求

参与桥梁调查工作的所有人员，均需参加相关培训方能开展调查工作。调查过程中，调查人员应当坚持实事求是，恪守职业道德，拒绝、抵制调查工作中的违法行为。

桥梁的调查工作优先选择桥梁工程专业队伍完成，桥梁调查成果的核查工作应由结构专业技术队伍完成。

调查或审核机构及从业人员应真实、准确、完整地填报调查数据，不得伪造、篡改调查资料，不得以任何方式要求任何单位和个人提供虚假的资料。调查资料与成果，应按照国家有关规定保存，任何单位和个人不得对外提供、泄露，不得用于桥梁调查以外的目的。

在开展桥梁调查前，各级政府应组织实施建筑抗震设防基本信息调查业务培训，包括调查工作流程、调查表格的填写方法、相关数据的采集方法、桥梁使用状况的判别方法及调查工作相关重点要求等。基础数据调查和专业调查的培训工作应根据调查工作的进度，分阶段分别进行。

② 成果要求

数据成果：建立互联共享的覆盖国家、省、地市、县四级的桥梁各要素信息为一体，反映桥梁数量、属性与抗震设防情况空间分布的调查成果地理信息系统数据库。

图件成果：全国城市桥梁分布图。

文字成果：县级数据质量自检报告、市省级数据质量质检核查报告；桥梁调查工作报告、桥梁成果分析报告等。

③ 保障要求

各级政府在调查工作开始前，应向当地的桥梁养护管理部门、档案馆、产权单位等相关单位发出相应的通知配合基层调查工作；当出现沟通问题时应由当地普查办联系政府相关部门出面进行协调。

各级政府在桥梁调查工作大规模开展之前，应开展宣传工作，使辖区居民意识到桥梁调查工作的重要性和必要性，为后续基层调查工作组顺利开展调查做好准备工作。

为凸显调查工作的正规、严谨，建议建立统一的工作制式要求。可由各省级政府制定全省统一的工作制式要求，包括开展工作入户调查或请求相关部门配合时应提供的统一的调查人员工作证件。

3）供水设施调查的内容和指标

（1）供水设施抗震设防调查

由于供水设施的抗震设防调查是重要的组成部分，为了对供水设施的抗震设计有较全面的把握，本节将对地震及抗震有关知识进行简单介绍。供水设施的抗震设防调查包括：设防烈度调查、设防类别调查等。

① 地震、震级及地震烈度的基本知识

地震即地壳的震动，通常由地球内部变动引起。按产生的原因可分为火山地震、陷落地震、人工诱发地震和构造地震。按产生的深度可分为浅源地震（小于60公里）、中源地震（震源深度为60～300公里）和深源地震（震源深度大于300公里）。震源深度越小，地震对地面造成的破坏性越大。我国发生的地震绝大多数属于浅源地震（震源深度在10～20公里左右）。示意图如图4.2-15所示。

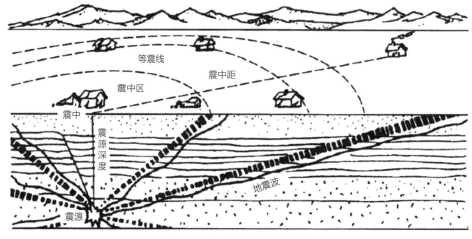

图4.2-15 地震名词示意图

地震发生时，会产生一系列的破坏作用：地裂缝的产生、喷沙冒水的产生、局部地面下沉的产生、滑坡和塌方的产生、建筑物的局部或整体的倒塌、结构构件的开裂变形、结构地基的不均匀沉降、房屋隔墙及装修的破坏、城市的次生灾害的产生（如水灾、火灾等）。

在所有地震中，对人类生活影响最大是构造地震，世界上90%以上的地震、几乎所有的破坏性地震属于构造地震。构造地震亦称"断层地震"，由地壳（或岩石圈，少数发生在地壳以下的岩石圈上地幔部位）发生断层而引起。地壳（或岩石圈）在构造运动中发生形变，当变形超出了岩石的承受能力，岩石就发生断裂，在构造运动中长期积累的能量迅速释放，造成岩石振动，从而形成地震。波及范围大，破坏性很大。唐山地震和汶川地震都是构造地震。

构造地震一般分为以下几种类型：

a. 孤立型地震：或称单发性地震。其显著特点是前震和余震都很少，且与主震震级相差很大。地震能量基本上通过主震一次性释放出来。

b. 主震—余震型地震：一个地震序列中，最大的地震特别突出，所释放的能量占全序列能量的90%以上。这个最大的地震叫主震，其他较小的地震中，发生在主震前的叫前震，发生在主震后的叫余震。

c. 双震型地震：一个地震活动序列中，90% 以上的能量主要由发生时间接近、地点接近、大小接近的两次地震释放。

d. 震群型地震：一个地震序列的主要能量是通过多次震级相近的地震释放的，没有突出的主震。震群型地震的特点是地震频度高，能量的释放有明显的起伏，衰减速度慢，活动的持续时间长。

地震的大小用震级表示，是衡量一次地震大小的等级；地震时某一地区震动的强烈程度用地震烈度来表示，一般来说离震中越远，受地震的影响就越小，烈度也就越低。对于一次地震的影响，随震中距的不同，可以划分为不同的烈度区。通常情况下，越靠近震中烈度越高，越远离震中烈度越小。越靠近震中受影响越大，越远离震中受影响越小。震中就像靶心 10 环，外边一点 9 环，再靠外 8 环。同样的地震，震中烈度可能是 9 度，往外 50 公里可能降低到 8 度，再往外 150 公里可能降低到 7 度。由于地形地质的不同，所以烈度的分布并不是一个完美的同心圆，只是大致上遵循着越靠近震中烈度越大的规律。例如，1976 年唐山大地震，震中唐山的烈度为 11 度，天津的烈度为 8 度，北京为 6 度，石家庄为 5 度。

震级和烈度是对同一地震的两个度量指标，震级用于衡量地震能量大小，烈度是具体确定不同区域地震的影响程度。一次地震只有一个震级，但可以对应不同区域的不同地震烈度，烈度才真正决定了地震对该区域建筑物造成的破坏程度。

地震烈度的规定详见国家标准《中国地震烈度表》GB/T 17742—2020，读者可以作为参考。

② 供水设施抗震设防基本知识

a. 设防目标

由于地震作用具有间接性，复杂性和随机性等特点，与恒荷载、活荷载等一般荷载不同，故经过抗震设计的房屋建筑，一般能够减轻地震的损坏和破坏，但尚不能完全避免损坏和破坏。根据《建筑抗震设计规范（附条文说明）（2016 年版）》GB 50011—2010 的规定，我国采用"三水准"的抗震设防目标，即"小震不坏，中震可修，大震不倒"。

小震：即多遇烈度地震。50 年超越概率 63.2%，重现期 50 年。

中震：即设防烈度地震，也称基本烈度地震，50 年超越概率 10%，重现期 475 年。

大震：即罕遇地震，50 年超越概率为 2%～3%，重现期为 1600～2400 年。根据地震活动规律，罕遇地震并不是一个地区可能遭受的最大地震作用，超出罕遇地震强度的地震作用仍然会发生。

"小震不坏"，即要求建筑结构在多遇地震作用下，一般应不受损坏或不需修理仍能继续使用。

"中震可修"，即要求建筑结构在设防地震作用下，建筑可能损坏，经一般修理或不需修理仍能继续使用。

"大震不倒"，即要求建筑结构在高于本地区设防烈度的罕遇地震（简称"大震"）作用下，建筑不致倒塌或发生危及生命的严重损坏。

衡量地震后房屋"不坏、可修、不倒"等破坏程度，应按《建筑震后应急评估和修复技术规程》JGJ/T 415—2017 "建筑地震破坏等级划分"的有关规定划分，如表 4.2-14 所示。

建筑地震破坏等级划分 表 4.2-14

名称	破坏描述	继续使用的可能性
基本完好（含完好）	承重构件完好；个别非承重构件轻微损坏；附属构件有不同程度破坏	一般不需修理即可继续使用
轻微损坏	个别承重构件轻微裂缝，个别非承重构件明显破坏；附属构件有不同程度破坏	不需修理或需稍加修理，仍可继续使用
中等破坏	多数承重构件轻微裂缝，部分明显裂缝；个别非承重构件严重破坏	需一般修理，采取安全措施后可适当使用
严重破坏	多数承重构件严重破坏或部分倒塌	应排险大修局部拆除
倒塌	多数承重构件倒塌	需拆除

注：个别是指 5% 以下，部分是指 30% 以下，多数是指超过 50%。

b. 抗震设防烈度

抗震设防烈度是指按国家规定的权限批准作为一个地区抗震设防依据的地震烈度。一般情况下，取 50 年内超越概率 10% 的地震烈度。抗震设防烈度是一个地区的设防依据，不能随意提高或降低。

抗震设防烈度是用于度量建筑对地震作用的抵抗能力。抗震设防烈度和地震烈度没有直接关系。设防烈度目前分为 6 度（0.05g）、7 度（0.10g）、7 度（0.15g）、8 度（0.20g）、8 度（0.30g）、9 度（0.40g）。

例如，可以统计一下历史上一定时期内的历次地震在北京地区的烈度分别是多少：1976 年唐山地震时北京烈度是 6 度，某某年某次地震时其烈度是 4 度，某某年某次地震时其烈度是 5 度……然后再利用统计学知识，根据既定的可靠度目标，如让设防烈度大于这些已经发生过的地震烈度的概率为 90%，继而确定该设防烈度值。即所有可能发生的地震里，能保证有 90% 的实际地震烈度都小于该地区的设防烈度。

一个地区的抗震设防烈度，一般可参照现行标准《中国地震动参数区划图》GB 18306—2015 或者《建筑抗震设计规范（附条文说明）（2016 年版）》GB 50011—2010 等取用。

随着社会经济和科技的发展，新资料以及重大灾害性地震事件的经验教训的积累，一个地区的抗震设防烈度可能会有所变化（提高或个别降低），故房屋建筑设计时所依据的抗震设防烈度和现行国家技术标准规定的抗震设防烈度可能不一致。如天津主要市辖区现行抗震设防烈度为 8 度（0.20g），而 2015 年之前的国家技术标准规定为 7 度（0.15g）。

实际调查时，如有建筑设计图纸，应记录图纸中标明的抗震设防烈度（一般此信息位于结构图纸说明中）；如果没有图纸，则应根据建设年代向当地住房和城乡建设部门进行咨询。

c. 抗震设防分类

供水设施是城镇生命线工程的重要组成部分，涉及生产用水、居民生活饮用水和震后抗震救灾用水。地震时首先要保证主要水源不能中断（取水构筑物、输水管道安全可靠）；水质净化处理厂能基本正常运行。要达到这一目标，需要对水处理系统的建（构）筑物、配水井、送水泵房、加氯间或氯库和作为运行中枢机构的控制室和水质化验室加强设防。对一些大城市，尚需考虑供水加压泵房。水质净化处理系统的主要建（构）筑物，包括反应沉淀池、滤站（滤池或有上部结构）、加药、贮存清水等设施。对贮存消毒用的氯库加强设防，是避免震后氯气泄漏，引发二次灾害。

城镇供水设施，应根据其使用功能、规模、修复难易程度和社会影响等划分抗震设防类别。其配套的供电建筑，应与主要建筑的抗震设防类别相同。

供水建筑工程中，20 万人口以上城镇、抗震设防烈度为 7 度及以上的县及县级市的主要取水设施和输水管线、水质净化处理厂的主要水处理建（构）筑物、配水井、送水泵房、中控室、化验室等，抗震设防类别应划为重点设防类。

为了实现"小震不坏，中震可修，大震不倒"的抗震设防目标，现行《建筑工程抗震设防分类标准》GB 50223—2008 规定了各抗震设防类别建筑的抗震设防标准。即

a）特殊设防类：应按高于本地区抗震设防烈度提高一度的要求加强其抗震措施；但抗震设防烈度为 9 度时应按比 9 度更高的要求采取抗震措施。同时，应按批准的地震安全性评价的结果且高于本地区抗震设防烈度的要求确定其地震作用。

　　b）重点设防类：应按高于本地区抗震设防烈度一度的要求加强其抗震措施；但抗震设防烈度为9度时应按比9度更高的要求采取抗震措施；地基基础的抗震措施，应符合有关规定。同时，应按本地区抗震设防烈度确定其地震作用。

　　c）标准设防类：应按本地区抗震设防烈度确定其抗震措施和地震作用，达到在遭遇高于当地抗震设防烈度的预估罕遇地震影响时不致倒塌或发生危及生命安全的严重破坏的抗震设防目标。

　　d）适度设防类：允许比本地区抗震设防烈度的要求适当降低其抗震措施，但抗震设防烈度为6度时不应降低。一般情况下，仍应按本地区抗震设防烈度确定其地震作用。

　　（2）供水设施普查的技术要求

　　① 调查背景

　　目的：供水设施调查的目的是摸清全国灾害风险隐患底数，查明重点区域抗灾能力，客观认识全国和各地区灾害综合风险水平，为国家和地方各级政府有效开展自然灾害防治和应急管理工作、切实保障社会经济可持续发展提供权威的灾害风险信息和科学决策依据。

　　调查范围和目标：城市供水设施普查范围为地级以上城市供水设施，包括这些城市的取水设施（含预处理设施）、输水管道、净水厂设施（含地下水配水厂）、加压泵站设施、调压站设施以及配水干管管网。配水管道普查工作中，各城市的供水企业可根据本单位供水规模、管网构成等实际情况并按普查主管部门的任务要求自行确定配水管道的普查范围。为了全面掌握城市配水管道的信息，纳入普查范围的配水管道总长度最好能达到配水管网总长度的70%，具体比例可根据主管部门任务要求进行调减。

　　供水设施调查最终目标是完成全国范围内供水设施底数调查，建立全国供水设施抗震设防基本信息数据库，按照统一标准，在全国范围内统筹利用现有市政基础设施等承灾体基础数据；全面掌握全国市政设施承灾体分布及灾害属性特征；建立互联共享的覆盖国家、省、地、县四级的市政设施要素信息为一体，反映承灾体数量、价值与设防水平空间分布的承灾体普查成果地理信息数据库。

　　调查任务及主要内容：供水设施调查的主要内容是按照住房和城乡建设部编制的《市政设施承灾体普查技术导则》开展工作，充分利用相关运营、管理及档案部门掌握并提供的信息及现场调查，按照住房和城乡建设部建立的"全国房屋建筑和市政设施调查系统"《供水设施—厂站普查信息采集表》及《供水设施—管线普查信息采集表》中所列内容进行内业、外业普查，获取城市供水设施的地理位置、类型、数量和设防情况等内容。

②指标要求

供水设施普查范围内的指标信息分为供水设施厂站和供水管道两类，包含取水设施（含预处理设施）、输水管道设施、净水厂设施（含地下水配水厂）、加压泵站设施、调压站设施以及配水干管管网。其中取水设施、净水厂设施、加压泵站设施及调压站设施归纳为厂站设施类，为《供水设施—厂站普查信息采集表》的主要调查内容；输水管道设施和配水干管管网归纳为管道设施，为《供水设施—管道普查信息采集表》的主要调查内容。

a.供水设施厂站设施

a）管理信息

ⓐ设施名称：以地方地名管理部门的命名批复为准。

ⓑ设施位置：所在位置区域名称、与相邻村镇或道路的方位关系。可咨询当地规划局、建设局、水务局、市政供水企业或查阅档案馆相关资料和图纸获取信息。

ⓒ政府主管部门：可咨询当地建设局、水务局、市政供水企业等。

ⓓ运维管理单位：可咨询当地建设局、水务局、市政供水企业等。

ⓔ建成年月：以竣工年月为准，可咨询当地建设局、水务局、市政供水企业等。

b）一般性能

此部分分为现场普查内容和设计资料普查内容。

（a）现场普查

ⓐ结构形式：（单选），机修间、加药间等无地下室的生产用房勾选地上式，半埋于地下的水池勾选半地下式，全埋于地下的水池勾选地下式。

ⓑ外观检查：（可多选），检查建（构）物外露部分是否存在钢筋外露、明显裂缝或其他不良的情况，若无以上情况可选"无明显异常"。此项为一般隐患项目。

ⓒ是否有明显沉降：（单选）检查建（构）筑物周围是否出现肉眼可见的建筑物沉降、倾斜等情况。此项为一般隐患项目。

ⓓ钢结构厂房：（可多选）若发现钢结构厂房构件出现扭曲及变形，主钢架及螺栓出现明显锈蚀状况，勾选对应选项。若无以上情况，可选"无明显异常"。此项为一般隐患项目。

ⓔ厂区周边存在的灾害隐患：（可多选）靠近山体的厂区存在山体滑坡、崩落隐患；靠近河道、低洼地带修建的厂区存在洪水冲刷隐患；修建于边坡上的厂区存

在边坡垮塌的隐患；若无以上隐患，可选"无明显异常"。此项为轻微隐患项目。

ⓕ 是否处于地质采空区：（单选）普查周边是否存在煤矿、铁矿、油井等可能导致地质采空区的安全隐患。如内业调查阶段在地勘报告中无对地质采空区的描述，且外业调查也无法明确了解周边情况，可选"无法查明"，并注明原因。此项为轻微隐患项目。

（b）设计资料普查

ⓐ 建（构）筑物占地面积及总高度：查阅设计文件（设计说明）。占地面积是指建筑物所占有或使用的土地水平投影面积。总高度为室外地坪至建（构）筑物结构顶的高度。对地下式构筑物，不必填写高度。

ⓑ 设计使用年限：（单选）查阅设计文件（设计说明）。普通房屋和构筑物设计使用年限为 50 年，标志性建筑和特别重要的建筑结构设计使用年限为 100 年。如设计文件中未注明或因年代久远无设计文件，可选"无法查明"，并注明原因。此项为一般隐患项目。

ⓒ 结构设计安全等级：（单选）查阅设计文件（设计说明）。破坏后果严重的工程结构安全等级为二级，破坏后果很严重的工程结构安全等级为一级，净水厂建、构筑物的设计安全等级不应低于二级。如设计文件中未注明或因年代久远无设计文件，可选"无法查明"，并注明原因。

ⓓ 抗震设防烈度：（单选）查阅设计文件（地勘文件、结构设计说明文件）。抗震设防烈度共分 6、7、8、9 四个等级。如设计文件中未注明或因年代久远无设计文件，可选"无法查明"，并注明原因。此项为严重隐患项目。

ⓔ 抗震设防类别：（单选）查阅设计文件（设计说明文件、地勘文件）。

ⓕ 抗震设防类别共分四类，对应关系为：特殊设防类——甲类；重点设防类——乙类；标准设防类——丙类；适度设防类——丁类。应注意其对应关系，例如：某工程设计文件说明中标明本工程为"标准设防类"，普查表中应勾选"丙类"。如设计文件中未注明或因年代久远无设计文件，可选"无法查明"，并注明原因。

ⓖ 是否处于地震断裂带：（单选）查阅设计文件（设计说明文件、地勘文件）。如设计文件中未注明或因年代久远无设计文件，可选"无法查明"，并注明原因。此项为轻微隐患项目。

ⓗ 设计风荷载：查阅设计文件（结构设计说明文件）。如设计文件中未注明或因年代久远无设计文件，可选"无法查明"，并注明原因。此项为一般隐患项目。

ⓘ 设计雪荷载：查阅设计文件（结构设计说明文件）。如设计文件中未注明或

因年代久远无设计文件，可选"无法查明"，并注明原因。对于勾选了钢结构选项的建筑物，此项为严重隐患项目。对于未勾选钢结构选项的建筑物，此项为一般隐患项目。

ⓙ 是否存在不良地质：（单选）查阅设计文件（地勘文件）。地勘文件中会对是否有不良地质进行描述，不良地质包括滑坡地区、崩塌地区、泥石流、溶洞地区、地震液化、湿陷性黄土等。如设计文件中未注明或因年代久远无设计文件，可选"无法查明"，并注明原因。此项为轻微隐患项目。

ⓚ 是否处于浅部砂层中：（单选）查阅设计文件（地勘文件、结构设计说明文件）。地勘文件或结构设计说明文件会对基础所在土层进行描述，可以查阅是否处于浅部砂层中。如设计文件中未注明或因年代久远无设计文件，可选"无法查明"，并注明原因。此项为轻微隐患项目。

c）技术指标

ⓐ 取水型式：通过查阅档案馆相关设计资料获取。水源为江河的勾选江河，水源为湖泊、水库的勾选湖库，水源为地下水的勾选地下。

ⓑ 防洪标准：通过查阅档案馆相关设计资料获取。水库取水构筑物防洪标准与大坝防洪标准一致勾选"是"，不一致勾选"否"。江河湖泊取水设施、净水厂设施、加压泵站防洪标准填写具体年数。水库取水构筑物防洪标准，低于大坝防洪标准，此项为严重隐患项目。

ⓒ 规模：单位为万立方米／日，可在现场咨询设施运维管理单位或查阅档案馆相关资料和图纸。

ⓓ 工艺流程：可在现场咨询设施运维管理单位或查阅档案馆相关资料和图纸，勾选表格中的工艺类型。

ⓔ 清水池有效容积：可咨询设施运维管理单位或查阅档案馆相关资料和图纸，填写清水池有效容积数据。

ⓕ 泵房规模：可咨询设施运维管理单位或查阅档案馆相关资料和图纸，填写泵房规模数值。

ⓖ 供电电源：可咨询设施运维管理单位或查阅档案馆相关资料和图纸，勾选供水设施的供电负荷以及有无备用发电机。

b. 供水管线设施

a）管理信息

ⓐ 政府主管部门：可咨询当地建设局、水务局、市政供水企业等。

ⓑ 运维管理单位：可咨询当地建设局、水务局、市政供水企业等。

b）一般性能

此部分分为现场普查内容和设计资料普查内容。

（a）现场普查

ⓐ 敷设方式：（单选）敷设方式分为直埋和明装，直接埋于地下的管线属于直埋管线，架空管线和地下管廊中的管线均属于明装管线。

ⓑ 明装管线外观检查：（可多选）明装管线应沿线进行外观检查，勾选相应选项即可。此项为一般隐患项目。

ⓒ 沿线灾害隐患：（可多选）管道沿线如有灾害隐患的，应相应勾选。此项为轻微隐患项目。

ⓓ 是否处于地质采空区：（单选）普查管道沿线是否存在煤矿、铁矿、油井等可能导致地质采空区的安全隐患。如内业调查阶段在地勘报告中无对地质采空区的描述，且外业调查也无法明确了解周边情况，可选"无法查明"，并注明原因。此项为轻微隐患项目。

（b）设计资料普查

ⓐ 结构设计使用年限：（单选）查阅设计文件（结构设计说明文件）。城镇给水排水设施中的主要构筑物的主体结构和地下干管，其结构设计使用年限不应低于50年。如设计文件中未注明或因年代久远无设计文件，可选"无法查明"，并注明原因。此项为一般隐患项目。

ⓑ 结构设计安全等级：（单选）破坏后果严重的工程结构安全等级为二级，破坏后果很严重的工程结构安全等级为一级，供水管线的设计安全等级不应低于二级。如设计文件中未注明或因年代久远无设计文件，可选"无法查明"，并注明原因。

ⓒ 抗震设防烈度：（单选）查阅设计文件（地勘文件、结构设计说明文件）。抗震设防烈度共分6、7、8、9四个等级。如设计文件中未注明或因年代久远无设计文件，可选"无法查明"，并注明原因。此项为严重隐患项目。

ⓓ 抗震设防类别：（单选）查阅设计文件（结构设计说明文件）。抗震设防类别共分四类，对应关系为：特殊设防类——甲类；重点设防类——乙类；标准设防类——丙类；适度设防类——丁类。查看设计文件说明时，应注意其对应关系，例如：某工程设计文件说明中标明本工程为"标准设防类"，普查表中应勾选"丙类"。如设计文件中未注明或因年代久远无设计文件，可选"无法查明"，并注明原因。

ⓔ 是否处于地震断裂带：（单选）查阅设计文件（设计说明文件、地勘文件）。

如设计文件中未注明或因年代久远无设计文件，可选"无法查明"，并注明原因。此项为轻微隐患项目。

ⓕ 是否存在不良地质：（单选）查阅设计文件（地勘文件）。地勘文件中会对是否有不良地质进行描述，不良地质包括滑坡地区、崩塌地区、泥石流、溶洞地区、地震液化、湿陷性黄土等。如设计文件中未注明或因年代久远无设计文件，可选"无法查明"，并注明原因。此项为轻微隐患项目。

ⓖ 是否处于浅部砂层中：（单选）查阅设计文件（地勘文件、结构设计说明文件）。地勘文件或结构设计说明文件会对管道基础所在土层进行描述，可以查阅是否处于浅部砂层中。如设计文件中未注明或因年代久远无设计文件，可选"无法查明"，并注明原因。此项为轻微隐患项目。

c）技术指标

ⓐ 管线位置：所在路段名称／与相邻村镇或道路的方位关系，可咨询运维管理单位或查阅档案馆相关设计图纸或竣工图纸。

ⓑ 管线长度：可查阅档案馆相关设计图纸或竣工图纸。

ⓒ 管线根数：填写输水管线根数，可查阅档案馆相关设计图纸或竣工图纸。

ⓓ 管线管龄：填写管线使用年数，可查阅档案馆相关竣工资料。

ⓔ 管径（DN）／断面尺寸（长 × 宽）（毫米）：断面为圆形的管道以管道公称直径表示；断面为矩形的管道以长 × 宽表示。单位均为毫米，具体数值可查阅档案馆相关设计图纸或竣工图纸。

ⓕ 管材：输配水管道主干管管材，可咨询设施运维管理单位或查阅档案馆相关设计图纸或竣工图纸，从而勾选内容。

（3）供水设施普查的其他要求

① 人员要求

普查工作依托街道、乡镇、社区、行政村和基层组织人员进行的，要加强对信息采集人员的培训，确保第一手数据的质量。有条件的地区将调查工作以政府购买服务的方式委托第三方机构进行的，要加强对第三方机构专业能力的审查，优先选用具有专业能力的机构，确保由专业技术队伍承担专业工作。

普查工作调查数据质量的审核应由专业技术队伍实施。

调查及数据质量审核机构和从业人员应真实、准确、完整地填报或审核调查数据，不得伪造、篡改调查资料，不得以任何方式要求任何单位和个人提供虚假的资料。调查资料与成果，应按照国家有关规定保存，任何单位和个人不得对外提供、泄露，不得用于全国灾害综合风险普查以外的目的。

②成果要求

普查数据应保证真实、准确、完整，并按照国家有关规定予以保密。

文字成果：县级数据质量自检报告、市省级数据质量质检核查报告；供水设施调查工作报告等。

③保障要求

各级政府相关部门在普查工作开始前，应向当地的市政设施管理部门、档案馆、产权单位等相关单位发出相应的通知配合基层普查工作；当出现沟通问题时应由当地政府相关部门出面进行协调。

各级政府在市政设施普查工作大规模开展之前，应开展宣传工作，使相关管理人员意识到市政设施普查工作的重要性和必要性，为后续基层普查工作组顺利开展做好准备工作。

为凸显普查工作的正规、严谨，建议建立统一的工作制式要求。可由各省级政府相关部门制定全省统一的工作制式要求，包括开展工作现场普查或请求相关部门配合时应提供的统一的普查人员工作证件。

4.3 调查技术路线

第一次全国自然灾害综合风险普查步骤包含前期组织、数据收集与处理、外业实地调查、内业数据汇总、成果质检核查等方面，主要采用内外业一体化技术开展房屋建筑承灾体调查。共享利用承灾体管理部门已有调查、调查数据库和业务数据资料，按风险普查对承灾体数据的要求进行统计、整理入库。采取遥感影像识别、无人机航拍数据提取等技术手段获取房屋建筑等承灾体的分布、轮廓特征信息，通过互联网数据抓取、现场调查与复核等多样技术手段，结合数据调查 APP 移动终端采集承灾体数量、价值、设防水平等灾害属性信息，并采用分层级抽样、详查、人工复核等手段，保证数据质量。运用 GIS 空间技术，评估并生成承灾体数量、价值空间分布图。

综合运用地理信息、遥感、互联网＋、云计算、大数据等先进技术开展调查基础空间信息制备。通过地理信息、遥感等技术手段，实现对专题要素、调查成果等空间信息的采集、处理、分析、存储与管理。

以高分辨率卫星影像为底图，结合房屋建筑底图数据，加载到调查软件系统中

（包含 PC 端和移动 APP 端），形成调查工作基础数据，利用调查软件进行房屋建筑空间信息的核实修改和补充，填报所调查房屋建筑的属性信息，形成符合房屋建筑调查技术规定的调查成果。

调查具体流程如图 4.3-1 所示：

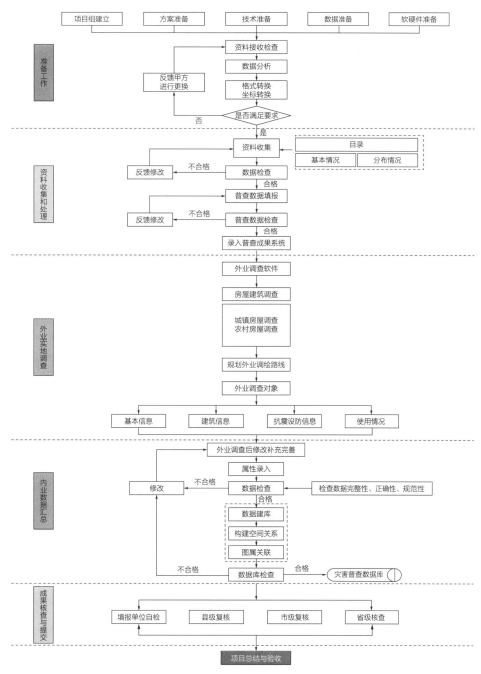

图 4.3-1　整体技术路线图

4.3.1 准备工作

前期准备是工作开展的基础，做好人员、方案、技术、数据、设备等全方位的准备工作，为调查工作的顺利开展提供保障。相关准备工作流程如图4.3-2所示：

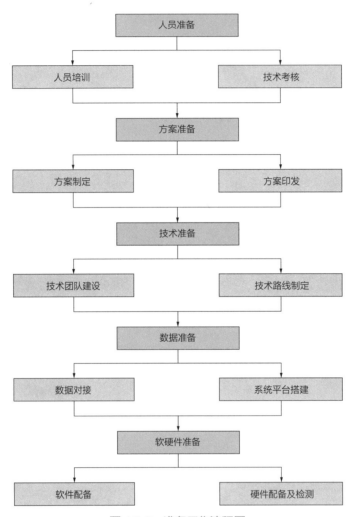

图4.3-2 准备工作流程图

（1）人员准备

按照《第一次全国自然灾害综合风险普查房屋建筑和市政设施调查实施方案》要求，全国各县（区）级人民政府根据实际情况组建调查队伍，部分地区依托乡镇人民政府（街道办事处）、村（居）民委员会等基层组织开展调查，也就是民众参与调查。有条件的地区将有关工作以政府购买服务的方式委托第三方机构进行，即技术服务公司实施调查。

（2）方案准备

实施方案是从目标要求、工作内容、方式方法及工作步骤等方面对工作做出全面、具体而又明确安排的计划类文书，是工作顺利实施的重要保障和依据。各省、市、县（区）依据住房和城乡建设部下发的《第一次全国自然灾害综合风险普查房屋建筑和市政设施调查实施方案》，结合地方实际情况，制定各层级房屋建筑调查实施方案，指导辖区房屋建筑调查工作的开展。

省、市级房屋建筑调查实施方案中需制定工作任务、工作范围、工作分工、工作节点要求、调查内容、调查成果、保障措施等内容；区（县）级房屋建筑调查实施方案中需包含工作任务、工作范围、宣传培训、组织实施、质检核查、成果汇交等内容。各层级结合地方实际增减细化。

（3）技术准备

房屋建筑调查技术方面主要包括技术标准和信息技术。要求准备工作即是通过一定的活动或方法，实现技术标准和信息技术的熟练掌握及应用，为调查工作的实施提供技术保障。

（4）数据准备

根据调查实施工作的需求，做好数据的对接、梳理和准备，为调查工作开展提供数据基础。

（5）软硬件准备

软硬件设备是完成任务的工具，工欲善其事，必先利其器，便捷高效的软硬件设备，同样是房屋建筑调查工作顺利开展的保障。各调查实施单位列明清单，按单采购与准备，并且对设备进行必要的检测验证，符合标准后方可投入使用。

① 软件设备

根据工作要求和调查中的实际需求，配备的软件设备包括但不限于下列几种：全国房屋建筑和市政设施调查系统电脑端和移动端；全国房屋建筑和市政设施调查质量检查软件；个别地区采用的自主开发采集系统。除了以上调查必需的软件外，还应准备相关的辅助工作软件，以便更高效地完成调查工作。比如：Office 办公软件，可辅助完成文字报告撰写、课件录制与培训授课、工作计划的制定以及任务量统计与分发等。另外，根据收集整理的已有资料类型和格式，只有安装相关软件，才能实现数据的查看与利用。如：DWG 格式文件要求安装 CAD 制图软件，SHP 格式文件要求安装 GIS 软件，JPG 格式文件要求安装图片查看器软件。总之，根据工作需要，及时做好软件的更新与安装，并做好保密处理，如表 4.3-1 所示。

软件设备投入表 表 4.3-1

序号	软件名称	软件用途
1	全国房屋建筑和市政设施调查系统（Web 端）	基础底图数据应用、调查数据录入、修改、审核、汇交
2	全国房屋建筑和市政设施调查系统（APP 端）	外业数据采集
3	全国房屋建筑和市政设施调查质量检查软件	调查成果质检
4	Office 办公软件	文档编制、计划制定、技术培训等
5	GIS 信息系统软件	资料查看与利用
6	图片查看器	照片、图件资料查看与利用

② 硬件设备

根据工作要求和调查中的实际需求，配备的硬件设备按照使用场所划分包括但不局限于下列设备：

办公室设备：包括上网电脑、打印机、扫描仪、投影仪等。上网电脑用于全国房屋建筑和市政设施调查系统电脑端的安装和使用，电脑端对网络环境的要求是政务外网。

外业调查设备：包括工作证件、手机（可上网且有拍照功能）、测距仪、尺子、便笺纸、签字笔、自拍杆、充电宝、手电筒、车辆等，如表 4.3-2 所示。

硬件设备投入表 表 4.3-2

序号	设备分类	设备名称	设备用途
1	办公室设备	上网电脑	全国房屋建筑和市政设施调查系统电脑端的安装和使用
2		打印机	文档资料打印
3		扫描仪	文档资料扫描
4		投影仪	会议召开
5	外业现场设备	手机	全国房屋建筑和市政设施调查系统移动端安装及使用
6		工作证	调查员身份证明
7		测距仪	高度、面积测量
8		尺子	高度、面积测量
9		便签纸	问题记录
10		签字笔	问题记录
11		自拍杆	辅助拍照
12		充电宝	备用电源
13		手电筒	照明
14		车辆	人员接送

4.3.2　数据收集与处理

根据数据准备阶段系统平台的搭建，完成国家下发数据的接收。同时，通过辖区行业部门的资料梳理工作，为数据的收集和处理建立了良好的基础。数据收集处理流程如图 4.3-3 所示。

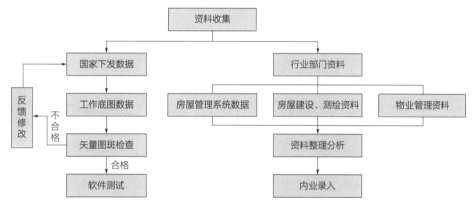

图 4.3-3　数据收集处理流程图

（1）国家下发数据

国家下发的底图数据主要包括：卫星遥感影像图、县（区）级行政区划界线、乡镇（街道）行政区划界线、房屋建筑矢量图斑等。数据准备阶段，完成调查软件的安装和调试后，即实现了国家底图数据的接收。第三方调查机构协助县（区）级住房和城乡建设主管部门，对底图数据内容进行核实检查。国家下发底图数据如图 4.3-4 所示。

图 4.3-4　国家下发底图数据

（2）行业部门数据

数据准备阶段行业部门资料收集后，县（区）委托的第三方调查机构，要对资料进行分类、整理和分析。没有委托第三方调查机构的县（区），本阶段工作由县（区）住房和城乡建设主管部门组织辖区行业部门协助完成。

按照房屋建筑调查的规范要求，由于土地性质和房屋类别的不同，采集的指标项存在差异。比如：同一指标项不同资料存在数据差异、需要根据资料计算获取数据、数据单位换算、空间位置等问题。整理好可利用的数据，依托房屋建筑数据采集系统电脑端逐项进行内业录入。内业录入的所有数据，都需进行外业复核或补充。所以，内业录入完成后，仅保存不提交，这样图斑调查状态变成调查中，颜色变成红色，便于外业复核时能迅速定位查找。收集资料类型、途径以及利用情况，总结包括但不限于以下情况：

① 通过房屋建筑所在地房产交易系统，获取住宅基本信息，建立调查区域的住宅名录，如图 4.3-5 所示。

图 4.3-5　房屋交易管理系统

② 通过房屋建筑所在地既有房屋安全管理系统，获取房屋改造、抗震加固等相关信息。

③ 通过房屋建筑所在地城建档案馆或原建造五方（建造、设计、勘察、施工、监理）单位获得房屋建筑的竣工图纸，在房屋建筑、结构设计说明中获取房屋的建筑面积、高度、层数、结构类型等相关信息，如图 4.3-6 所示。

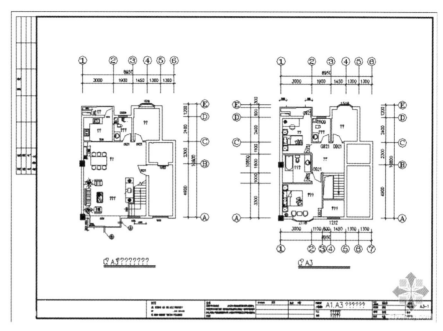

图 4.3-6　竣工图

④ 通过房屋建筑所属产权单位或物业管理单位，获得房屋的基本情况。

⑤ 通过地方国土和测绘部门获取地籍、地形测绘数据获取房屋建筑相关信息。

4.3.3　外业实地调查

房屋建筑调查包括城镇房屋建筑与农村房屋建筑的调查。原则上依据所在土地的权属性质。国有土地上的房屋建筑填写城镇房屋建筑表格，集体土地上的房屋建筑填写农村房屋建筑表格。已经征收为国有土地但地上附着的房屋建筑仍为征收前自建的，填写城镇房屋建筑表格。城镇房屋包括城镇国有土地上所有现存的住宅类及其非住宅类建筑。农村房屋包括农村集体用地范围内的农村住宅房屋、农村非住宅房屋。

从调查内容上，城镇房屋与农村房屋分别包含不同的房屋类别，每一类别设置有不同的调查表格，并且调查表格的内容和填写要求各不相同；从调查对象分布特征上，城镇房屋相对集中，农村房屋较为分散；从行政管辖上，城镇房屋隶属街道或乡镇，农村房屋隶属乡镇。综合上述区别，城镇房屋和农村房屋在调查中要采用不同的工作方法，但是它们的调查的工作流程基本一致。

主要调查流程包含沟通对接、摸底调查、调查计划制定、任务分工、路线规划、入户准备与沟通、底图核实、开展调查共计八大步骤。

1）具体工作步骤如下：

（1）沟通对接

根据县（区）住房和城乡建设主管部门提供的乡镇专班联络人名单，对接沟通相关房屋建筑调查事项，内容包括但不限于以下几点：

一是调查单位项目负责人与各乡镇进行前期对接，主要包括房屋建筑调查工作流程、摸底调查开展时间、乡镇及行政村配合事项等。

二是通过摸底调查，制定调查工作计划后，调查单位项目负责人与县（区）住房和城乡建设主管部门及各乡镇进行对接沟通，就工作计划的可行性进行讨论、修改及完善。

三是收集乡镇下辖各行政村联络人、网格员、带路人名单及电话，这里的带路人是指带领调查人员入户的当地干部或居民。

四是与行政村（社区）负责人沟通计划开展、宣传、具体配合内容等情况，还要与带路人提前沟通入户须知事项。

五是调查单位在外业调查阶段遇到协调配合困难情况，及时与所属乡镇以及县（区）住房和城乡建设主管部门反馈，协调解决问题，保障调查工作顺利开展，如图 4.3-7 所示。

图 4.3-7　现场会议沟通对接图

（2）摸底调查

摸底调查是为了制定切实可行的工作计划以及合理地规划调查路线提供依据。通过收集的各行政村联络人名单，对接各村，采用资料收集、底图指认、汇总统计的方式开展摸底工作。

资料收集，个别地区农村实现了网格化管理，通过收集网格化管理平面图或查询网格化管理信息平台，获取村级管理范围及农村房屋的大致分布情况。还可以协调乡镇城建或规划部门，收集已有的地籍图、规划图等图件，获取用地性质信息、农村房屋分布情况等，如图 4.3-8 所示。

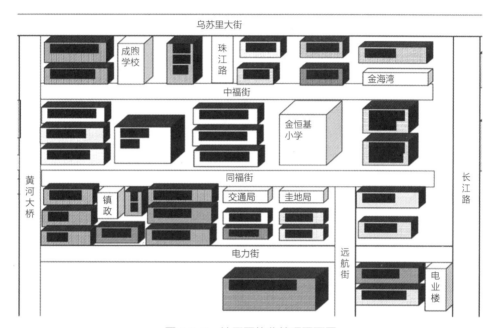

图 4.3-8　社区网格化管理平面图

底图指认，通过房屋建筑数据采集软件电脑端，由行政村调查工作负责同志配合调查人员进行农村房屋位置及范围的指认，调查人员根据指认结果做好记录工作。

汇总统计，根据收集的资料和底图指认情况进行汇总，统计出区域内的房屋建筑底数，并划定其分布范围。

（3）调查计划制定

根据区域内房屋建筑的数量及分布情况，综合试点期间房屋建筑调查的工作效率情况制定切实可行的调查实施计划。计划制定中应综合考虑不同类别的房屋建筑实地情况，存在的调查内容及流程上的差异，以及房屋的分布情况和交通条件。实施计划包括但不限于以下内容，如表 4.3-3 所示：

工作区：以乡镇为单位划分工作区。

工作内容：各工作区的房屋预估数量，工作底图上统计汇总。

工作计划表   表 4.3-3

工作区	调查人员				开始时间	完成时间	技术负责人	质量负责人	管理人员
	总数（人）	分组（加粗为组长）	任务分区	任务量（栋）					
××街道（乡镇）	8	1组（张××、李××）	东至五一巷；南至饮马河；西至星光大街；北至春华路	200栋	××年××月××日	××年××月××日	李××	张××	刘××
		2组（王××、徐××）	东至星光大街；南至饮马河；西至干渠；北至春华路	240栋	××年××月××日	××年××月××日			
		3组			××年××月××日	××年××月××日	张××	王××	
		4组			××年××月××日	××年××月××日			

调查人员：通过试点调查，统计房屋调查日人均工作效率，根据各工作区总量，计划各工作区投入人员总数，2～3 人为一个调查小组。

工作区管理、技术负责人：综合工作区情况、调查人员数量，合理配备管理人员和技术负责人员的数量。

开始时间与完成时间：在国家、省、市、县各级总体工期要求的基础上，根据人员效率、各工作区的房屋数量、投入执行人员数量等情况，结合掌握的各乡镇、行政村（社区）工作配合情况，以及交通条件等。计划各工作区的开始与完成时间。

（4）任务分工

区域各工作区人员数量确定后，综合考虑工作区的难易程度和人员的业务能力，调查单位进行人员调配和任务分工。严格按照"谁调查，谁负责"的原则开展工作。

管理人员：主要任务是做好责任工作区的外部协调对接、技术负责和执行人员的管理、整体进度把控等工作。

技术负责人：主要任务是责任工作区内巡查和指导，为执行人员解惑答疑；及时发现工作执行中遇到各种问题并统计上报项目负责人，提出合理的解决方法与思路。并做好过程成果检查和培训。

调查人员：主要任务是按期完成责任工作区的房屋建筑调查工作，并做好数据自检。

（5）路线规划

主要指调查单位驻地到各工作区的路线规划，以及工作区内各调查小组的调查路线规划。目的是节省交通时间、避免区域重叠、有效地提供工作效率。

驻地至工作区：调查单位根据实际情况，可按照责任区域分布就近设立多个驻地。综合考虑路况、距离、通行状况（单行道、时段限行）等情况，制定进出路线。

调查路线：调查路线规划就是工作区内各调查组的任务分区。根据工作区内分组情况，按照自然村（社区）进行分区，或参照道路、河沟、坑塘等地物分区。分区时统筹好任务量和人员情况，做到相对均衡划分。

（6）入户准备与沟通

各工作区根据工作计划开始时间，工作区管理人员提前1～2天与各村（社区）联络人沟通，要求村委会通过广播、电话、微信、上门等方式，通知辖区村民（居民）调查期间家中留人，配合做好调查工作。同时与联络人员就调查分组情况提前沟通，由村（社区）内协调相应的带路人员。还要约定好调查当天汇合地点、时间。各工作区调查人员做好软硬件准备、测试工作。

调查当天，与村民（居民）交流时做到清楚表达、礼貌有节。调查人员佩戴好工作证或携带红头文件，由村委会（居委会）协调的带路人带领入户。入户后，调查员首先进行自我介绍，简要说明工作内容以及需要对方配合事项。

（7）底图核实

首先利用房屋建筑数据采集系统移动端定位功能，判定实地调查房屋在工作底图上的位置，根据实地房屋位置、形状、与周边相邻房屋的关系等情况，做出工作底图图斑是否修改的判断，存在以下几种情况，图斑需进行相应新增、修改工作。图斑修改要求是不准删除底图图斑，在原图斑的基础上进行移动、分割、合并等修改操作。

图斑位移，矢量图斑严重偏离房屋空间位置，甚至出现与相邻房屋重叠或较大缝隙等情况。对调查房屋图斑进行位置调整，保证房屋空间位置的准确性。

图斑形状与实地不符，调查房屋图斑空间位置正确，但矢量图斑的形状与房屋现状出现较大差异，如长短边不符、折角多余或取直错误等，依据调查房屋实际形状对图斑进行修改编辑，如图4.3-9所示。

图斑综合错误，对比调查房屋，符合《农村房屋建筑调查技术导则》和《城镇房屋建筑调查技术导则》要求应分开独立调查的房屋建筑，参照房屋边界对综合图斑进行分割处理。

图 4.3-9 图斑形状不符

图斑分割错误，询问、观察调查房屋与相邻房屋的结构关系，符合技术导则要求应作为同一调查单元房屋建筑，如结构相连、承重墙体共用等情况，进行矢量图斑的合并处理，合并图斑时处理好拓扑关系。

图斑丢漏，核实工作底图与调查房屋，发现底图未采集矢量图斑，根据房屋现状，手动添加矢量轮廓。因农村辅助房屋按照技术导则要求不详查，所以农村辅助房屋丢漏，可不用新增。

（8）开展调查

房屋建筑的空间位置和范围确定后，开展入户各类指标项的调查工作。具体的外业实地调查流程如图 4.3-10 所示：

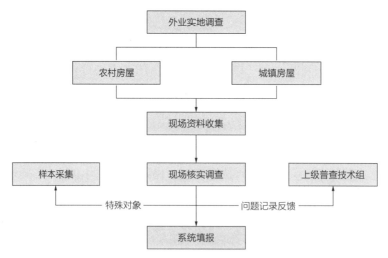

图 4.3-10 外业实地调查流程

外业实地调查是获取房屋建筑属性信息的主要途径，通过内业对收集资料的整理、分析和录入，部分房屋建筑已有数据，将该部分房屋的待补充项做好统计，现场进行核对和补充。对于调查区域内未收集到相关资料的房屋建筑，现场补收资料、采集信息。主要内容如下：

① 现场资料收集

在行业资料收集阶段，部分资料调查对象单位或个人掌握，如单位的设计图、施工图、竣工图、个人的房屋鉴定报告、设计图纸、施工合同、营业执照等。在外业调查工作中，争取获得这部分资料，这不仅是调查成果的有力佐证，还能提高外业调查的工作效率。

② 现场核实调查

调查人员实地逐个对调查对象展开核实调查，依据房屋建筑调查技术规范要求，首先核实房屋的土地性质，做出城镇和农村房屋的判断。然后根据房屋类别进行房屋建筑归类，选择对应的调查表格。最后依托房屋建筑数据采集系统移动端对房屋建筑的基本信息、建筑信息、抗灾设防情况、使用情况等采取问询、观察、专业判别、测量等方式完成信息获取、核实、填报等工作。另外，对于房屋建筑外观、变形损伤、抗震构造等情况完成现场拍照举证。如图 4.3-11 所示。

图 4.3-11　村民带路协调入户

③ 现场问题记录

房屋建筑受地理环境、经济条件等因素的影响，存在建筑材料多样、建筑形式各异、建筑用途混合等情况，给调查工作中具体指标的判断带来困难。再有房屋建筑数据采集系统移动 APP 端在房屋图斑修改编辑条件受限等问题，调查人员做好问题记录，以备问题讨论、反馈及内业补充完善。问题记录要求：一是准确记录房屋图斑号，以便后期修改；二是详细描述问题，提出解决需求；三是房屋照片，多方位拍照，反映房屋整体概况。

④ 特殊样本采集

随着社会经济的发展，建筑材料和技术也在不断更新，科技含量逐步提高。新型材料建造的房屋建筑与传统房屋相比，房屋建筑属性的定性会更加困难。外业调查中遇到此类房屋，应以样本的要求采集信息，内业制作样本，以供辖区调查参考。

2）调查注意事项

（1）网络情况获取：在与村组协调对接阶段，针对偏远的山区村庄，提前获得当地的手机信号情况，根据移动、联通、电信在当地信号的强弱，调整并准备好相应手机卡，避免因信号问题影响采集软件使用，降低工作效率。针对无信号覆盖的偏远山区或房屋密集区域，提前下载离线数据包，为工作顺利开展做好充分的准备工作。

（2）资料优先采用：部分资料因行业部门未掌握未完成收集，现场调查时收集的资料，经复核误差在允许范围内的优先采用资料完成调查填报，特别是规模较大的非住宅类房屋建筑。比如高层房屋，实际每层进行高度和面积测量不现实，调查中往往采用的是量取一层的数值进行层数累加计算，但误差同时也在累积。所以容易造成调查数值超限。另外已有的建筑材料，建筑面积的计算都是严格按照建筑面积规范要求完成了，特别是附属建筑物，如通廊、门廊、室外楼梯、落地阳台等，实地调查时往往会遗漏此类附属的面积计算。

（3）调查轨迹定位：现场调查要求遵循"走到、看到、问到、拍到"的原则开展，不允许为省时图快，集中问询、统一拍照；更不允许建筑外观类似房屋一照多用。为了监督调查人员现场到达情况，利用手机轨迹定位小程序，记录调查轨迹，当天收工后提交给专人检查。方向异常情况，调查员说明原因。通过上述方法能准确把握调查入户率，保证了采集数据的真实性。

4.3.4 内业数据汇总及完善

外业实地调查完成后，根据外业调查成果以及反馈的问题，内业进行数据整理与核实，并做好问题讨论及反馈，完成特殊样本制作和下发。同时根据外业收集的材料完成核对后的属性赋值工作。该阶段工作由调查单位内业技术人员完成。

1）内业数据汇总流程，如图 4.3-12 所示：

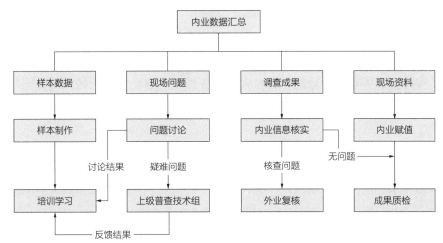

图 4.3-12 内业数据汇总流程图

（1）信息核实

依托房屋建筑数据采集系统电脑端，根据外业调查核实的情况、实地照片等数据，逐图斑对外业信息进行线上核实，并完成修改工作。

（2）属性赋值

根据外业收集的资料，对外业仅完成必要信息采集，未完成资料信息填报的进行整理分析，参考外业记录情况开展属性录入工作。另外，检查外业调查成果，发现指标缺项的，内业具备条件的进行补充完善，需要补充调查的，做好反馈工作。

（3）问题讨论与反馈

针对外业记录的编辑问题，内业利用房屋建筑数据采集系统电脑端完成图斑编辑工作；属性判定问题，首先查阅房屋建筑调查相关技术规范，仍无法解决的，调查单位技术负责人组织召开技术讨论会，讨论结果随问题一起上报市（区县）级住房和城乡建设主管部门技术专家组，并跟踪进展，市（区县）级技术组反馈意见后区域内召开专题培训并执行。

（4）样本制作

根据外业采集的特殊房屋信息，房屋判定信息与市级技术专家组沟通定性后，内业完成样本制作，下发区域内调查组参照实施调查。

2）内业注意事项：

（1）采集人信息记录：外业调查成果提交后，内业进行汇总整理，在整理过程中会存在数据修改，由于房屋建筑采集软件不具备原始采集人信息记录功能，修改后的数据采集人会变更为修改人信息。所以修改前要记录该图斑的原始采集人信息。在后期的各级质检核查中带领入户或该图斑有疑问等情况,可第一时间找到原始采集人,因为他对现场情况比较了解,入户也较为容易。

(2)分类修改:内业修改时,要对调查账号统一管理。首先汇总整理出需改动问题,按照内、外业进行分类,各自完成任务修改。避免同一问题内外业同时修改造成数据混乱。

4.3.5 成果自检及提交

根据《第一次全国自然灾害综合风险普查房屋建筑和市政设施调查实施方案》《第一次全国自然灾害综合风险普查房屋建筑调查数据成果质检核查指南》等技术指标要求,在国务院普查办统一领导下,住房和城乡建设部统筹协调房屋建筑和市政设施调查全过程数据质量控制的有关工作。地方各级住房和城乡建设主管部门在本级普查办的领导下,实施对房屋建筑和市政设施调查数据质量的管控和审核。房屋建筑调查实行严格的质量控制制度,建立健全的调查数据质量追溯和问责机制,确保调查数据的可核查、可追溯、可问责。

按照"边调查、边质检"的原则开展质检工作,各地组织调查单位通过软件和人工结合的方式对调查成果进行完整性、一致性、规范性、准确性的检查工作。质检核查可分为过程控制、数据质检、县(区)市省三级核查等三个阶段。成果质检核查流程如图 4.3-13 所示。

1)过程质量控制

通过质量管理体系对人、法、环等环节全面控制,提高对调查工作过程中的质量检查。"人"主要指决策者、管理者的质量观念,调查人员的理论、实操水平。"法"主要指调查实施方案合理性、可执行性,调查人员是否正确实施、严格遵守操作规程使用专业设备。"环"主要指气象条件,高温、大风、暴雨、暴雪、严寒等都直接影响调查质量和进度,也应纳入质量检查考虑范围。针对以上因素,各地市、县(区)把握过程节点,开展针对性的质量检查,实现纠偏控制。

调查完成后,调查单位应对数据成果进行自检核查;一是通过调查员自检、互检的方式逐图斑进行内业质量检查;二是外业抽样核查,对内业质检中存疑的、典型的、易错易混房屋进行一定比例的抽样实地核查,主要检查数据的真实性和准确性。自检问题修改完善确认无误后,编制自检报告,上报县(区)级住房和城乡建设主管部门,等待县(区)级核查单位进行核查。

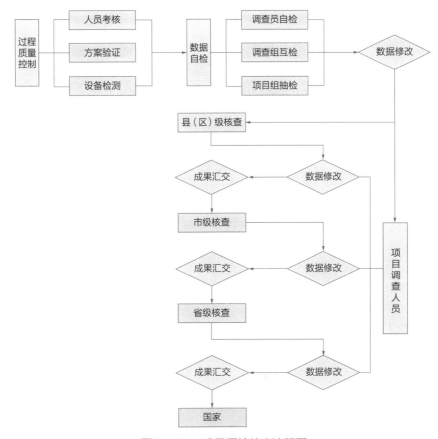

图 4.3-13　成果质检核查流程图

2）调查成果质检方法

质检方法主要分为内业质检与外业质检。内业质检以软件质检为主，人工质检为辅，即通过软件系统的质检功能以及人工目视对调查的各项数据指标进行质检核查；外业质检通过人工质检方式完成，即出现场对调查的各项数据指标进行检查。

（1）内业质检

以乡、镇（街道）为任务区的调查完成率达到 85% 时才能生成质检任务包，依托"全国房屋建筑和市政设施调查质量检查软件"实现软件质检。为了控制调查数据质量，预防区域错误发生，任务区调查中采用自检、互检、专检、检验等方法介入人工质检。

① 人工质检措施

由于承灾体调查工作量较大，按照不同任务区同时作业，为了避免对环境条件与灾害认识存在较大的偏差，边调查边自检；每个任务区分配有不同的技术负责人，避免因负责人技术要求不同而造成错误，每周任务区之间开展互检；对自检与互检完成的任务，质检组进行专检，对检查发现问题，及时纠正解决，并形成检验结论。

自检：调查员对每个调查对象进行逐一的检查；针对检查结果进行记录并手动修改。

互检：不同任务区调查成员之间互相目视检查调查成果；检查结果记录并反馈作业组修改完善。互检比例100%。

专检：项目组成立"质检组"对调查成果进行跟踪式检查，内业质检组对经过自检、互检的调查成果进行线上检查。专检结果记录并反馈作业组修改完善。专检比例100%。

检验：按照核查标准要求对任务区成果进行质量检验，参照质量评定规范，记录统计检验结果，低于质量要求的由作业组进行整改，质量较差要求重新调查。成果修改后，重新做质量检验，直至质量符合要求。

通过以上措施，内业能判定的错误准确记录，内业不能准确判定的，作为存疑数据，需通过外业核查的方式完成质检。

② 人工质检方法

内业质检方法是通过人工目视或软件系统的功能或模块对调查的各项数据指标进行质检核查，主要质检方法有：逐图斑检查、逻辑性筛查、突出问题专检、重点区域检查等。

逐图斑检查：通过查看指标项的填报内容、比对现场照片、核对收集资料等方式对调查对象的基本信息、建筑信息、抗震设防情况以及使用情况的正确性进行判定。

逻辑性（条件约束）筛查：根据房屋建筑调查的导则要求，以及各指标项之间的逻辑关系，依托房屋建筑信息采集软件电脑端进行约束筛查。针对筛查出的对象反馈调查组进行核实修改。约束规则如下：

一是城镇房屋约束建筑高度范围0～2.2米，分类筛选住宅和非住宅房屋，并逐层约束建筑层数，筛选建筑高度小于平均单层2.5米大于平均单层3米的房屋建筑；

二是约束建筑层数7层及以上，分类筛选结构类型为砖石结构或砌体结构的房屋建筑；

三是农村房屋约束专业设计为"是"，筛选抗震构造措施选"是"的房屋建筑；

四是非住宅房屋约束建筑用途为中小学幼儿园、医疗、养老等重点设防类，筛选专业设计选择"否"的房屋建筑；

五是农村房屋约束建造方式为"有资质的施工队伍建造"，筛选专业设计选择"否"的房屋建筑，以及约束建造方式为"自行建造"，筛选专业设计选择"是"

的房屋建筑；

六是城镇或农村房屋分别约束指标选项为"其他"，筛选"其他"备注内容为空白的房屋建筑。

突出问题专检：根据自检、互检、专检结果，以及日常考核情况，掌握调查队伍的技术弱点和易错项，经专项培训后，积极跟进此类调查信息的专项检查，避免严重问题出现。

重点区域检查：分析县（区）级调查单元的实际情况，针对互检、专检问题以及房屋结构和建筑用途较为复杂多样的任务区。例如：主干线两侧商业与住宅混合区域、工矿厂区与住宅混合区域等。以上区域加大技术人员投入，开展重点区域检查，确保调查数据的准确性。

③ 人工质检内容

a. 农村房屋质检

建筑地址：检查地址填报至少填写到行政村或组。

房屋类别：检查住宅与非住宅是否选择正确，通过查看上传照片进行判断。

房屋类型：检查独立住宅与集合住宅是否选择正确，通过比对上传照片是否为村集体统规统建完成质检，对于不符合集中住宅要求的所有房屋要求开展图斑分割与补充调查工作。

建筑（小区）名称：检查是否有空项，通过比对底图标注或收集资料进行判断。在本次农村房屋集合住宅调查过程中，建筑（小区）名称填写中需要注意属于统规统建的集中安置房、政策性搬迁安置房等建筑（小区）名称填写安置项目名称，如××小区等。没有小区名称的筑（小区）名称填写"无小区"。集合住宅有小区的应填写每栋建筑的楼栋号或名称。

楼栋号或名称：检查是否有空项或异常符号，通过比对上传照片、收集资料完成检查。当农村集合住宅建筑（小区）名称为"无小区"时，楼栋号或名称需要填写"无"。

户主姓名（机构名称）：检查是否有空项或异常符号，当调查对象为单位时，通过比对底图标注或收集资料进行判断。长期无人居住的房屋建筑经过与村、社区沟通在无法获取的情况下可以填写不详，备注中需写清原因。

备注信息：检查备注填写是否包含异常符号或无关备注等情况。

建筑层数：通过比对上传房屋照片，完成层数检查。通过照片不能准确判断层数的，视为照片不合格。

　　建筑面积：对于已收集资料的，通过改造情况分类检查，无改造的，比对资料面积数据，后期由于改造使得面积发生增减的，资料就不具有面积参考价值。无资料的，通过自动计算面积或照片估算误差较大的，作为存疑指标，反馈外业核查。

　　建造年代：通过比对上传照片或分析与结构类型的逻辑关系进行检查，当外业拍摄照片与房屋建造年代明显不符时，作为存疑指标，外业人员需要重新进行询问与核实。随着我国国民经济的不断发展，我国农村房屋结构也随着经济的发展产生着阶段性变化。如表 4.3-4 是我国农村房屋结构发展分为几个阶段，参照阶段房屋结构情况，对建造年代进行初步判断。

建造年代与房屋结构　　　　　　　　表 4.3-4

时间段	房屋结构	楼屋盖形式	重大事件	国家政策要求	抗震构造措施
1980 年及以前	土木结构（居多）混杂结构（居多）砖石结构（城镇居多）	烧制石瓦、木或轻钢屋盖（大量）预制板（城镇少量）	1975 年海城地震 1976 年唐山地震	1978 年修订 1974 版建筑抗震设计规范 1989 年发布了 89 版的抗震设计规范	农村圈梁、地圈梁几乎没有（砖石结构）
1981—1990 年	土木结构（居多）混杂结构（居多）砖石结构（城镇居多）	烧制石瓦、木或轻钢屋盖（大量）预制板（城镇大量）			农村圈梁、地圈梁很少有（砖石结构）
1991—2000 年	土木结构（居多）混杂结构（居多）砖石结构（农村逐渐增多）	烧制石瓦或轻钢屋盖（大量）预制板（农村城镇大量，农村少量）	1998 年洪水		农村圈梁、地圈梁逐渐增多（砖石结构）、现浇板（砖石结构很少有）
2001—2010 年	土木结构（较少）混杂结构（一般）砖石结构（农村普遍）钢筋混凝土结构（农村少量）	烧制石瓦或轻钢屋盖（大量）预制板（农村城镇均不少）	2008 年汶川地震	2006 年 1 月 1 日起，禁止使用预制混凝土板作为楼地面板、屋面板和阳台板	农村圈梁、地圈梁逐渐增多（砖石结构、现浇钢筋混凝土）、现浇板（砌体结构房屋增多）
2011—2015 年	混杂结构（一般）砖混结构（农村普遍）钢筋混凝土结构（农村少量）	烧制石瓦或轻钢屋盖（大量）预制板（农村城镇均不少）现浇住楼屋盖（少量）			农村圈梁、地圈梁较为普遍（砖石结构、现浇钢筋混凝土）、现浇板（砌体结构房屋增多）
2016 年及以后	混杂结构（一般）砖混结构（农村普遍）钢筋混凝土结构（农村少量）	烧制石瓦或轻钢屋盖（大量）现浇住楼屋盖（逐渐增多量）			农村圈梁、地圈梁较为普遍（砖石结构、现浇钢筋混凝土）、现浇板（砌体结构房屋增多）

结构类型：农村房屋结构类型多样，主要通过比对上传房屋照片进行结构类型判断，另外通过比对已有资料，根据改造情况，判断填报数据的正确性。对于照片无法准确判断的，作为存疑指标，外业核查并补拍内部结构照片佐证。按照我国农村经济发展的基本情况，农村独立住宅较少出现钢筋混凝土结构，检查中对钢筋混凝土结构的农村独立住宅认为是异常数据，作为重点检查对象。另外当结构类型填报为"其他"时，也作为重点检查对象对待。

建造方式：通过分析与建造年代、是否专业设计的逻辑关系，综合判定建造方式的正确性。建筑工匠建造，是农村建房最主要的方式。自行建造的定义在导则中也很明确，除极个别边远地区仍保留互助建房的模式以外，建造年代较早（1980年之前）的房屋才有可能采取这种方式，且为少量采用。检查中发现大量选择了自行建造方式，应作为存疑指标，反馈外业核实。尤其在2000年之后建造的房屋若为自行建造，将作为重点核查对象。另外，当建造方式选择"自行建造"或"建筑工匠建造"，是否专业设计选择了"是"，以及建筑方式选择"有资质的施工队伍建造"，是否专业设计选择"否"的都作为错误反馈修改。

建筑用途（非住宅）：检查用途选择填报的正确性，通过比对上传照片或已有资料进行判断。确保大类归类正确。重点设防类的二级选项以及选择"其他"用途并备注的信息的，作为重点对象逐一检查。

安全鉴定：通过收集的已有资料进行判断。

是否进行专业设计：通过对比已有资料或者询问是否为集体统规统建项目，以及参照建筑方式分析逻辑关系进行判断。由于是否专业设计的重要性，对于选择专业设计的调查对象，应作为重点逐一检查核实。

是否采取抗震构造措施：通过上传的措施部位照片或比对已有资料进行检查，主要检查有无采取情况，少选措施数量不作为重点。同时分析与建造年代的关系，做出初步判断，存疑指标反馈外业核实。

是否进行过抗震加固：通过上传照片或收集的加固改造资料进行比对检查。针对选择"是"的，作为重点对象进行逐一检查。

变形损伤：通过上传的房屋照片或典型部位照片进行检查，房屋外观照片显示有明显墙体裂缝、屋面塌陷、墙柱倾斜、地基沉降时，变形损伤选择了"否"，判定为错误；典型部位照片经过分析研判，不符合变形损伤要求的，也判定为错误。

外业调查照片：通过查看上传的外业照片，首先进行调查对象确认，检查拍摄是否为调查对象。然后查看照片是否能够反映建筑物结构、层数、整体情况（范围）。在能够反映出上述要求的内容，现场照片可以为 1 张，若不能反映出上述问题，则是否有补充照片，模糊不清、不能反映建筑特征的均作为不合格处理。

b. 城镇房屋质检

房屋类别：检查住宅与非住宅是否选择正确，通过查看上传照片以及建筑名称进行判断，房屋类别与建筑名称存在对应的关系，如 ×× 仓库、×× 超市等进行判断。

建筑地址：该指标项为文字描述项，检查是否有空项或异常符号，可参考上传照片或底图标注进行判断。

小区名称：检查是否有空项或异常符号，通过比对底图标注或收集资料进行判断。

建筑名称：文字描述项检查是否有空项或异常符号，通过比对上传照片、收集资料完成检查。对于非住宅，允许按照"单位＋建筑用途"的方式填报，如有仅填写其中一项的视为错误。

产权单位：文字描述项检查是否有空项或异常符号，通过已有资料进行核对。对于住宅建筑是住房制度改革以前由单位分给职工的、产权单位还存在的按照实际填报，其他可以不用填报。非住宅建筑名称显示单位名称的，产权单位空项的作为存疑指标，需核实确认。

是否产权登记：对于有产权单位而产权登记选择"否"的，作为存疑指标需调查人员说明情况；产权登记选择"是"而无产权单位的，初判不为个人产权的，判定为错误指标。

单位名称（非住宅）：文字描述项检查是否有空项或异常符号，可通过上传照片或已有资料进行检查。单位名称和产权单位分别是房屋使用人和产权人，存在使用人和产权人同一单位或不同单位的情况。单位名称与建筑名称按照"单位＋建筑用途"方式填报。

建筑层数：参考农村房屋填报。

建筑面积：参考农村建筑面积。

建筑高度：对于已有资料的房屋，结合上传照片，初判有无加层改造，有加层的，资料高度加上加层预估高度与填报结果比对。无资料的房屋，根据上传照片及建筑层数进行估算比对，重点关注有山尖墙的房屋高度取值。根据 1987 年发布的《住宅建筑模数协调标准》GBJ 100—1985 要求，砖混结构住宅建筑层高采用的参数为：2.6 米、2.7 米、2.8 米。本次内业检查按照 2.6～3.0 米的高度基准对单层房屋高度进行估算（简易房屋除外）。通过以上方法检查结果超出误差范围的，作为存疑指标反馈外业核查。

建造时间：通过比对上传照片或分析与结构类型的逻辑关系进行检查。具体填报要求参考农村房屋。

结构类型：主要通过比对上传房屋照片进行结构类型判断，还可通过比对已有资料，根据改造情况，判断填报数据的正确性。对于照片无法准确判断的，作为存疑指标，外业核查并补拍内部结构照片佐证。另外，结构类型与房屋建造年代、地域等有着直接的关系，如 1980 年以前少有钢筋混凝土结构房屋，2000 年以后也很少有土结构房屋（现代夯土房屋除外），西北地区之外基本不存在窑洞房屋。在砌体结构二级选项底部框架—抗震墙结构与层数也存在逻辑关系，2 层及以上砌体房屋才会存在底部框架—抗震墙结构的可能性。检查中与以上情况不符的作为存疑指标项反馈外业核实。当结构类型填报为"其他"时，也作为重点检查对象对待。

建筑用途（非住宅）：检查用途选择填报的正确性，通过比对上传照片或已有资料进行判断，确保大类归类正确。对于建筑名称按照"单位＋建筑用途"的方式填报的，核对两个建筑用途的一致性。选择"其他"用途并备注的信息，作为重点对象逐一检查。

是否采用减隔震：结合我国目前房屋建筑减隔震技术应用的普遍性，目前我国各四、五线城市采用减隔震技术的房屋建筑很少。对于指标选择"是"而未提供相关减隔震说明材料或照片的均视为存疑图斑，需补充资料或照片佐证。

是否保护性建筑：该项指标选择"是"的应逐一检查，未提供保护建筑或历史建筑证明资料或照片的均视为存疑图斑。

是否专业设计建造：一般的住宅小区、大型企业、公共服务类设施，建造单位一般均为专业设计建造。当上述单位房屋该指标项选择"否"时，作为存疑指标记录反馈。当城镇个人自建房屋或单位（小区）的简单房屋该指标项选择"是"时，如未提供证明资料或照片，也作为存疑指标记录反馈。重点关注城乡接合部和由于城镇化把乡镇改为街道办事处地区的房屋建筑作为重点检查对象。对于直管公房（含简易楼、苏式楼、中式楼等）、单位自管房等此类房屋重点关注。

变形损伤：参照农村房屋检查方法。

抗震加固情况：参照农村房屋检查方法。

改造情况：对于该指标项选择"是"的重点检查，通过上传照片进行初判房屋改造方式，收集到资料的，比对房屋外观照片与资料，确认改造情况。加层改造的发现加层结构与原房屋结构明显不符的，判定结构类型填报错误。

外业调查照片：参照农村房屋检查方法。

④ 软件质检

软件质检是指根据相关质量检查与核查技术标准规范，依托"全国房屋建筑和市政设施调查质量检查软件"对任务区调查成果进行100%质量检查。当以乡镇（街道）为任务区的调查完成率达到85%时通过房屋建筑采集软件生成质检任务包，导入"全国房屋建筑和市政设施调查质量检查软件"根据软件的质检规则实现软件质检，主要是对调查数据完整性、规范性、一致性的检查。

（2）外业质检

外业质检是依据住房和城乡建设部下发的各项技术指标，通过人工核查的方式，实地对调查成果进行数据属性信息和空间属性信息的完整性、准确性、逻辑一致性和空间关系的检查。

① 外业质检方法

从调查开始之日起，外业质检贯穿于整个调查过程。采用自检、互检、技术人员跟踪检查等方法把控过程质量。通过内业完成自检、互检后，针对存疑的数据指标项进行外业复核检查。项目组技术人员跟踪外业调查，对形成的调查成果随时检查。检查不通过的问题反馈作业人员核实修改。

② 外业质检内容

外业质检重点围绕已调查房屋各项指标的准确性、不需要调查图斑研判是否准确、调查区域内是否存在遗漏房屋。

3）县（区）、市、省三级核查

县（区）、市、省三级核查工作，由各自招标的第三方核查机构负责完成，各层级主管部门及行业部门做好协调配合工作。按照《第一次全国自然灾害综合风险普查房屋建筑和市政设施调查数据汇交和质量审核办法》要求开展抽样核查工作。县（区）、市、省级抽样不通过的，返回下级修改完善，再次提交，直至核查合格后，各级编写核查报告，随数据一起向上级主管部门完成数据汇交。

4）成果提交

省、市、县（区）各级完成数据汇交后，针对各阶段的工作开展情况进行总结和分析，汲取好的经验与方法，以便在以后的同类工作中借鉴使用。同时，按照房屋建筑调查的成果要求，整理数据、编写文字报告，迎接工作验收。

4.4　调查软件开发

信息化技术可以有效支撑房屋建筑与市政设施普查工作的顺利开展，全国房屋建筑和市政设施调查软件系统由住房和城乡建设部统筹建设，为房屋建筑和市政设施普查工作提供信息化支撑，主要服务于各级房屋建筑和市政设施普查工作的组织实施部门以及调查人员，提高普查工作的规范性、时效性、科学性和精确性。全国房屋建筑和市政设施调查系统集导航、定位、查询、数据采集、空间数据管理、进度监控、质量检查于一体，主要通过在线获取全国房屋建筑和市政设施的基本信息、地理空间信息以及承灾能力信息等内容，形成完备的房屋建筑和市政设施承灾体成果数据，有力支撑全国自然灾害区划评估工作，为中央和地方各级人民政府有效开展自然灾害防治工作、切实保障经济社会可持续发展提供权威的灾害风险信息和科学决策依据。

4.4.1　信息技术需求

借助信息化技术手段，结合房屋建筑和市政设施普查的实际工作需求，支撑住房和城乡建设相关部门及时有效地获取全面、科学、准确的第一手鲜活数据资料，提高针对房屋建筑和市政设施的业务管理能力以及应对自然灾害的灾害预防和应急响应能力。

传统的房屋建筑和市政设施资料主要依靠行业管理部门通过人工采集方式获取，资料来源主要有：一是竣工验收备案资料；二是各地区针对某个业务收集的相关房屋建筑与市政设施情况统计资料；三是各部门在过去某个时间段形成的较为详细的普查数据库，但是一般无法保证时效性、准确性。针对这次全国自然灾害综合风险普查的工作要求，在规定的短时间内调查完成数量庞大的房屋建筑和市政设施，需要变革传统的人工采集方式，采用在线调查软件支撑的动态采集模式，调查进度实时掌握。

按照支撑全国灾害综合风险普查"摸清底数、评估隐患、灾害区划"的总要求，综合运用云计算、大数据、物联网及空间地理信息等先进技术，统筹建设"全国房屋建筑与市政设施灾害综合风险普查软件系统"，设计开发普查软件系统和数据库，服务范围贯穿国家、省、地（市）、县（区）等多级政府，支撑全国房屋建筑和市政设施灾害综合风险普查工程实施以及各行业、各级政府普查数据的存储与汇集工作。

全国房屋建筑和市政设施调查软件系统充分利用地理信息系统的空间展示和管

理功能，开展各类空间信息统一管理、分析评估和制图。搭建云计算环境，构建风险普查数据采集及处理系统，实现全国调查和评估工作的实时在线处理。调查软件系统具体提供以下技术能力，支撑普查工作的顺利开展。

（1）提供简洁易用的软件智能操作能力

依托强大的服务器集群支撑，利用移动智能终端设备和传输技术，提供简化操作、辅助录入、自动提醒、自动纠错、自动识别等便捷手段，实现全员、全过程参与完成现场风险普查的信息采集、实时传输等工作。提供在线帮助文档和答疑，展示具体的使用示例，帮助用户快速上手系统操作；提供普查表单相关的默认选项，让用户快速了解调查录入指标。借助普查软件，让普查工作变得简单、高效，从而大大缩短调查周期，提高普查效率。

（2）提供分级分类调度管理和监督能力

鉴于本次普查任务重，工作程序繁琐，为确保保质保量地完成工作，系统提供进度管理和监督机制。面向国家、省、地（市）、县（区）等多级行政管理层级部门提供分级分类调度管理能力，能够对全国房屋建筑与市政设施风险灾害普查工作中任务规划、任务分配、任务完成情况等过程实施精细化过程管理，对普查任务、普查成功等进行分级分类管理，通过对各项关键数据指标进行统计分析以及多维全景可视化呈现，满足各级各部门任务监督、任务调度、进度管理等功能需求，为各级各部门普查工程管理人员提供全面、准确的信息及决策支持。

通过 PC 端与移动端应用的数据互通、功能一体化，管理人员可在 PC 端即时查看普查人员通过移动端或者其他终端提交的采集、质检结果数据，并进行任务流程的扭转，加快了任务的处理过程，从而提高普查工作的整体进度。同时通过系统用户日志可以很好地了解用户使用系统情况，从而更好地管控普查进度。

（3）提供内外业一体化的采集能力

内业采集方面，系统支持批量外部数据导入功能，充分利用已有的普查、调查数据库和业务数据资料，按致灾因子、承灾体、历史灾害、综合减灾资源（能力）、重点隐患等灾害信息类型进行汇集、清洗及标准化，并统一整理入库。

外业采集方面，利用各类调查要素的空间矢量要素底图，系统支持 APP 端现场信息采集、Web 端普查信息录入，通过移动端 APP 现场调查与复核等多样技术手段，全方位、多粒度采集各类灾害属性信息，形成完备的信息资源目录。

（4）提供精细化质检与核查能力

按照普查数据质检规则，系统提供质检客户端工具，对房屋建筑和市政设施等调查数据的质量进行自动化检查。通过制定完善的数据质检流程、定义空间数据质检标准，按照不同类型数据质检方法，对城镇房屋、农村民居、市政道路、市政桥梁以及市政供水设施的属性信息和空间信息质量检查，确保属性信息正确性、完整性、规范性、逻辑一致性和空间拓扑合规性，提升采集的数据质量，为各层级数据质量检查和数据成果审核提供信息化支撑，减少人为错误影响，保证普查数据质量，通过系统保证普查成果遵循标准规范要求，保证成果的有效性。

按照行业主管部门普查任务分工以及国家、省、地（市）、县（区）等多级政府普查任务的组织实施要求，对各级各类组织实施主体普查任务的完成情况及其质量进行核查和验收。能够支持抽查、核查等多种技术手段实现对各层级各部门普查项目质量分布、执行验收等核心要素的精细化把控。根据核查工作要求，实现成果比对、成果分析、成果导出等功能，通过抽样核查提升数据的准确性和规范性。

（5）提供持久的稳定性和高并发能力

本次调查工作是全国性的，涉及范围面广、使用人员多，而且还要完成现有信息资源的梳理，此外，系统还将利用各单位既有信息基础，包括中央层级共享的"第三次全国国土调查""第六次全国人口普查""第二次基本单位普查"等数据库成果，包括住房和城乡建设部既有"全国扩大农村危房改造试点农户档案管理信息系统"等，还包括统一提供的房屋建筑调查底图，按类别合理规范数据字段和分类，建立共享数据目录系统，为调查工作提供基础数据服务和功能服务，以支撑大范围多用户开展工作。系统提供足够的稳定性和并发能力。

全国房屋建筑和市政设施风险普查软件系统通过互联网数据抓取、现场调查与复核等多样技术手段，结合数据调查 APP 移动终端采集承灾体数量、价值、设防水平等灾害属性信息，并采用分层级抽样、详查、人工复核等手段，保证数据质量，运用 GIS 空间技术，评估并生成承灾体数量、价值空间分布图，为开展自然灾害风险评估和综合风险评估以及防治区划制定奠定基础。全国房屋建筑和市政设施风险普查软件系统也将为城市建设管理资源库的建设打下基础，提升城乡建设的信息化水平。

4.4.2　系统设计与实现

1）系统需求分析

房屋建筑和市政设施调查软件系统建设必须面向房屋建筑和市政设施调查工作的客观需求，需求分析是系统设计与开发的基础工作，通过对调查系统的需求梳理、归纳和整理用户提出的各种问题和需求来确定不同用户对软件功能与性能的具体要求。进行优良系统设计的关键，必须深入、全面地了解和掌握用户的需求。系统开发者若需明确了解用户对于系统行为以及内容的需求和期望，可以采用需求分析方法。

房屋建筑和市政设施调查需求分析是一个动态发展的过程。需要基于对现有的时空数据、组织机构的理解，用新的计算机集群技术、地理信息系统技术、管理与设计理念来更高效地完成调查数据采集、质检核查、数据汇交以及数据库建设等任务。房屋建筑和市政设施调查系统需求分析的内容包括：现状分析、系统目标和建设内容分析、系统组成分析、数据需求分析、功能分析与系统性能需求分析等。

自然灾害综合风险普查承灾体调查的最大特点就是空间位置和属性信息的相互结合、相互对应，房屋建筑和市政设施是总量最大的承灾体，其调查数据对于普查的总体成效至关重要。在全国范围内进行房屋建筑和市政设施承灾体调查，涉及范围广、参与部门多、协同任务重、工作难度大，迫切需要建立统一的管理机制和借助信息化手段来保障调查工作的顺利开展。普查工作要按照"全国统一领导、部门分工协作、地方分级负责、各方共同参与"的原则组织实施，各单位各司其职、各负其责、通力协作、密切配合，共同做好普查工作。

统筹建设全国房屋建筑和市政设施调查软件系统，开发调查数据采集、调查进度管理、数据可视化查询与统计等功能模块，实行全过程数据质量控制，制定各阶段质量控制的内容、技术标准规范和方法要求，在调查软件系统中设计开发必要的质检功能和工具，支撑数据质量管理工作开展。

（1）业务需求

① 面向住建业务领域的一次大规模普查

面向住建领域的一次大规模的针对业务管理对象的普查，将摸清全国房屋建筑和市政设施的属性信息、空间信息及承灾能力等内容，形成房屋和市政设施灾害普查成果。全国房屋建筑包括农村房屋以及城镇房屋，市政设施包括市政道路、市政桥梁及供水设施等。

② 面向风险灾害普查而非专业鉴定

一次全面的普查，需要对全国房屋建筑和市政设施的基本信息、空间信息及承灾能力等内容进行采集。住建业务领域的调查对象数量非常庞大，普查工作中需要庞大的普查人员队伍，尤其是调查人员。如此庞大的调查人员队伍，对人员的学历及专业能力没办法要求太高，因此大部门调查人员对房屋市政设施的业务及特点并不会太熟悉。

③ 住建领域的基础数据资产

聚焦于自然灾害风险的基本要素的底数调查。自然灾害风险的基本要素既包含了灾害风险的成因，还包括了重要承灾体，此次普查重点在于摸清重要成灾体的底数。重要承灾体的底数，是指可能承受自然灾害打击的对象情况。住建领域的承载体主要包括城镇房屋建筑、农村房屋建筑、市政道路、市政设施及供水设施等，这些都是承灾体需要调查的对象。通过普查工作，摸清房屋建筑和市政设施灾害风险主要组成部分的详细信息，为开展房屋建筑和市政设施灾害风险评估、综合风险评估及防治区划制定奠定数据基础。

④ 为开展风险评估和区划奠定数据基础

通过开展风险评估和区划客观反映全国和各地区自然灾害综合风险水平，包括风险评估、风险区划和防治区划三方面的内容。风险评估过程中需要依据客观的属性数据，对房屋和市政设施等开展危险性评估、暴露性评估、脆弱性评估等，能够反映出构成风险的各要素的情况，进而反映出全国和各地区自然灾害风险的大小、发展的趋势、空间的格局和相对的位置等。从而查明重点区域抗灾能力，客观认识全国和各地区自然灾害综合风险水平。

此次普查项目，意在采集全国范围的房屋和市政设施的基础属性和空间环境数据，建立住建领域的基础数据库，因而可为开展风险评估和区划提供数据支撑，利于提升全社会灾害风险意识，为防范和化解重大自然灾害风险打下坚实的数据基础。

⑤ 全国风险普查工作时间急、范围广、任务重

2020 年至 2022 年开展第一次全国自然灾害综合风险普查工作，2020 年为普查前期准备与试点阶段，建立各级普查工作机制，落实普查人员和队伍，开展普查培训，开发普查软件系统，组织开展普查试点工作。2021 年至 2022 年为全面调查、评估与区划阶段，完成全国自然灾害风险调查和灾害风险评估，编制灾害综合防治区划图，汇总普查成果。

通过此次大规模的针对业务管理对象的普查，将摸清全国房屋建筑和市政设施的基本信息、空间信息及承灾能力等内容。普查对象包括：全国房屋建筑和市政设施两大部分，而全国房屋建筑包括农村房屋以及城镇房屋，市政设施包括市政道路、市政桥梁及供水设施等。

住建领域的调查对象数量非常庞大，加上从试点城市开展到全国 300 个城市，约 2862 个区县推行调查范围广，涉及部门多、成果形式多、任务综合性极强，住

建领域调查任务异常繁重，要在较短时间内完成调查任务。

（2）功能需求

普查软件的开发，主要服务于普查任务的开展，以普查任务的范围、使用对象以及普查对象的情况为需求的立足点，进行相应的功能架构设计。通过普查软件的建设，使现代科技与业务管理结合，提高了普查工作的信息化水平。因此次普查的范围广、数据量大、人员的投入多，对普查软件的性能、数据存取能力、功能架构设计、界面交互等方面均有较高的要求。

2）技术架构设计

系统依托物联网、云计算等技术，在政策法规体系、标准规范体系、安全保障体系和运维管理体系的保障下，集成了基础设施层（IaaS 层）、数据层（DaaS 层）、平台服务层（PaaS 层）、应用层（SaaS 层）、用户层，系统将采用 B/S 架构，用户可通过浏览器直接访问。技术架构如图 4.4-1 所示：

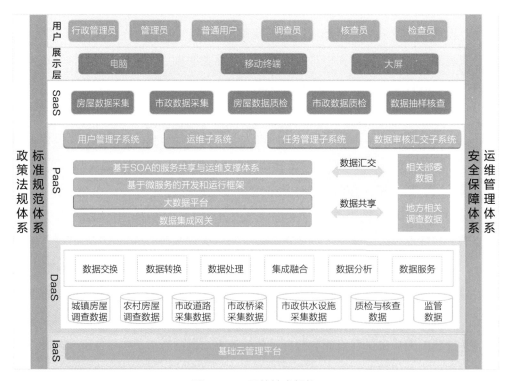

图 4.4-1　系统技术架构

（1）基础设施层

包括国家电子政务外网、服务器、存储、安全设备及智能终端设备等，为项目提供基础支撑。

（2）数据层

囊括了城镇房屋调查数据、农村民居调查数据、市政道路采集数据、市政供水设施采集数据、质检与核查数据、市政桥梁采集数据、监管数据等，是系统运转的关键。

（3）平台服务层

基于微服务的开发和运行框架，采用分布式集群、高性能计算、规则引擎、流程引擎等，为应用层提供支撑，并且还提供了用户管理子系统、运维管理子系统、任务管理子系统和数据汇交审核子系统等平台基础组件。

（4）应用层

主要有房屋采集、道路采集、桥梁采集、供水设施采集、数据质检、数据抽样核查等方面应用。

（5）用户层

包括行政管理员、管理员、普通用户、调查员、核查员、检察员等不同角色的用户。

3）系统数据库设计

建设全国房屋建筑和市政设施普查数据库，支撑各地建立分层级分类型房屋建筑和市政设施风险普查基础数据库，形成县（区）、地（市）、省、国家四级数据库资源体系。数据库设计规划遵循部省两级部署，纵向协同的业务要求，同时要根据数据具体使用对象、操作频度、访问时效、数据容量、所属时限等不同要求，结合系统的业务特点和技术特点，提出切合实际的、高效的、可靠的规划、设计、部署、维护方案。对于数据分析展示，要考虑数据量规模，支持分布式的大数据分析和数据存储访问方式。

（1）数据库切分策略

全国房屋建筑和市政设施普查软件系统采用中央—省两级"物理集中"，国家、省、市、县四级"逻辑分散"的建设模式。系统将在全国范围使用，根据全国自然灾害综合风险普查计划，第一年试点阶段在全国约 86 个试点市县开展，第二年将在全国 300 个城市开展。根据前面系统业务量分析及数据占用空间估算可知，一个县区的调查对象约 50 万，系统投入使用后将产生非常庞大的数据量，因此数据库需要进行切分设计。

在系统投入使用后，数据库本身比较容易成为系统的瓶颈点，虽然读写分离能分散数据库的读写压力，但并没有分散存储压力，当数据量达到千万甚至上亿时，单台数据库服务器的存储能力会成为系统的瓶颈，主要体现在以下方面：

数据量太大，读写的性能会下降，即使有索引，索引也会变得很大，性能同样会下降。数据库文件会变得很大，数据库备份和恢复需要耗时很长。数据库文件越大，极端情况下丢失数据的风险越高。

因此，当流量越来越大时，需要考虑对其进行切分，切分的目的就在于减少数据库的负担，将由多台数据库服务器一起来分担，缩短查询时间。

本项目中采用数据先分表，再分库，最后分区。将业务流水按照不同的业务类型进行分表，相同业务的消息流水进入同一张表，分表完成之后，再进行分库。我们将业务相关的数据单独保存到一个库里面去，这些数据，写入要求高，查询和更新到要求低，将它们和那些更新频繁的数据区分开。

（2）分库分表设计

部级节点以每个省为一个逻辑数据库，每一个数据库都将采用主备模式，进行读写分离。这样就分散了数据库存储压力，使其不会成为系统瓶颈。

每个省的逻辑分库中，城镇房屋、农村房屋以及与之关联性高的部分数据，以地市为单位分表，其余成果如道路、桥梁、供水等数据原则上不再分表，这是因为房屋数据量巨大，必须通过分表来进行存储，其他成果数据量小，可以通过单表存储。

4）功能设计与实现

根据房屋建筑和市政设施普查需求，业务场景覆盖内外业普查工作全流程。为适应不同的采集方式，实现平台端、移动端双终端应用，为工作人员提供内外业普查辅助工具。系统支持工作人员在 PC 端根据收集整理的数据资料进行信息录入，再通过移动端 APP 对调查对象空间和属性信息进行核对和补充，最后在 PC 端对调查信息进行修改完善。支持对承载体采集的数据进行数据质量内外业核查，确保调查数据的准备性及可用性。APP 支持在线采集及离线采集，能在网络不良或者完全没网络的情况下进行外业调查，不受网络环境影响普查工作的开展。系统在针对农村房屋、城镇房屋、市政道路、市政桥梁及供水设施不同的承载体场景，在数据采集和数据质量核查上也进行了不同考虑。

经过对普查过程及流程及实际使用需求的多方位考虑，全国房屋建筑和市政设施普查软件系统功能设计齐全，涵盖承灾体采集、质检、审核及汇交。具体支持底图制备导入、任务管理，满足城镇房屋、农村居民、市政道路、市政桥梁和市政供水设施数据采集，包括对象的基本属性信息和灾害属性信息；同时支持利用制备的底图图形核实房屋建筑及市政设施的空间属性信息；能够对采集的数据进行自动质量检查、抽样核查，审核及汇交。国家、省、市、县级主管部门通过任务进度跟踪实时掌握各地数据普查工作进展情况，实现对各地调查要素的统一、集中管理，实现流程全覆盖、业务全覆盖。同时，系统对用户对象考虑全面，覆盖国家、省、市、县区多级用户。

系统主要建设内容包含房屋建筑与市政设施数据采集子系统、房屋建筑与市政设施数据质检和核查子系统以及房屋建筑与市政设施普查数据库。

系统组成如图 4.4-2 所示：

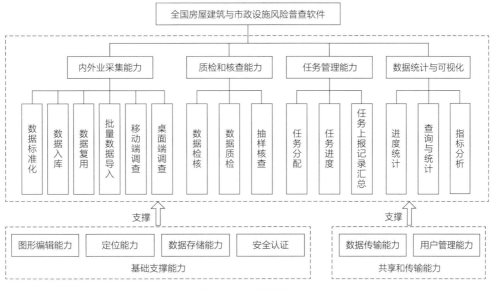

图 4.4-2　系统组成

（1）房屋建筑和市政设施数据采集子系统

房屋建筑和市政设施数据采集子系统需根据普查办关于房屋建筑和市政设施普查要求完成包括城镇房屋、农村房屋、市政道路、市政桥梁、市政供水设施等承灾体的数据采集功能模块，系统基于统一的数学基准，叠加"天地图"、调查要素空间要素制备成果等空间图层，支持图形信息和属性信息一体化采集，提供数据编辑、修改、删除等数据操作功能，提供 PC 端、APP 端等多端应用，设置分层分级用户体系和功能权限，满足国家、省、地（市）、县（区）各层级用户对数据采集和管理的需求，系统应充分考虑调查工作组织实施和调查人员开展调查的便利性，能够辅助调查工作的高效开展。

数据采集子系统支持各级行业主管部门进行普查工作的任务分配和管理，支持先内业后外业再内业的工作模式，内业采集主要借助 PC 端实现，外业采集通过 APP 端实现；

PC 端和 APP 端应用具备数据核查功能，APP 端支持在线模式和离线模式，离线模式支持在没有网络的情况下进行调查数据的采集，且支持离线调查成果的在线提交；同时，数据采集功能应具有灵活的可扩展性，提供灵活的数据批量输入输出功能。

具体功能包括用户管理、任务管理、数据采集、数据检核、指标分析、进度监控等。

① 用户管理

提供国家、省、地（市）、县（区）4 级用户体系，根据任务分工分为不同的角色，包括行政管理员、管理员、调查员、核查员等，不同的角色拥有不同的功能权限，保证信息处理的保密性和安全性，保证数据传输过程的安全性、稳定性、可靠性、完整性、实时性，如图 4.4-3 所示。

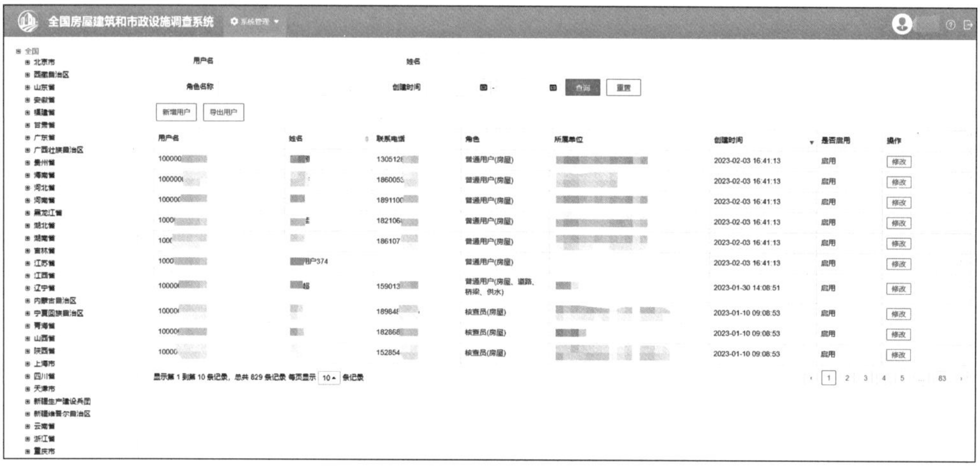

图 4.4-3 用户管理

② 任务管理

提供任务管理功能，支持各级行业主管部门进行普查工作的任务分配、任务管理和任务进度统计功能，如图 4.4-4 所示。

③ 数据采集

通过 APP 实地外业调查采集，且同时支持在线和离线模式采集。同时，可根据既有数据，通过 PC 端进行内业信息采集填报，如图 4.4-5、图 4.4-6 所示。

④ 数据检核

提供数据检核功能，支持调查数据的内外业检核，调查员可根据检核意见进行整改，在调查过程中把控调查数据质量。具体流程依次是创建检核员、分配检核任务、开展检核工作、数据修改等，如图 4.4-7 所示。

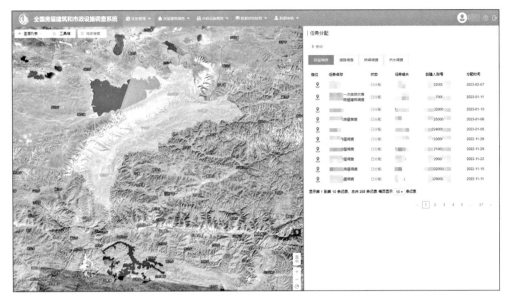

图 4.4-4　任务管理

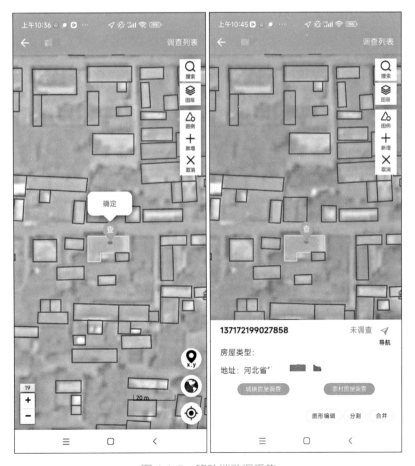

图 4.4-5　移动端数据采集

图 4.4-6　PC 端数据采集

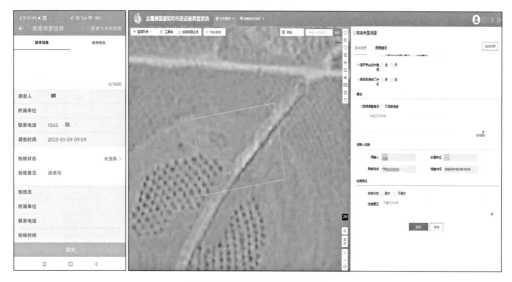

图 4.4-7　内外业数据检核

⑤ 指标分析

提供对城镇房屋、农村房屋、道路设施、桥梁设施、供水设施的重要指标的分析，根据设置的指标预警值，可对各个地区的调查数据质量进行初评，对于超预警值的指标进行核实并修正，同时加强对该地区的技术指导和培训，如图 4.4-8 所示。

⑥ 进度监控

提供调查进度监控功能，实现各地区进度指标的定时更新，及时反映了各地区调查进展情况及发展变化趋势，实现了对调查进度的监控，同时为各级主管部门决策提供依据，对调查进度慢的地区及时介入指导，切实保障调查进度，如图 4.4-9 所示。

图 4.4-8　指标分析

进度统计表

指标说明

排名	行政区	全面进度	房屋进度	道路进度	桥梁进度	完成自检并汇交的县区个数	完成市级质检的地市个数
	国家	87.9%	99.9%	99.9%	99.9%	2948	286
1	吉林	100%	100%	100%	100%	69	10
2	重庆	100%	100%	100%	100%	39	2
3	甘肃	100%	100%	100%	100%	88	15
4	内蒙古	100%	100%	100%	100%	103	12
5	浙江	100%	100%	100%	100%	94	11
6	陕西	100%	100%	100%	100%	110	10
7	广东	100%	100%	100%	100%	124	21
8	贵州	100%	100%	100%	100%	92	9
9	北京	100%	100%	100%	100%	17	1
10	云南	100%	100%	100%	100%	131	16

图 4.4-9　进度监控表格

（2）房屋建筑和市政设施数据质检和核查子系统

房屋建筑与市政设施系统质检和核查子系统实现对房屋建筑与市政设施数据成

果进行数据质量检查和抽样核查，包含市政道路、市政桥梁、市政供水设施等承灾体的质量检查和核查，满足县（区）、地（市）各层级数据质量的要求。数据质量检查包含空间信息和调查属性信息的检查，主要检查数据的完整性、规范性、准确性、逻辑一致性等，应充分考虑普查数据成果的特征，形成体系化的系统质检规则，通过人机交互检查机制，辅助数据的修改完善。为考虑普查数据真实性、准确性，系统支持抽样核查，抽样核查主要是通过 Web 端按照特定的抽样方法、抽样比例抽取核查样本数据，便于进行内外业数据核查评估数据质量情况，部署核查子系统，支持终端用户开展核查工作，通过质检和核查子系统有效保障房屋建筑和市政设施调查数据成果质量。

系统支持质检规则可配置，支持一键式、自动化、批量化系统质检；提供检查结果人机交互可视化分析窗口，支持质检报告自动输出管理；支持按照地（市）、县（区）各级用户数据核查规定进行数据抽样核查，并实现问题数据处理及跟踪管理流程。

系统提供质检客户端和 Web 质检核查端两大功能模块，具体功能包括数据质检、抽样核查、数据审核汇交等。

为保证质检错误数据及时修正，Web 端提供质检任务包生成、错误数据修正、质检结果统计等功能，调查员可对质检问题快速定位并进行修正，有效提升了调查数据质量，同时可实时掌握数据质检工作的进度，如图 4.4-10 所示。

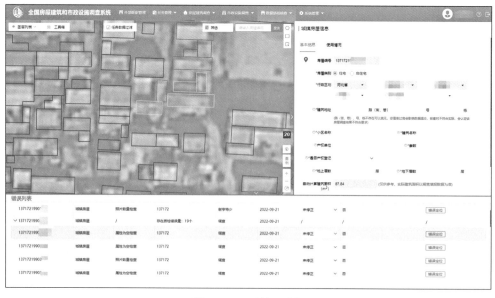

图 4.4-10　数据质检

系统提供质检客户端给各级政府用户开展质检工作，自动下载 Web 端生成的质检任务包，在完成数据质检之后，一键提交质检结果到 Web 端。为保证成果数据质量，满足属性完整、逻辑一致、格式规范和图形拓扑合理等要求，系统提供了一键式、自动化、批量化数据质检工具，并支持质检报告输出、质检结果查看、导出和上传，同时提供检查结果人机交互可视化分析窗口，如图 4.4-11、图 4.4-12 所示。

图 4.4-11　数据质检软件首页

图 4.4-12　自动化质检客户端界面

（3）房屋建筑和市政设施普查数据库

充分考虑已有的数据和工作基础，梳理形成全国房屋建筑和市政设施普查数据库标准规范，形成县（区）、地（市）、省、国家四级数据库资源体系，包含城镇房屋、农村房屋、市政道路、市政桥梁、市政供水设施等承灾体普查数据库，支撑各地建立分层级分类型房屋建筑和市政设施风险普查基础数据库，并实现逐级数据汇交，为全国普查工作提供工作支撑，为防范和化解重大自然灾害风险打下坚实的数据基础。

普查数据库支持县（区）、地（市）、省、国家数据纵向数据汇交，并实现与普查牵头部门的数据汇交系统的数据对接；具备一定的数据输出能力，支持通过系统服务调用或通用数据格式交换的方式共享。

系统普查所涉及的信息资源主要是全国房屋建筑及市政设施属性信息及灾害隐患基础数据。其中包括房屋基本信息、抗灾设防基本信息以及房屋使用情况信息，道路基本信息及设施统计信息、道路分段信息以及道路设施现场调查信息，桥梁基本信息、附属设施、承灾隐患及其他信息，设供水设施厂站、供水管线的基本信息及现场调查信息等。

4.4.3 系统关键技术分析

应用微服务技术、云存储、云计算和多源数据融合等新一代技术，实现系统采集信息高效传输，数据层对采集业务信息进行存储、计算与管理，通过数据统一汇集处理，打通数据源之间的壁垒，向用户提供更加智能化、人性化的辅助采集服务。

1）微服务融合 SOA 架构设计

调查系统微服务化的目的是将服务作为组件、围绕业务组织团队、技术多样性、业务数据独立。

调查系统使用微服务架构模式，将调查的功能分解到各个微服务中，这些具体的微服务实现是围绕业务领域组件来创建的，这些服务可独立地进行开发、管理和迭代；结合敏捷开发的模式，让项目可以持续交付。每个服务运行在其独立的进程中，服务与服务间采用 HTTP 协议通信机制进行互相沟通，从而解耦各个服务之间的依赖关系，并且各个服务可按实际情况选择不同的编程语言进行开发。

微服务框架包括基础开发框架、服务运行管理和部署监控工具三部分。基础开发框架提供微服务开发的基础组件，包括展现组件、IOC 组件、持久化组件、序列化组件、服务通信组件、服务监控组件、日志管理组件、缓存组件、嵌入式组件和权限管理组件，实现微服务开发的通用功能，整合开源成熟框架，屏蔽底层技术细节。服务运行管理提供微服务运行时服务注册、服务发现、服务路由及限流容错功能。其中，服务路由实现请求验证、请求动态路由和静态响应处理等功能；限流和容错组件，能够在运行时自动限流和容错，保护服务。同时和动态配置相结合，实现动态限流和熔断。部署监控工具包括动态配置、部署管理、中间件监控、服务监控、调用链分析功能。其中，动态配置组件支持文件方式配置，集成动态运行时配置，能够在运行时针对不同环境动态调整服务的参数和配置；部署管理实现一键部署灰度发布功能。

调查系统具体借助 Spring Cloud 技术实现系统微服务化运行，这是系统构建集群系统的基础。Spring Boot 提供了一整套微服务的解决方案，包括服务注册与发现、配置中心、全链路监控、服务网关、负载均衡、熔断器等组件，除了基于 Netflix 的开源组件做高度抽象封装之外，还有一些选型中立的开源组件。Spring Cloud 利用 Spring Boot 的开发便利性巧妙地简化了分布式系统的基础设施开发，Spring Cloud 为开发人员提供了快速构建分布式系统的一些工具，包括配置管理、服务发现、断路器、路由、微代理、事件总线、全局所、决策精选、分布式会话等，他们都可以用 Spring Boot 的开发风格做到一键启动和部署。通过一个服务注册中心，所有的服务都在注册中心注册，负载均衡也是通过在注册中心注册的服务来使用一定策略来实现。可部署多个，进行高可用保证。

具体微服务架构如图 4.4-13 所示。

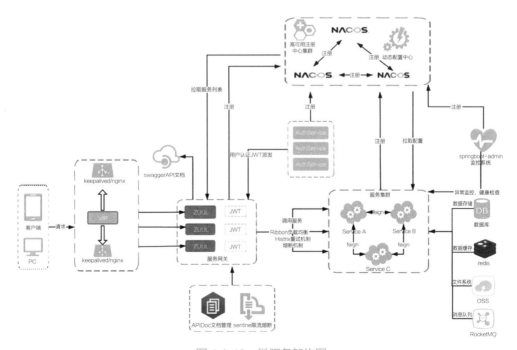

图 4.4-13 微服务架构图

调查系统在微服务化的基础上融合面向服务的 SOA 体系架构。SOA 近年来逐渐受到我国软件产业界的关注，并逐步在我国多个行业的信息化建设中得到应用。使用 SOA 体系结构进行系统建设时，对于当前的企业级应用系统中出现的新需求，不要求完全重新开发系统，而是依据自身逻辑需求重新组织已有的数据信息，将现有的数据和事务通过新的方式展现给用户。由于系统的功能一般通过"服务"的形式进行封装，这样就可以通过添加新的服务来进行系统升级，缩短了系统的开发周期。

SOA 是一种架构模型，它可以根据需求并通过网络对松散耦合的粗粒度应用组件进行分布式部署、组合和使用。SOA 是 B/S 模式的软件设计方法，一项应用由软件服务和软件服务使用者组成。与一般的 B/S 结构的软件不同，SOA 着重强调软件组件的松散耦合，并使用独立的标准接口。SOA 不是一种技术，而是一种软件构件方法和模型。SOA 与传统的信息系统的建设方法的不同之处主要体现在建设方法和建设过程方面的差异性。

基于 SOA 来构建的信息系统具有以下几个特点：

（1）以业务为中心。构建 SOA 需要很多技术支撑，但是 SOA 最重要和最首要的目标在于业务价值和敏捷性。SOA 更关注用户业务，在系统规划阶段、设计和管理阶段，都需要业务人员的参与，使得信息系统能在深刻理解业务的基础上构建。在系统实施过程中，通过把完成某个业务流程所需要的计算机资源组织为服务进行封装，达到以业务为中心的目的。

（2）灵活的应对变化。基于 SOA 建立起来的信息系统围绕用户业务构建，业务通过服务封装。而服务的设计遵循了高内聚低耦合的设计思想。因此这些服务都可以根据实际的需求自由组合。使得系统能够更加灵活的应对系统需求的变化。

（3）注重资源的重用。SOA 强调的是对"服务"的重用，而"服务"中封装的是各种计算机的资源。大量具有高重用性的服务资源，为快速构建新的系统奠定了基础。提高了开发的效率，节约了开发成本。

（4）基于统一的标准。SOA 的实现需要基于统一的标准，SOA 系统建立在大量的开放标准和协议之上，从而实现信息互通和互操作。因此，统一的标准显得非常重要。

SOA 不是一项创新的技术，传统的技术在构建 SOA 系统时能起到非常重要的作用。事实上，在采用 SOA 进行系统整合的过程中，被整合的系统很多都是基于传统技术开发的。SOA 的互联互通性体现在系统中任一个服务能被其他服务发现、理解。满足这一特性就要求每个服务都要遵循统一的标准。因此只要在信息系统的开发过程中遵循 SOA 的理念和遵守统一的标准，任何现有的传统技术都能用来开发 SOA 系统。SOA 的特点在于系统均基于"服务"构造，"服务"之间的交互和组合采用了基于"服务中介平台"的方式实现。下面我们可以通过分析 SOA 的服务交互情况来了解 SOA 中的"服务"的运行机制。SOA 的基本结构中有三种角色：服务提供者，服务请求者（服务消费者）和服务中介平台。

2）高性能 GIS 服务集群技术

主要依托负载均衡、分布式集群、高性能 GIS 计算等技术，进行技术融合创新应用，实现高性能 GIS 服务的集群化和动态可扩展性，支撑大并发 GIS 服务快速调用、渲染和可视化表达。

（1）负载均衡技术

负载均衡技术为服务器集群和高性能 GIS 计算的高效运行提供支撑。负载均衡建立在现有网络结构上，提供一种廉价、有效、透明的方法扩展网络设备和服务器带宽、增加吞吐量、加强网络数据处理能力、提高网络的灵活性和可靠性。负载均衡就是将大量任务请求分配到多个操作单元上并发执行，以减少任务响应时间，并通过虚拟机迁移，均衡分布系统负载，保证云计算系统高效运行。

随着云计算的发展，集群越来越庞大，负载均衡技术可实现任务的动态分配，尽量把请求分配到负载轻的服务器上，且通过云计算虚拟化技术，把高负载节点上的虚拟机迁移至低负载节点，提高任务处理速度和资源利用率，避免空闲资源的浪费。从分布式计算、并行计算、网格计算到云计算，负载均衡技术按照策略和所应用的系统规模，逐步由静态向动态，集中式向分布式发展。

根据负载调节方式的不同，可以将负载均衡技术分为静态策略和动态策略。集群系统刚出现的时候，负载均衡技术处于起步阶段，都是以静态方式实现，随着系统规模的增大，任务请求数迅速增加，开始采用动态方式实现。动态负载均衡策略会检测系统实时运行状态，根据系统实时负载情况动态调整任务分配的目标节点，向计算速度较快的服务器分配较多任务，提升系统负载平衡度，加快任务平均响应时间，由于要实时监测各服务器运行状态和分析系统负载状态，会产生额外的系统开销。

根据负载控制方式的不同，可以将负载均衡技术分为集中式策略和分布式策略。早期的集群系统和目前云计算中的私有云规模较小，利用专门节点集中对负载进行管理具有很好的效果。而集中式策略用于大型公共云时就会产生瓶颈，中心节点失效会使系统崩溃。

① 集中式策略：该策略需要在系统中架设一台负载均衡服务器对其他服务器进行管理。均衡器会周期性的对系统中的服务器进行负载检测，根据检测结果按照指定的负载评估模型对每个节点负载进行负载评估，根据评估结果决定任务分配目标。用户的所有请求都是发送给均衡器统一进行分配，具有简单、高效、易于维护的优点，但是系统过分依赖均衡器，随着系统规模扩大对均衡器的计算速度要求提高，在当前大数据背景下，单个硬件的计算速度远远不能满足任务请求量，负载均衡效率的提升遇到瓶颈，由于过分依赖均衡器，当均衡器失效时，会导致整个云计算系统不可用，鲁棒性较差。

② 分布式策略：分布式策略没有部署负载均衡器，每一台服务器都参与任务调度，按照不同的算法，检测其他节点负载信息，并共享负载信息，典型的方法是每个节点获取周围一定范围内其他节点负载信息，从局部到整体搜索负载轻的服务器，适合大型公共云。由于没有中央控制节点对系统统一管理，不会出现集中式策略的性能瓶颈，系统具有良好的鲁棒性和可扩展性。

根据集中式策略和分布式策略应用领域的差异，在不同的云计算系统中需要根据系统规模和架构，采取适合的策略。在私有云等小型云系统中可以采取简单、高效的集中式负载均衡策略；在公共云等大型区域系统中可以采取可扩展性较好的分布式负载均衡策略。本文根据上述两种策略的优点，在系统局部采用集中式策略进行管理，整体上采用分布式策略。

（2）服务器集群技术

服务器集群是把多台服务器通过快速通信链路连接起来，从外部看来，这些服务器就像一台服务器在工作，而对内来说，外面来的负载通过一定的机制动态地分配到这些节点机中去，从而达到超级服务器才有的高性能、高可用。它具有如下优点：

① 高可伸缩性：可伸缩性是对集群系统处理能力的设计指标。高可伸缩性在系统扩展成长过程中，能够保证系统旺盛的生命力，通过很少的改动甚至只是硬件设备的添置，就能实现高吞吐量和低延迟高性能。

② 高可用性：系统自动完成日常维护操作（计划）和突发的系统崩溃（非计划）问题的能力。通过把故障服务器上的应用程序转移到备份服务器上运行，尽量缩短服务器和应用程序的停机时间，以提高系统和应用的可用性。

③ 高可管理性：集群系统可以智能地帮助系统管理员发现问题、解决问题；并且系统管理员可以从远程管理一个、甚至一组集群，就好像在单机系统中一样。

（3）高性能 GIS 计算引擎

针对海量房屋建筑和市政设施矢量图形数据加载速度慢、编辑响应时间长的问题，提出一种按需服务、横向可扩展的分布式高性能 GIS 服务引擎，将矢量数据存储于以分布式集群部署的空间数据库中，在外部容器中发布成 OGC 服务，高频访问的数据基于 JAI 进行图形处理优化，基于 JTS 生成空间索引，并置于内存缓存中以提高性能，客户端通过路由分组的方式对服务进行高效访问。

高性能 GIS 计算引擎提供在线 GIS 服务集成管理与安全监控服务，是专业的 GIS 服务管理平台，集海量、多源异构空间信息资源的整合、管理和运维保障为一体。高性能 GIS 计算引擎采用全新设计理念，系统架构全面升级，支持集群和分布式部署，在功能强大、简单易用的同时，满足客户对高性能、高并发的要求。具有良好的扩展性，可进行升级开发，为其他相关业务平台提供强力支撑。高性能 GIS 计算引擎是传统 GIS 引擎在引入负载均衡、服务器集群技术基础上的一种技术变革，在整个房屋建筑和市政设施调查过程中经受住了大数据量和大并发量的考验，拥有强大的空间数据管理与地理信息发布能力，在用户体验和性能提升方面具有无限的想象空间。

高性能 GIS 计算引擎采用云计算技术，将服务器、存储、数据、平台、应用等各类计算资源虚拟化、服务化，构成虚拟化计算资源的服务云池，并进行统一的、集中的高效管理和经营，使用户通过云端就能随时按需获取计算资源服务，完成高效、低耗、低成本的计算活动。它实现将相关的数据、服务、应用等资源进行集中管理与按需分发，灵活适应桌面端、网页端、二维客户端、三维客户端等在内的多种应用终端，形成一云多端的服务模式，为客户提供随需应变、动态伸缩、高性能比的资源服务。

完全基于 Geo-ESB（即地理信息企业服务总线），依托 REST 或 JMS（Java Message Service）等标准技术，通过简单的标准适配器和接口，将信息服务以接口的方式进行统一注册、管理、发现与应用，实现基于服务的多级信息服务节点对接；融合多源数据和不同应用服务，并形成标准的服务用于共享，适应并服务于更多的应用环境。

① 高性能 GIS 服务内容

采用自主研发的 GIS 服务技术，空间信息共享要求基于 OGC（Open Geospatial Consortium）标准的 GIS 服务技术和 Web Services 技术。通过采用 OGC 或 ISO 相关标准协议，构建的一个基于网络的地理空间信息服务框架体系，为不同用户提供功能各异的一站式空间信息服务功能。针对空间信息服务主要包括以下四个部分：数据管理、共享交换、基础服务和应用服务。

a. 数据管理用于实现对于不同格式数据的一个平滑的、无缝的、与用户无关、透明的格式转换功能，实现对于矢量、栅格、CAD、DEM 等多种数据格式的统一管理，从而为空间数据服务提供数据基础。

b. 共享交换用于对采用同本系统相兼容的结构的空间数据发布结果提供数据注册的入口，以实现分布式的数据服务模式。

c. 基础服务采用基于国际 ISO 标准，实现对于数据仓库模块中的空间数据的发布、表达、渲染、注释以及动态制图等功能，并向用户返回相应的请求结果。

d. 应用服务用于构建专业的联动门户，用于实现空间数据的一站式服务。

② 符合 OWS 服务体系

OWS 的全称是 OGC Web Services，在 OWS 服务体系中，主要的服务类型有 WFS、WCS、WMS 等。完全符合 Open GIS 框架编码规范，囊括了指定类型数据转换的专业词汇集，这些数据被包装成应用客户和服务之间以及服务与服务之间的消息。这些编码包括地理标记语言（GML）、XML 影像和地理标一记（XIMA）、样式化图层描述器（SLD）、位置组织者名录（LOF）、服务元数据、影像元数据等，如图 4.4-14 所示。

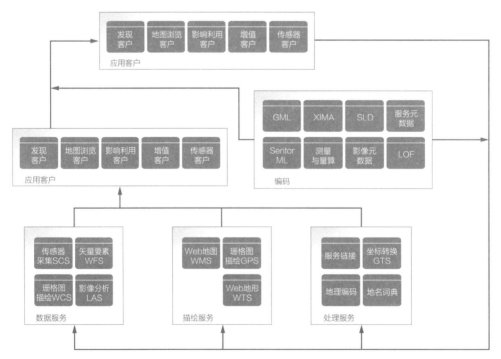

图 4.4-14　OWS 中的相应规范

3）云计算支持下的移动 GIS 技术

（1）移动 GIS 研究始于 20 世纪 90 年代，指的是移动终端设备上应用 GIS 系统，并能够通过接口与桌面系统进行数据的交互和共享，它集成了 GIS、移动定位、无线通信、多媒体等众多前沿技术，能够为用户提供随时随地可获取的地理信息服务，比如信息查询、地图编辑等。移动 GIS 具有以下特点：

① 移动性

移动性是移动最主要的特点，也是相比于其他形式最大的优势。移动运行在移动终端设备之上，旨在为移动中的用户提供地理信息服务，比如室外定位、野外采集等。

② 终端设备多样性

终端设备可以是智能手机、便携式计算机、接收机等，不同终端设备的硬件情况和嵌入式操作系统平台会有所不同，这就造成了移动终端设备的多样性，这也是设计移动时要考虑的一个因素。

③ 信息表现形式多样性

移动地理信息服务的表现形式越来越丰富，信息载体呈现多样化，包括文本、数值、图像、音视频等，如何在移动终端更好地组织、传输和表现这些数据是需要不断突破的课题。

④ 信息服务实时性

移动是移动环境中的地理信息服务系统，能够适应环境中随时可变的各种因素，并为用户提供实时可靠的地理信息服务，比如实时路线导航等。

移动 GIS 按照业务逻辑，主要包括移动端和服务器端两大部分。移动端指运行有移动 GIS 应用软件的终端设备，支持智能手机、平板电脑、便携式计算机、车载终端，或者 GPS 接收机等，具有可计算、便携等特点。移动终端设备主要由移动用户持有，负责在移动环境中为用户提供 GIS 服务，是移动 GIS 与用户之间的交互接口，承载移动 GIS 表现层。服务器端，尤其是地理服务器是整个移动 GIS 应用的核心，主要作用是存取、分析、处理空间数据并管理空间数据库等。地理服务器和服务器可以结合使用，可通过服务器负责接收移动端的请求，并将请求处理后转发给服务器，同时接收服务器的响应，将服务器处理、分析并返回的地理服务信息发送至移动端，完成移动端完整的请求响应过程。服务器端的性能在整个用户体验过程中起到至关重要的作用，是调查系统能否顺利支撑用户现场调查的关键环节，需要在移动 GIS 服务端融合云计算技术，增强移动服务获得的便利性和健壮性。

（2）云计算是一种通过Internet以服务的方式提供动态可伸缩的虚拟化的资源的计算模式，通过这种方式，共享的软硬件资源和信息可以按需求提供给计算机和其他设备。从用户角度看，用户可以按照自己对计算资源的需求，获取云计算服务提供商的各种服务，无需了解任何云计算系统的基础设施细节和直接进行控制。云计算描述了一种基于互联网的新的IT服务增加、使用和交付模式，涉及通过互联网来提供动态易扩展的虚拟化资源。其强大的数据分析处理能力可以为用户提供更为方便快捷的服务，有效节约时间和精力。

云计算模式有以下几个特点：

① 弹性服务。云计算虚拟化技术能根据资源需求量动态分配资源，使资源和业务需求相一致，通过后台负载均衡技术，避免服务器节点资源过载或冗余而导致服务质量下降或资源浪费。

② 资源池化。云计算中资源以共享虚拟资源池的方式进行管理，利用虚拟化和负载均衡技术使资源的管理与分配策略对用户透明。

③ 可靠性好。云计算的可靠性是多种保护措施实现的，比如数据的多副本容错功能、计算节点的互换等。并且配备有专门的技术人员对数据库进行实时维护，保证存储信息的安全、稳定性，确保用户不受影响。

④ 通用性好。云计算的推广范围很广，能够满足各类用户的服务要求，甚至同一云能够在同时为多个用户提供服务，并且可以构造出很多不同形式的应用，这为用户享受云计算服务提供了很大的便利性。

⑤ 成本低廉。云计算采用的是集中自动化的管理形式，容错措施使用低廉的接点构成模式，这就在很大程度上降低了管理运营成本，减少了分摊到用户身上的管理维护费用。其良好的通用性功能，可以为用户提供更加方便、廉价的服务，用户无须投入大量精力和财力就可以获得想要的资源。

4）多源数据自主融合技术

全国房屋建筑和市政设施普查软件系统涉及空间数据库、时态数据、文本数据源、异质数据等。数据种类多，多源异构性，且数据量大。系统应用多源数据融合技术，用不同的算法工具及数据技术在有效搜集、整理、调查、分析相关数据类型、结构、价值的基础上，使多种来源的数据融合在一起，对多种类型数据进行科学客观的评价与分析，最终获取高价值的信息资源的过程。

应用多源数据融合的目的是将不同种类、不同结构、不同内容的数据进行综合优化处理，发挥不同来源数据的优势，从海量数据中提取出具有统一结构特征，比单一数据更可靠、更有价值、更科学的数据，满足决策管理需要，使服务用户的数据更具科学性。

通过对数据资源的全面挖掘、分析、整合使数据成为互相联系的有机整体。该系统由两部分组成，分别为数据分布式处理模块和数据识别模块。针对多种结构及类型数据进行分布式处理及融合重构，使用算法工具对多元数据进行深入挖掘，生产出客观准确、科学有效，满足决策服务需求的高价值的信息数据。

数据库集群，是指一组服务器运行多个数据库，并且这些数据库的数据是一致的。集群的目的是提升数据库的整体处理能力，突破单机的性能瓶颈。分布式是指将不同的业务数据分布在不同的地方，以降低单库的数据量，分布式架构中的每一个节点，都可以做集群。调查系统使用了数据库分布式集群的部署架构，数据库按主从的模式做集群部署，并且也做了分库分表，按分布式的架构进行部署管理，目的是降低单库、单表的数据量，从而确保每个库、每个表都能提供高效的读写能力。

5）分布式对象存储技术

调查系统使用了分布式对象存储，存放各种媒体资源，如照片、各类审核文档、质检任务包等。分布式对象存储系统，是将数据分散存储在多台独立的设备上，采用可扩展的系统结构，利用多台存储服务器分担存储负荷，并且提供数据冗余的能力，这不但提高了系统的可靠性、可用性和存取效率，还易于扩展。根据各省市的实际需要，可以动态扩展节点以满足不同存储等级的要求。相比传统的高端服务器来说，同样价格下分布式存储提供的服务更好、性价比更高，且新节点的扩展以及坏旧节点的替换更为方便。

调查系统支持多种分布式对象存储，如：分布式对象存储 minio、亚马逊 s3 对象存储、华为云对象存储（OBS）、腾讯云对象存储（COS）、阿里云对象存储（OSS）、浪潮云对象存储（inspur）等；系统安装部署，可按实际情况选择不同的分布式对象存储类型，以适应各省市不同数据量的要求，为调查系统提供安全、可靠的存储功能，如图 4.4-15 所示。

调查系统集成了多种对象存储的操作，通过统一的数据访问组件让调查应用程序，无需感知底层具体的存储实现，只需关注业务操作即可。通过对内对外的负载均衡策略，保障了调查系统的高可用性，同时保留了系统的可扩展性。每种分布式对象存储都要求具备备份的功能，数据按增量的方式进行备份，确保了数据的安全性，即不会出现人为误操作或者服务器宕机而导致数据丢失的情况。

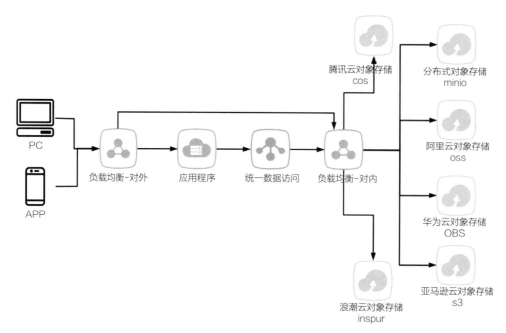

图 4.4-15　分布式对象存储技术

4.4.4　软件应用效果评价

通过系统开展普查全国房屋建筑和市政设施的基本信息、空间信息及承灾能力等内容，形成房屋和市政设施灾害普查成果，同时为城市建设管理资源库的建设打下基础，提升城乡建设的信息化水平。

1）软件应用效果分析

通过房屋建筑和市政设施调查系统，第一次摸清了全国的房屋数量和房屋面积，不仅为后续的自建房安全专项排查和整治提供了强力的数据基础，而且为各项城市管理建设打下了基础。例如，房屋建筑和市政设施调查系统中已经清晰统计出全国建筑栋数和建筑面积数，及其全国市政道路、市政桥梁、供水管线和供水设施厂站等数据底数。

为充分利用农村房屋安全隐患排查既有成果数据，系统开发了农房数据复用功能。房屋普查时，可通过户主姓名与农房数据关联，复用农房已有指标，充分利用已有基础数据，避免重复调查，减轻外业调查的压力。

在调查采集过程中，为充分利用不动产、农房一体、权籍调查成果数据，系统开发了既有成果数据导入功能，并建立既有成果数据导入规范和标准说明，指导有需要的地方提前处理好既有成果数据为标准格式，并通过系统后台功能进行数据导入。为保证导入的既有成果数据的质量，系统开发了既有成果数据导入质检工具，并根据导入标准和规范配置质检规则，保证了导入的成果数据质量。这不仅提升了调查成果的质量，而且减轻了外业调查的压力。

因全国房屋建筑和市政设施普查涉及的工作量大、工期紧、用户量大等，为满足用户量大、并发高的要求，系统采用自主研发的奥格云平台管理系统，不仅支持全国各级用户创建和维护，而且支持日常系统的管理和运维。

全国各省份开展普查工作以来，122 各试点区县实名用户数达 14.4 万人，全国实名注册用户数达 282.6 万人。

全国系统支撑日在线用户数峰值达到 41.5 万人，日活跃用户数峰值达到 14.3 万人。

为加强对房屋建筑和市政设施调查数据质量的管控，住房和城乡建设部组建了一批巡检员和专家对全国 31 个省（区、市）的调查数据成果进行在线巡检，利用系统提供的支撑手段进一步加强对数据质量的全过程管控。

系统支撑了 389 个部级巡检员和专家对 3089 个区县的在线巡检工作，完成巡检任务 3896 个，下发提示单和警示单 2186 个，各省对提示警示问题及时进行整改并反馈，举一反三，避免了共性问题重复发生。

2）社会经济效益评价

（1）社会效益评价

系统采用国家统一开发，各省分别部署的部、省两级部署方式，节约各省系统搭建时间、技术开发服务费用和人力成本，将在原定于 2022 年底的前 2 个月完成了房屋建筑和市政设施普查及横向汇交工作。房屋建筑和市政设施是全国自然灾害综合风险普查总量最大的承灾体，这次普查不仅加快了全国自然灾害综合风险普查总体成效评估，而且第一次摸清了全国范围内的房屋建筑和市政设施底数，为后续房屋安全管理等工作提供了强大的数据支撑。

目前房屋建筑普查成果已充分应用于城乡自建房安全专项整治信息归集平台中。城乡自建房安全专项整治信息归集平台依托全国自然灾害综合风险普查房屋建筑调查工作基础，充分利用房屋建筑普查成果数据，以普查房屋建筑的调查图层为基础，充分复用现有房屋建筑的调查指标，结合自建房安全排查数据采集要求，快速开展城乡自建房安全专项整治信息排查采集工作，支持各地开展自建房排查"百日行动"，进行快查快改，立查立改，及时消除经营性自建房存在的安全隐患。基于现有房屋建筑成果数据，使得各地城乡自建房安全排查人员能够快速定位房屋建筑位置，了解房屋建筑的初步情况，提高排查工作的效率和规范性、准确性，加快了城乡自建房排查的进度，形成了城乡自建房安全专项整治排查成果数据。

（2）经济效益评价

系统采用自主研发的 GIS 平台，节约了其他 GIS 平台采购成本，仅此一项全国节省约 1800 多万元，为全国各省份搭建系统节约了成本。

采用开源数据库替换商业数据库，大幅降低了成本投入，与此同时，还实现数据库的快速部署和灵活定制。

4.5 调查保障措施

4.5.1 质量控制措施

本次房屋建筑承灾体调查工作建立调查单位自我质量评价、省市县各级主管部门分别抽样核查，住房和城乡建设部成果验收的质量管理体系。整个质量控制原则遵循全面性和可行性原则，质量控制要求全体调查人员参加，贯穿整个调查工作全过程；调查质量控制从工作实际出发，根据实际工作环境和条件，采用过程检查、交叉互检、随机抽检等措施，提高调查数据的质量。

质量控制流程图如图 4.5-1 所示。

图 4.5-1 质量控制流程图

1）质量控制原则与方法

全面性原则：质量控制要求全体调查人员参加，贯穿整个调查工作全过程。

可行性原则：调查质量控制从工作实际出发，根据实际工作环境和条件，制定并执行质量控制的制度与程序。

质量控制工作贯穿于房屋建筑调查全过程，对各个环节的工作实行全过程、全方位的质量控制。质量控制采用工作督查、资料查阅、现场检查、数据质量审核等多种方式进行。住房和城乡建设部对各地房屋调查工作进行督促指导。

各级人民政府住房和城乡建设部门设立质量控制小组，定期组织人员到现场检查，对工作中出现的问题及时予以纠正，同时收集、整理、分析工作质量情况，及时向上级部门反映，采取有效措施，防止出现系统性质量问题。

2）质量控制要求

各级住房和城乡建设主管部门应采取软件质检、人工核查等方式，对本级产生的各类数据、图件、文字报告等数据的完整性、规范性、准确性进行质量自检。数据质量自检合格后，应形成完整的质量检查报告与调查数据一并上交上级主管部门。

住房和城乡建设部及各省（自治区、直辖市）住房和城乡建设主管部门应根据相关技术规范，采取软件质检、人工核查等方式，对下级部门汇交的数据进行质量审核。上级主管部门应及时向下级部门反馈质量审核结果，对未通过审核的数据或成果，应要求下一级在规定时限内完成修改、更新和再次汇交。各级质量审核，应形成完整的质量审核报告，向上级主管部门汇交数据时一并上交。

数据质量审核采取分级抽验的方法，抽检比例可根据实际情况确定。省（自治区）对地市汇交数据抽检比例原则上不小于各地市调查总量的 0.3%。地（市）对县（区）汇交数据抽验比例原则上不小于各县（区）调查总量的 0.4%。直辖市对区级汇交数据抽检比例原则上不小于区级调查总量的 0.3%，直辖市的区只做区级质检。

住房和城乡建设部以县级行政区为单位，对省级汇交数据进行外业实地抽验审核，抽验审核结果应同前期调查结果进行比对，如果个别调查区域出现差异大于10% 的情况，应责令整改，并在整改完成后对该地区按前两倍的抽样数量进行第二次抽样检查，直至比对结果符合要求为止。

各级数据质量审核委托第三方机构承担的，必须选择具有建设工程勘测设计，房屋鉴定相应资质或具有同等专业能力的机构，并应符合回避原则，同一个第三方机构不得同时承担同一县（区）的调查和数据质量审核业务。

住房和城乡建设部、省（自治区、直辖市）住房和城乡建设主管部门分别接受国务院普查办、省级普查办对横向汇交数据的综合性审查，并根据综合性审核形成的质量审核报告对数据进行修改、更新。

3）质量评定规范

为了规范和指导房屋建筑承灾体核查结果的评定，统一现场调查单位自查和核查机构对核查结果的评定标准。全国各省、市分别制定了评定规范或细则，指导质检核查工作。以北京为例，房屋建筑调查信息按照重要程度分为关键信息、重要信息和一般信息，其中关键信息和重要信息属于控制性指标。

（1）城镇房屋信息及控制指标

根据城镇房屋调查项目对房屋承灾体后期评估的重要性和达到摸清底数的要求，城镇房屋核查信息划分说明及核查要点如表4.5-1所示：

城镇房屋核查信息重要程度划分与核查要点　　　　　　表 4.5-1

信息分类	信息名称	核查要点	信息类型
关键信息	调查对象	按照调查范围要求进行核查，除已拆除之外的不需要调查房屋调查单位进行了调查，不认定为错误	—
	建筑层数	重点关注地上层数填报是否错误和是否有地下室；对于仅地下层数填报错误时，可不认定为层数填报错误；当把不高于 2.2 米的封闭区域（设备层）计入层数时，可不认定为层数填报错误	建筑信息
	结构类型	鉴于城镇平房院落内房屋的复杂性，允许有一定范围的容错，如木结构误填为木柱砌体墙混杂结构，此种情况可不认定为关键信息错误，但要计入一个一般错误信息项	建筑信息
	房屋用途（非住宅）	当有可靠依据能确定填报房屋用途不影响软件后台对房屋抗震设防类别的判定时，可不认定为房屋用途填报错误	建筑信息
	是否专业设计建造	个人私搭乱建的房屋，不属于"专业设计建造"；翻建的私宅根据现场问询填报	建筑信息
	设计建造时间	根据划分的 5 个建造年代区间，严禁出现跨建造年代区间的错误，当填报年代与核查年代处于同一建造年代区间内，不认定为错误	建筑信息
	建筑面积	有图纸资料且未进行改造的应按照资料填报，不得出现错误；无资料或改造过的房屋，不得出现多层房屋仅填报一层的错误；体型复杂房屋避免较大误差，核查时当面积偏差超过 20% 且大于 10 平方米，则认定调查面积数据填报错误	建筑信息
重要信息	房屋类别	当住宅和非住宅混淆错误填报时，认定为房屋类别填报错误	—
	照片情况	必须为所调查房屋拍摄照片，能够展示房屋的层数、规模、结构等特点，从外观上易引起误判的结构，宜在备注中说明情况，对于模糊不清、光线条件差的照片均视为不符合要求	—

续表

信息分类	信息名称	核查要点	信息类型
重要信息	建筑名称 / 建筑地址	城镇房屋建筑名称有楼牌的按照楼牌号填报，无楼牌的按照周围居民习惯叫法填报，应填写规范；建筑地址至少应填报到路（街巷），号和栋尽可能填报齐全，填报房屋周围紧邻的任意主要路均不算错误。当建筑名称和建筑地址均出现错误时，认定 1 个重要信息错误	基本信息
	产权登记	产权登记情况与产权单位填报情况之间符合逻辑关系，确保"是""否"勾选正确	基本信息
	建筑高度	有图纸资料且与房屋实际吻合时，按照实际填报；无资料时，测量误差超过房屋总高度的 10% 且误差超过 1.5 米，认为高度填报错误	建筑信息
	变形损伤	必须确保"有""无"勾选正确，变形损伤照片类型与填报选项对应。不应出现房屋照片明显有损伤但勾选"无"或勾选"有"但无相应照片的情形	使用情况
	改造情况	确保"是""否"勾选正确，当缺少改造图纸资料时，改造时间允许有几年的误差	使用情况
	抗震加固情况	确保"是""否"勾选正确，当缺少改造图纸资料时，抗震加固时间允许有几年的误差	使用情况
一般信息	小区名称、单位名称、产权单位	由于小区名称和产权单位会有变更，以现在的名称进行填报，允许用院落号代替小区名称	基本信息
	住宅套数	有资料的以建筑图表表明的住宅套数填报，缺失资料的按照实际统计填报	基本信息
	是否采用减隔震	隔震房屋主要应用于多层砌体结构，医院的多层砌体的手术楼、中小学教学楼有应用，极少数的住宅小区采用基础隔震进行建造；消能减震在中小学教学楼和医院的多层钢筋混凝土框架加固中得到应用，如北京火车站的大厅采用消能支撑加固	建筑信息
	是否保护性建筑	这些房屋主要是木结构和中式住宅楼以及中华人民共和国成立前建造有保护价值的砖木结构房屋，确切认定较为复杂，已经挂牌为古建筑、文物建筑、历史建筑的应当填报正确	建筑信息
	有无物业管理	根据现场情况填报与核查	使用情况

（2）农村房屋信息及控制指标

根据农村房屋调查项目对房屋承灾体后期评估的重要性和达到摸清底数的要求，农村房屋调查信息划分说明及核查要点如表 4.5-2 所示：

农村房屋核查信息重要程度划分与核查要点　　　　　　　表 4.5-2

信息分类	信息名称	核查要点	信息类型
关键信息	照片情况	必须为所调查房屋拍摄照片，能够展示房屋的层数、规模、结构等特点，从外观上易引起误判的结构，宜在备注中说明情况，对于模糊不清、光线条件差的照片均视为不符合要求	—
	调查对象	按照调查范围要求进行核查，除已拆除之外的不需要调查房屋调查单位进行了调查，不认定为错误	—

续表

信息分类	信息名称	核查要点	信息类型
关键信息	建筑层数	农村房屋本次不需要调查地下层数，当填报的层数包含了地下层数，可适当容错，不认定为错误	建筑信息
	结构类型	应确保结构类型各级选项填报正确。当房屋设置地圈梁、屋面为木屋架或钢屋架，前纵墙处为现浇钢筋混凝土柱弥补窗间的不足，且前檐混凝土梁与前檐钢筋混凝土柱现浇为一体的，应填报砖石结构，不能填错。鉴于农村房屋结构类型的复杂性和随意性，对部分易混淆或现场难以准确判断的房屋，允许有一定范围的容错，包括：前纵墙为预制混凝土柱承重、其余为砖墙承重房屋，应为混杂结构，误填为砖石结构；木结构误填为混杂结构等可不认定为关键信息错误，但应计入一个一般信息错误	建筑信息
	是否专业设计建造	建造年代较早（2000年之前）的房屋，采用专业设计的概率较低，不要误填。集体土地上统一建造的集合住宅、小区、联排以及独栋房屋等可判定为具有专业设计；村集体土地上建造的大型厂房等建筑，应仔细询问、谨慎填报	抗震设防信息
重要信息	建筑名称/建筑地址	集合住宅的建筑名称应填报准确。有楼牌的按照楼牌号填报，无楼牌的按照周围居民习惯叫法填报，非住宅可按含单位名称、招牌等信息规范填报；建筑地址至少应填报到行政村，组（自然村）、街巷、门牌号尽可能填报齐全。当建筑名称和建筑地址均出现错误时，认定1个重要信息错误	基本信息
	建筑面积	系统中自动计算面积仅供参考，核查时当面积偏差超过20%时，则认定调查面积数据填报错误。对于前沿有混凝土挑檐的农村砖石房屋，挑檐面积宜按一半计算。对于院内原房屋之间搭接彩钢或玻璃屋顶的区域，不计入建筑面积。通过预制板、现浇板或钢网架与周边原房屋墙体有效连接的加盖区域房屋，可与周边房屋归为一个房屋调查	建筑信息
	房屋用途（非住宅）	确保人员密集的教育设施、医疗卫生、餐饮服务、住宿宾馆、农贸市场、养老服务等具体用途填报准确	建筑信息
	房屋类别	当住宅和非住宅以及住宅下的独立住宅和集合住宅混淆错误填报时，认定为房屋类别填报错误。城乡接合部宅基地上建设的具有一定规模的出租屋应重点关注，这类房屋属于人员密集场所，通常没有营业执照，应按照非住宅房屋调查，用途为民宿宾馆	—
	建成时间	根据划分的5个建造年代区间，严禁出现跨建造年代区间的错误，当填报年代与核查年代处于同一建造年代区间内，不认定为错误	建筑信息
	变形损伤	必须确保"有""无"勾选正确，变形损伤照片类型与填报选项对应。不应出现房屋照片明显有损伤但勾选"无"或勾选"有"但无相应照片的情形	抗震设防信息
	安全性鉴定情况	确保"是""否"勾选正确，且安全性鉴定二级选项正确	抗震设防信息
	抗震加固情况	确保"是""否"勾选正确，仅进行节能改造的不属于抗震加固范围。应与建成时间符合逻辑关系，抗震加固时间允许有几年的误差	抗震设防信息
	抗震构造措施	专业设计或有资质施工队伍建造的农房，可不勾选此项，若勾选不计入错误。抗震构造措施仅适用于砖石结构、土木结构，其他结构不得勾选此项，若勾选计入错误。抗震构造措施调查填报项目数量少于实际时不认为错误	抗震设防信息

续表

信息分类	信息名称	核查要点	信息类型
一般信息	小区名称	由于小区名称和产权单位会有变更，以现在的名称进行填报，允许用院落号代替小区名称	基本信息
	户主姓名	填报为户主直系亲属时不认为错误	基本信息
	产权人 / 使用人	根据实际填报或核查，尽可能填报产权人信息	基本信息
	住宅套数	有资料的以建筑图表表明的住宅套数填报，缺失资料的按照实际统计填报	基本信息
	建造方式	采用询问方式调查或核查	抗震设防信息

（3）核查结果判定标准

① 单个房屋调查结果判定标准

关键信息，采用一票否决制，即发生一项不符合时，判定该栋房屋调查数据不合格。

重要信息，采用每栋出现两项及以上不符合时，判定该栋房屋调查数据不合格。

一般信息，主要核查其是否应填尽填、是否合理，采用每栋四个及以上一般信息项不符合时，合计为一个重要信息错误。

当对一栋房屋核查结果出现一个重要信息不符合和一般信息不符合数合计为一个重要信息时，总计为两个重要信息项不符合要求，判定该房屋调查数据不合格。

② 县（区）调查结果判定标准

按照单个房屋调查结果判定标准进行抽样核查，抽样核查结果同前期调查结果进行比对，如果个别调查区域出现差异大于 10% 的情况，应判定区县调查成果不合格，责令整改，并在整改完成后对该地区按前两倍的抽样数量进行第二次抽样检查，直至比对结果符合要求为止。

4.5.2 其他保障措施

调查工作按照"全国统一领导、部门分工协作、地方分级负责、各方共同参与"的原则组织实施。

在国务院第一次全国自然灾害综合风险普查领导小组及其办公室的领导下，住房和城乡建设部负责房屋建筑和市政设施调查实施方案、技术标准规范、培训教材编制；负责建设数据采集及核查汇总等软件系统；指导地方开展技术培训和调查工作，按职责分工复核省级调查数据，汇总形成全国房屋建筑和市政设施调查成果并按要求统一汇交。

省级普查领导小组及其办公室的领导下，承担房屋建筑和市政设施调查工作的省级人民政府有关部门负责编写本省（区、市）灾害综合风险普查总体方案的相关内容，编制本省（区、市）房屋建筑和市政设施实施方案；组织开展本省（区、市）调查技术培训；负责本省（区、市）调查数据汇交和质量审核，形成省级调查成果并按要求汇交。

在地市级普查领导小组及其办公室领导下，承担房屋建筑和市政设施调查工作的地市人民政府有关部门负责编写本地区房屋建筑和市政设施调查任务落实方案；组织开展本地市调查技术培训，指导县级人民政府具体实施调查；负责本地区调查数据汇交和质量审核，形成地市级调查成果并按要求汇交。

（1）人员组织与培训

人员组织上：项目组配备多种专长人才，选择具备房屋调查、遥感影像识别、经验丰富的人员承担内业调查工作。选择具备外业调查丰富经验的人员承担外业调查工作，选择具备质量控制经验的人员进行调查成果抽查工作，选择数据分析能力较强的人员进行报告编制等，做到专人专岗、责任到人。

普查方法：本次普查工作是全国第一次开展，省级试点县经验显得尤其重要，从地域特点上也更加接近调查县（区）实际情况。分享试点县的工作经验总结分析后，分阶段、分对象整理出可采用的流程和方法，同时对于决策、执行上的缺陷也进行汇总，并提出针对性的改进意见。通过整理分析，能清晰地明确调查的难点和工作的重点，同时通过试点的实施流程和工作方法，能总结出改进的方案和措施，制定符合区域特点的工作实施计划，不但节约了试错成本，很大程度上提高了工作效率。

业务培训：第一是重视上级文件收集，特别注意查收技术修订文件或课件。受限于地域多样性、对象复杂性等条件，规范导则难以全面覆盖，实施中也有针对性地进行修订，特别是全国试点结束后进行了一次较大范围的修订工作。再有就是各省级根据地方实际，对调查指标项的要求也进行了不同程度的更新。要求调查单位技术组要实时跟进，做好修订后规范导则以及调查指标项的培训工作。第二是积极参加上级组织的培训活动，特别是调查实施过程中的技术培训。此类培训活动主要是针对工作中常见或典型问题的解决方法进行详解。比如：具有地方建筑特色的结构性问题、专业设计建造的判断常识、建筑用途的理解误区等。要求调查人员全员参与，不能担心耽误工作而拒绝参加，正确的思路和方法，能转化为更高的效率。

第三是加强培训频次，过程检查中及时发现技术薄弱的人员，分析原因，如存在技术缺陷，通过强化培训、提供技术帮扶等方式帮其提高；如因主观责任心问题导致，则应考虑岗位调动。

（2）资料收集利用

制作导索目录：通过协调行业部门收集的资料，进行分类整理，制作资料导索目录，方便管理和查找，同时为后期资料的归还做好基础工作，如表4.5-3所示。

资料导索目录表　　　　　　　　　表 4.5-3

资料编号	资料名称	资料类别	资料类型	来源单位及部门	可利用指标项	覆盖区域	收集人员	保管人员
电子001	××县房屋安全管理系统	系统平台	电子	××县住房和城乡建设管理局房屋安全科	房屋改造、抗震加固	××街道××社区、××乡镇××村	张××	李××
纸质001	××单位竣工图	图件	纸质	××县住房和城乡建设管理局××科	结构类型、房高、面积、层数	××单位	×××	×××
电子002	××小区物业管理平面图	图件	电子	××物业公司××部门	建筑地址、门牌号、小区名称、楼栋号	××小区	×××	×××

利用信息标识：通过内业录入实现资料利用，同时应做好利用信息的标识工作，不但是作为数据来源的印证需要，而且还是各级核查问题申诉的佐证材料。同时经过外业复核后还应记录复核采用情况，至此，资料利用工作才是一个完整的闭环，如表4.5-4所示。

资料利用信息标识表　　　　　　　　　表 4.5-4

资料编号	资料名称	房屋编号	内业录入指标项	外业复核采用情况	复核人
电子001	××县房屋安全管理系统	×××××××××××××1	是否进行改造、是否抗震加固	已采用	×××
		×××××××××××××2	是否进行改造	未采用	×××
纸质001	××单位竣工图	××××××××××××118	结构类型、房高、面积、层数	已采用	×××
		××××××××××××119	结构类型、房高、面积、层数	结构类型采用	×××
电子002	××小区物业管理平面图	×××××××××××5528	建筑地址、门牌号、小区名称、楼栋号	楼栋号未采用	×××
		×××××××××××5529	建筑地址、门牌号、小区名称、楼栋号	楼栋号未采用	×××

第5章

数据应用平台建设

通过普查软件系统，各省各地市实现了对房屋建筑和市政设施存量底数的第一次摸排。通过打造全国房屋建筑和市政设施数据库，并依托于数据集成管理技术，建设平台综合管理系统，实现对基础数据、调查成果数据和业务数据的统一汇聚、统一治理和统一管理。同时，基于数据统计分析与应用技术，打造平台数据统计分析与应用系统，构建住建领域的三维基础底图，实现各项房屋建筑和市政设施普查资产分析及业务专题分析。

5.1 概述

5.1.1 建设原则

按照"统一规范、资源整合、信息共享、长远发展"的原则，推进全国房屋建筑和市政设施数据应用平台的建设。

（1）统筹规划、整体推进

从部级角度出发，实现房屋建筑和市政设施调查成果建库管理，做好成果应用的顶层设计，制定合理的建设路线。根据总体工作要求，结合实际，整体推进部级信息化高质量发展。

（2）统一标准、资源共享

按照统一的数据库分类、组织结构和编码体系，对房屋建筑和市政设施数据资源进行统一规划，实现数据资源的有效管理。以部大数据中心为依托，通过融合共享让数据资源满足部内各司局的工作需求，同时支持数据服务开放至各省住房和城乡建设厅，使数据全面应用起来，建立上下联动的业务协同机制。

（3）分级管理、分步建设

按照"数据向上集中，服务向下延伸"的思路，根据职责分工，结合工作实际，充分考虑未来业务发展对成果管理与应用平台的要求，在统筹规划的基础上，统一组织实施，分级、分步、分阶段稳步推进平台建设。

（4）科学合理，经济实用

项目建设规划，既要有整体性和前瞻性，又要注重实用性和可扩展性。要从节约成本、切合实际、有效服务出发，精心做好方案设计，整合信息资源，充分利用现有软硬件设施，避免重复开发、重复建设，造成投资浪费。

5.1.2　建设目标

平台在建设过程中，重点实现以下三个目标：

（1）明晰房普数据资产，填补行业数据空白。本次普查既是一次重大的国情国力调查工作，也是住房和城乡建设系统填补空白、形成全国房屋建筑和市政设施数据库、从根本上解决底数不清问题的重要工作。通过在卫星遥感图像上标绘房屋建筑和市政设施轮廓，并结合现场采集结构类型、抗灾设防等信息，能够最终形成既带有空间位置信息又带有防灾属性信息的全面、准确、翔实的房屋建筑和市政设施数据库。

（2）打造住建三维"一张图"，促进数据资源利用。数据就是资源。习近平总书记强调，要运用大数据提升国家治理现代化水平。这次普查形成的全国房屋建筑和市政设施数据成果是"十四五"期间住房和城乡建设系统信息化建设的重要组成部分，是城乡建设管理的必要支撑，也是充分利用大数据技术和信息化手段、提升城乡建设管理现代化水平的基础资源，同时也在精准推进城市更新、城市体检、老旧小区改造、城市运行管理、历史名城保护、乡村建设行动等各项工作方面发挥着重要作用。

（3）贯彻政策法规要求，辅助抗震设防决策。全国房屋建筑和市政设施调查是贯彻落实《建设工程抗震管理条例》（以下简称《条例》）的具体举措。作为新中国成立以来工程抗震领域第一个专门的行政法规，《条例》规定了国家建立建设工程抗震调查制度，全面掌握建设工程抗震基本情况，促进建设工程抗震管理水平提高和科学决策。结合房屋建筑和市政设施调查工作，建立大数据平台，能够实现建设工程抗震设防数据的快速汇聚和辅助决策分析，全面落实《条例》中的工作要求。

5.2 需求分析

作为第一次全国范围内的自然灾害综合风险普查，本次房屋建筑和市政设施调查工作中，收集了各地区、各行业、各类型的数据，为了摸清全国房屋建筑和市政设施底数，解决现阶段数据结构不统一、业务系统不相通等问题，实现对结构化、半结构化和非结构化数据的统一梳理，形成一张二三维一体化的住建"底图"，帮助住房和城乡建设部门掌握房屋建筑和市政设施存量底数和抗震设防等情况，支撑全国自然灾害综合风险与减灾能力评估，科学研判综合风险隐患，提升科学决策能力。

5.2.1 数据库建设需求分析

第一次全国自然灾害综合风险普查结果显示，房屋建筑和市政设施调查数据覆盖范围广、涉及行业多，数据庞杂，各地区、各行业、各类型数据分别存储管理，同类数据结构不统一、业务系统不相通，全国数据总体状况不清，普查数据停留在成果阶段，无法及时进行统计、分析、概况总结、风险预测等应用，难以发挥真正作用。因此，亟需充分利用信息化技术统筹进行全国数据的批量快速建库和集中管理，构建以全国房屋建筑和市政设施调查成果数据为核心的住房和城乡建设行业数据库，摸清全国房屋建筑和市政设施风险隐患底数，客观认识全国和各地区房屋建筑和市政设施综合风险水平，为支撑调查成果数据的查询检索、统计汇总、评估分析及行业监测监管等应用服务打下基础，并为全国各地抗震救灾提供数据依据。

5.2.2 数据综合管理需求分析

全国房屋建筑和市政设施成果数据覆盖范围广、体量大、数据庞杂，数据内容和类型涉及矢量、影像、地形、表格、瓦片、文件等结构化、半结构化和非结构化数据，且业务应用需求多而复杂，要实现数据的综合管理和应用并保证数据访问和查询效率并非易事。同时，紧紧围绕第一次全国自然灾害风险普查"摸清底数、查明能力、认识风险"的根本目标,针对我国房屋建筑和市政设施存量底数不清、抗震设防整体状况不明等现状,依托第一次全国自然灾害风险普查数据,住房和城乡建设行业部门应加大云计算、大数据、地理信息等先进信息技术的应用力度,统筹建设全国房屋建筑和市政设施数据管理与应用信息化系统平台,实现全国房屋建筑和市政设施调查成果数据的综合管理和有效应用,达到数据管理统一、业务开展协同、决策制定智能、监测监管精细、应用服务便捷的一体化治理目的,形成科学研判各类风险隐患的决策工具和有力抓手。

5.2.3 数据分析与应用需求分析

调查原始数据经过数据处理与管理,逐步沉淀为调查成果数据,已初步摸清了全国房屋建筑和市政设施的存量底数。但是,数据量大如何利用?繁杂的数据如何与现有业务结合?诸如此类的问题也仍然存在。

以《第一次全国自然灾害综合风险普查房屋建筑和市政设施调查实施方案》(即248号文)的部署要求作为指导思想,遵循"统一标准、统一建设、统一管理"的理念,以汇交并经过层层质检后的调查成果数据为基础,打造平台数据分析与应用系统,形成一张二三维一体化的住建"底图",帮助住房和城乡建设部门掌握房屋建筑和市政设施存量底数和抗震设防等情况,"满足第一次全国自然灾害综合风险普查对房屋建筑和市政设施承灾体信息需求,支撑全国自然灾害综合风险与减灾能力评估",科学研判综合风险隐患,显著提升科学决策能力,提升"用数据说话、用数据决策"的能力。

5.3 平台架构设计

全国房屋建筑和市政设施数据应用平台的建设,围绕"通盘规划、整体推进;统一标准、资源共享;分级管理、分步建设;科学合理、经济实用"的建设原则,形成对数据处理、数据管理、数据服务和数据分析应用等能力的构建,实现对数据库的统一设计,对调查数据及各类行业业务数据进行批量入库、对象化处理、关联关系建立,将各种数据集中统一在关系型数据库中存储或管理。

全国房屋建筑和市政设施数据应用平台的建设,将通过各省、市对房屋建筑和市政设施数据管理平台的建设,逐步在纵向上构建起"部—省—市"三级架构,保障数据动态更新维护能力，支撑起全国房屋建筑和市政设施基础库的常态化更新与汇聚，为各级住房和城乡建设主管部门行业管理和分析决策提供数据支撑。

5.3.1 功能架构

为满足全国房屋建筑和市政设施大数据管理与应用平台的各方面工作需求，软件系统建设需要围绕系统建设目标，功能架构如图 5.3-1 所示：

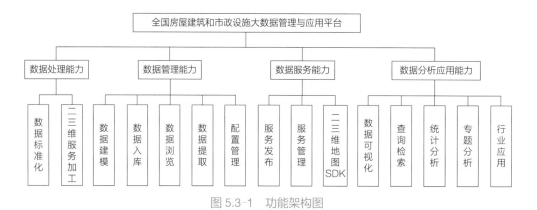

图 5.3-1 功能架构图

（1）数据处理能力

数据处理能力主要通过现有技术水平，解决数据处理过程中的大量人工干预工作，满足自动化的格式转换、栅格处理、坐标系处理、数据质检等数据标准化处理和加工能力，满足电子地图、地名地址、影像、地形、三维模型、倾斜模型等数据的服务数据制作能力，形成面向在线地图服务和个性化定制与应用的服务数据产品。

（2）数据管理能力

基于分布式存储、数据建模等技术，实现数据建库—组织—编目—展示一站式数据存储管理能力，满足全国房屋建筑和市政设施大数据建库要求。主要包括空间、关系、文件、瓦片等多源数据模型构建的数据建模能力，矢量数据、表格数据、瓦片数据、文件资料数据的入库能力，数据多样化浏览、查询、定位的能力，地梁、栅格等数据的提取能力，用户权限、日志管理、功能配置等配置管理能力。

（3）数据服务能力

基于矢量瓦片、配图模板等技术，实现矢量、栅格、倾斜模型等二三维数据的服务发布能力和二三维 SDK 扩展能力。

（4）数据分析应用能力

满足数据可视化、查询检索、统计分析、专题分析、行业应用等数据展示及应用能力，统计成果可以图、表、报告等形式表达，以可读性更强的形式展示，并支撑工程质量安全监管应用。

5.3.2　技术架构

基于 Geodatabase 数据模型、采用面向对象的方法和 UML 建模语言对数据库进行统一设计，在建库环境下设计、开发数据入库工具软件，对调查数据及各类行业业务数据进行批量入库、对象化处理、关联关系建立，将各种数据集中统一在关系型数据库中存储或管理，实现各种数据一体化无缝建库、数据服务以及各类数据专题应用，如图 5.3-2 所示。

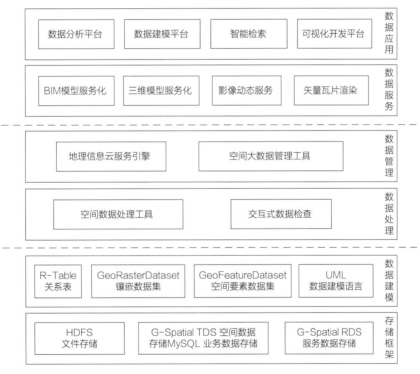

图 5.3-2　技术路线图

5.3.3　数据架构

全国自然灾害风险普查房屋建筑和市政设施数据库总体结构主要由基础设施层、存储层、数据层、服务层和应用层五个部分组成，如图 5.3-3 所示。

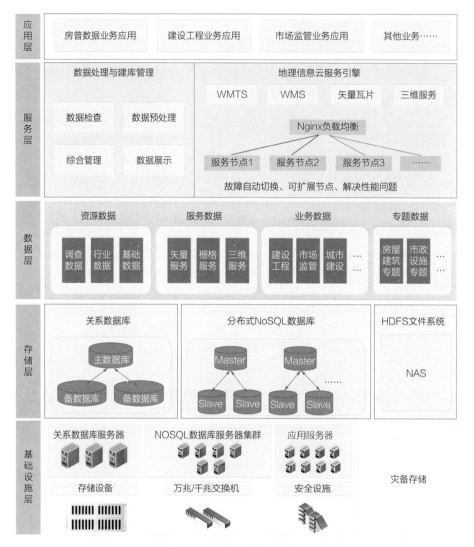

图 5.3-3　数据库总体架构

（1）基础设施层：它是支撑整个数据库以及数据管理软件运转的软硬件和网络环境，主要包含数据库服务器、应用服务器、存储资源、网络资源以及安全设备等基础设施资源。

（2）存储层：它是整个全国自然灾害风险普查房屋建筑和市政设施数据库建设的软件系统核心，提供数据存储的能力。通过关系数据库、分布式 NoSQL 数据库和文件系统的混合存储架构，实现海量多源数据的统一存储和管理。关系数据库和分布式 NoSQL 数据库采用集群架构和高可用机制，实现数据库故障自动切换。

（3）数据层：它是整个全国自然灾害风险普查房屋建筑和市政设施数据库建设

的数据内容核心，包括由调查数据、行业数据、基础数据组成的资源数据，矢量服务、栅格服务、三维服务等组成的服务数据以及业务数据和专题数据。其中业务数据包含房屋建筑业务信息、市政设施业务信息等行业业务信息，专题数据包含房屋建筑抗震加固统计专题、房屋建筑是否专业设计统计专题等统计指标与专题数据。

（4）服务层：采用自主化服务引擎提供 WMTS（Web 地图瓦片服务）、WMS、矢量瓦片、三维服务等数据服务，利用负载均衡服务器进行服务的自动分配负载，提升服务响应效率。在计算服务方面，采用统一的并行调度框架为数据入库、提取等提供并行任务调度以及监控服务，提升软件性能。同时基于数据统一管理能力，提供数据检查、预处理、综合管理与可视化的数据应用能力。

（5）应用层：基于基础设施、数据库及其数据统一访问接口，开发定制业务指标统计分析、可视化等业务应用，在此基础上构建行业业务应用支撑能力，面向住房和城乡建设系统各司局及地方业务提供扩展应用。

5.3.4　部署架构

数据库和系统平台部署于住房和城乡建设部信息中心国家电子政务外网，纵向与国家级综合库、地方行业基础数据库实现数据交换和信息协同，横向与相关国家级行业库实现共享交换，通过电子政务外网为行业相关业务应用运行提供数据和服务支撑。对于部分运行于互联网的数据，建立互联网与国家电子政务外网间的数据动态映射机制，实现多网络间的互联互通，为行业部门和社会公众提供多样化、多场景的应用服务。

电子政务外网区共架设多台数据库服务器、应用服务器、工作站、存储和网络设备。

数据库服务器包括 3 节点的空间数据库服务器集群和业务数据库服务器集群以及 6 节点的 NoSQL 数据库服务器集群。数据资源存储在 NAS 共享存储。应用服务器包括空间数据基础服务器和数据分析业务应用服务器两部分，空间数据基础服务器主要用于部署地理信息服务管理程序、地理信息服务渲染引擎；数据分析应用服务器包括数据集成平台、全文检索平台、数据服务引擎、资源目录共享平台、智能分析平台引擎、集成开发服务引擎和住建可视化平台共 7 台服务器。部署架构如图 5.3-4 所示。

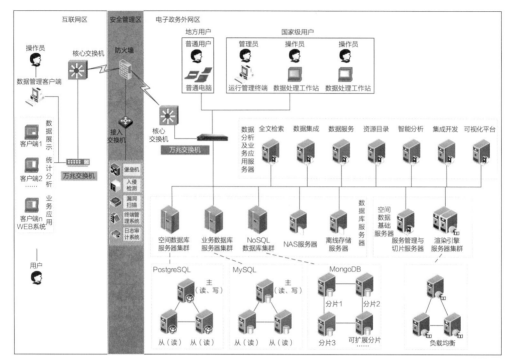

图 5.3-4　部署架构图

5.4　数据库建设

　　紧密围绕第一次全国自然灾害综合风险普查成果，对接全国房屋建筑和市政设施调查软件系统，全面汇集全国房屋建筑和市政设施调查数据，利用信息化系统提供的数据入库和管理等能力，完成全国房屋建筑和市政设施数据资源的集中统一入库管理，建立信息完整、逻辑统一的全国房屋建筑和市政设施调查成果数据库，在调查数据基础上进行数据处理，生成全国房屋建筑三维模型并入库，构建二三维一体化数据资源体系，为进一步开展数据资源的分析应用提供基础数据支撑。

5.4.1　数据建库内容

　　根据全国第一次自然灾害综合风险普查以及住房和城乡建设部业务需求，全国房屋建筑和市政设施数据库数据资源主要包括三部分内容：一是全国第一次自然灾害综合风险普查调查成果数据，包括房屋建筑和市政设施承灾体数据内容。二是根据房屋建筑及市政设施安全评估等工作需要而纳入的基础数据，包括高分辨率遥感影像、基础行政区划、道路、水系等基础地理信息数据以及社会经济统计信息、人口普查等统计数据。三是根据住建行业信息化管理、房屋安全风险监测的业务需求，与相关行业部门进行沟通协调，纳入工程项目、房地产市场等业务监管信息。

1）调查成果数据

（1）城镇房屋数据

城镇房屋数据同时存储住宅类和非住宅类城镇房屋建筑，属性信息包含了房屋的基本信息、抗震设防基本信息、使用情况等信息。

（2）农村房屋数据

农村房屋数据包括住宅类和非住宅类农村房屋建筑，两类数据按照各自的属性信息要求分开存储。

农村住宅建筑调查内容包括基本信息、建筑信息、抗震设防信息和使用情况四部分，分为独立住宅、集合住宅和住宅辅助用房三类。

（3）市政设施数据

市政设施数据包括道路、桥梁、供水三大类数据。

道路数据囊括了城市快速路、主干路、四条车道及以上的次干路、连接重要设施（如：学校、医院、交通枢纽等）的道路、与公路普查道路衔接的城市道路、应急管理相关的重要道路。调查数据包括道路设施数据、道路设施分段数据、道路点状附属设施数据、道路线状附属设施数据四类，四类数据按照各自的属性信息要求分开存储。

桥梁设施为城市范围内修建在河道上的桥梁和道路与道路立交、道路跨越铁路的立交桥。调查内容包括基本信息、附属及资料信息、承载体隐患体情况信息。

供水设施包括供水设施厂站和供水管道两项数据。其中，供水设施厂站的调查内容包括管理信息、一般性能、技术指标信息；供水管线为地级以上城市的输水管道设施和配水干管管网，其调查内容包括管理信息、一般性能、技术指标信息。

2）基础数据

（1）行政区划数据

国家基础行政区划数据包含全国、省（直辖市、自治区）、市（州）、区县（盟、旗）、乡镇（街道）四级行政区划矢量面数据。

（2）"天地图"地图服务数据

"天地图"地图服务数据包括全国地名地址注记、矢量电子地图瓦片、影像电子地图瓦片、地形渲染地图瓦片等数据。

（3）土地利用情况数据

通过国家政务共享交换平台向自然资源主管部门获取第三次全国国土调查成果数据，主要包括 2019 年底全国耕地、林地、园地、草地、湿地、城镇村及工矿用地、交通运输用地、水域及水利设施用地分布情况矢量数据。此外还与国土规划等相关部门协调获取到了城市总体规划、控制性规划等国土空间规划数据。

（4）地表高程数据

地表高程数据包括公开的全覆盖 DEM 数据、局部高分辨率 DEM 数据以及部分重点区域地表沉降分析数据。全覆盖的 DEM 数据为全球 30 米分辨率的高程模型，以及覆盖全国重要地区的 10 米分辨率的地面高程模型数据。沉降分析数据是重点区域利用中高分辨率星载合成孔径雷达数据处理得到的地表沉降或隆起分布情况数据。

（5）高分辨率遥感影像数据

高分辨率遥感影像数据主要包括两部分，一部分是覆盖重点保护村落以及部分重要地区高分系列卫星的成果影像数据，并与倾斜摄影测量模型相配套的高分辨率低空遥感影像数据；一部分是 0.8 米全国成果影像融合服务及更高分辨率的重点地区影像服务。

（6）实景三维数据

实景三维数据主要包括倾斜影像、倾斜实景模型、BIM 模型数据等。其中倾斜摄影测量模型数据主要关于重点保护村落、重点工程建设区域，并与高分辨率遥感影像数据相配套。BIM 模型数据主要覆盖重点区域的标志性、重要性建筑。

3）相关业务数据

（1）建筑市场监管

建筑市场监管业务主要包括企业注册信息、人员注册信息、企业信用信息、人员信用信息、失信联合惩戒信息、行政处罚信息、招投标监管、施工许可信息等。

（2）工程质量安全监管

工程质量安全监管业务主要包括建筑施工企业安全监管信息、建筑施工企业安全生产管理人员和建筑施工特种作业人员安全监管信息、建筑施工项目安全监管信息、建筑起重机械安全监管信息、建筑起重机械安全监管信息等。

（3）城市建设

城市建设业务主要包括城市供水信息、污水处理信息、黑臭水体治理信息、生活垃圾信息、排水防涝补短板项目库信息、地下市政设施信息等。

（4）村镇管理

村镇管理业务主要包括村庄建设信息、城镇污水处理项目信息、城镇供水设施建设项目信息、城镇生活垃圾处理管理信息、农村危房改造试点农户档案管理信息以及乡村建设评价信息等。

（5）住房保障

住房保障业务主要包括建设项目信息、保障资金信息、规划计划信息以及监督管理信息。

（6）房地产市场监管

房地产市场监管业务主要包括物业信息、房地产市场监测信息、全国房屋网签备案信息等。

5.4.2　数据库设计

数据库设计（Database Design）是指对于一个给定的应用环境，构造最优的数据库模式，建立数据库及其应用系统，使之能够有效地存储数据，满足各种用户的应用需求（信息要求和处理要求）。在数据库领域内，常常把使用数据库的各类系统统称为数据库应用系统。

从数据管理与应用实际出发，全国房屋建筑和市政设施调查普查数据库设计的设计内容包括：需求分析、概念设计、逻辑设计、物理设计、数据库安全设计等内容。

1）需求分析

依据相关数据技术规范，设计完善的数据库结构，支撑全国数据入库和应用需求。基于数据库设计，创建各类数据模型结构，利用配套的工具软件，完成全国范围的房屋建筑和市政设施调查成果数据的入库，并进行数据质检和分析、数据预处理、数据入库后处理等一系列数据处理过程，形成信息完全、逻辑统一的全国房屋建筑和市政设施数据库，并按统一的技术要求和业务需求对数据资源进行服务发布和展示，支撑风险普查、房屋隐患排查等业务应用。

（1）数据分析与检查

对待入库数据内容进行分析，检查数据完整性、逻辑一致性、准确性等内容。

（2）数据预处理

按照数据建库要求，利用自动化的数据处理工具进行数据预处理，实现数据目录组织规范、数据关系建立等要求。

（3）数据入库

对于质检合格的数据，依据数据库设计要求和设计好的数据模型，将成果数据入库到全国房屋建筑和市政设施调查成果数据库中，并建立数据字典、数据库索引和元数据。

（4）数据入库后处理

对入库后的数据进行检查，确保入库数据的准确、完整。根据实际业务应用，对数据进行进一步处理，对房屋建筑矢量数据进行处理，生成全国房屋建筑三维模型库，统计区域内建筑物数量、面积，异常数据分析等。

（5）数据服务发布与应用

根据业务应用需要，利用建库后的房屋建筑和市政设施调查成果数据制作发布栅格瓦片服务、矢量瓦片服务、建筑物模型服务等，支撑数据成果的可视化，提升数据的共享应用能力。

（6）数据库构成

从数据管理角度，全国房屋建筑和市政设施调查普查数据库分为业务库、资源库、服务库和专题库，其中，资源库负责存储记录房屋建筑、市政设施、相关的行业专题数据以及基础地理信息数据；业务库主要负责记录行业业务信息；服务库负责存储房屋建筑与市政设施等矢量数据发布的矢量瓦片数据、影像资料等数据发布的栅格瓦片数据、白模数据与其他实景三维模型发布的三维瓦片数据；专题库负责存储面向分析与应用系统中各类数据指标、专题的统计数据。

在全国自然灾害风险普查房屋建筑和市政设施数据库建设总体逻辑架构的基础上，形成从调查成果数据存储到数据展示、数据查询统计和数据对外提供服务能力的通道，形成了完善的数据接入、服务支撑的逻辑流程。

（7）数学基础

空间坐标系。为实现各种数据统一存储和建库，全国房屋建筑和市政设施普查数据库采用 2000 国家大地坐标系（CGCS2000）、地理坐标。以度为单位，用双精度浮点数表示，保留 9 位小数。以米为单位，保留 2 位小数。

高程基准。采用 1985 国家高程基准，高程单位为米，保留 2 位小数。

2）概念设计

数据库概念设计是指在明晰具体数据库业务需求的基础上，对标准房屋数据、市政设施数据、业务数据等数据对象进行抽象、概化，把建筑物等对象实体关系抽象为一个不依赖于任何具体硬件的数据模型。从灾害普查等复杂细节中解脱出来，只集中在重要信息的组织结构和处理模式上，概念设计主要包括明晰实体对象、对象表达方法以及对象关联关系。

通过实体对象模型实现空间对象、房屋标准信息、业务信息的组织与存储，如图 5.4-1 所示。在模型中，通过统一的空间对象编码实现基本信息与空间对象的直接关联，通过空间对象编码与管理信息编码的对应，实现其业务信息与空间对象的间接关联。

为确定全国自然灾害风险普查房屋建筑和市政设施数据库各类数据对象的详细概念模型，本章详细描述调查数据、业务数据和专题数据的概念模型设计。

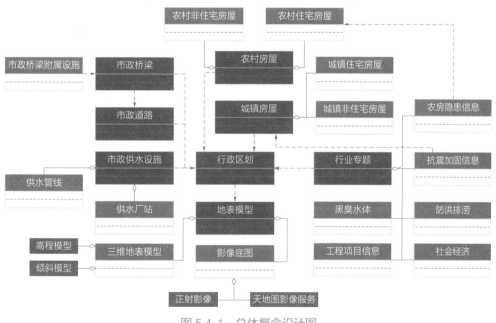

图 5.4-1　总体概念设计图

（1）普查成果数据概念设计

房屋建筑数据。房屋建筑数据根据分布区域及用途分为城镇住宅房屋、城镇非住宅房屋、农村住宅和农村非住宅房屋建筑四类。针对房屋建筑对象，存在一一对应的空间信息、建筑信息、权属信息、使用情况、抗震设防信息以及专业设计情况信息，每个房屋建筑对象存在 1～4 个附属建筑外观照片对象。详细概念设计模型如图 5.4-2 所示：

市政设施数据。市政设施数据包含两大类，一是市政道路与桥梁数据对象，二是市政供水设施数据对象。

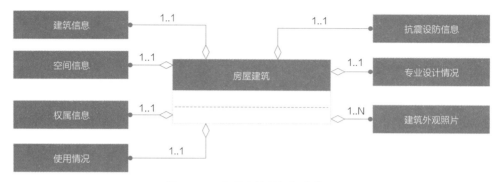

图 5.4-2　房屋建筑数据概念模型

市政交通数据对象包括市政道路和市政桥梁两部分，其中市政道路包括一一对应的基本信息、建设信息、设计信息、空间信息、管理信息，多个市政道路数据对象对应一个城市救灾生命线对象，市政道路对象与工程项目对象存在多对多关系，多个市政道路数据对应一个行政区划对象。市政道路对象与市政桥梁数据存在一对多的关联关系，即一个市政道路对象可能关联多个市政桥梁对象。市政桥梁对象包含一一对应的空间信息、基本信息、设计信息、建设信息、管理维护信息，一个桥梁数据对象对应多个桥梁设计资料对象和多个桥梁检测资料对象。市政桥梁对象与桥梁附属设施对象存在一对多的关联关系，即一个市政桥梁数据对象可能关联多个桥梁附属设施对象。市政道路与桥梁对象详细概念模型如图 5.4-3 所示：

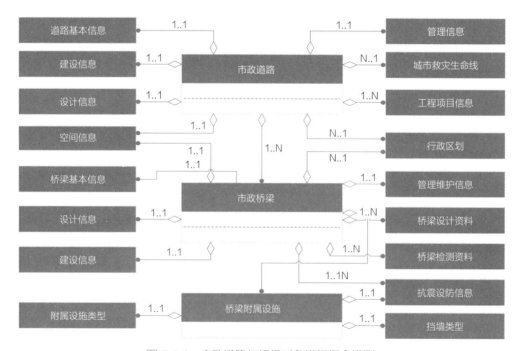

图 5.4-3　市政道路与桥梁对象详细概念模型

市政供水设施对象分为供水设施厂站和供水管线两部分。市政供水设施厂站根据用途可以分为调压站、加压泵站、净水厂设施、取水设施四类。市政供水管线对象根据用途可以分为输水管道和配水干管两类。供水设施厂站对象与供水管线对象存在一对多的关联关系。市政供水设施详细概念模型如图 5.4-4 所示：

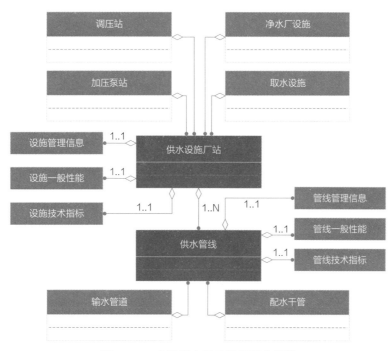

图 5.4-4　市政供水设施详细概念模型

（2）相关业务数据概念设计

全国自然灾害风险普查房屋建筑和市政设施业务数据包括：企业注册信息、人员注册信息、防水排涝信息、黑臭水体信息等。

企业注册信息。企业注册信息为企业的基本情况和证书相关信息，数据内容包括基本信息，管理信息，企业注册信息数据详细概念模型如图 5.4-5 所示：

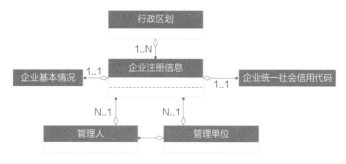

图 5.4-5　企业注册信息数据详细概念模型

人员注册信息。人员注册信息为人员的基本情况和证书信息，数据内容包括基本信息，管理信息，人员注册信息数据详细概念模型如图 5.4-6 所示：

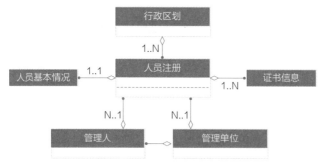

图 5.4-6　人员注册信息数据详细概念模型

企业业绩信息。企业业绩信息为企业参与的项目的相关信息，数据详细概念模型如图 5.4-7 所示：

图 5.4-7　企业业绩信息详细概念模型

工程招标投标信息。工程招标投标信息为项目的招标投标情况，数据内容包括基本信息，管理信息，工程招标投标信息数据详细概念模型如图 5.4-8 所示：

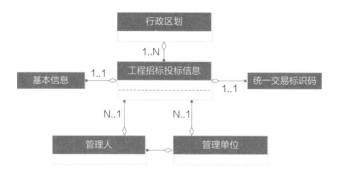

图 5.4-8　工程招标投标信息详细概念模型

实名制信息。实名制信息为实名制人员的基本情况，数据内容包括基本信息，管理信息，实名制信息数据详细概念模型如图 5.4-9 所示：

施工许可信息。施工许可信息为企业对某一或多个工程在施工前申请的施工许可信息，数据内容包括基本信息，管理信息，施工许可信息数据详细概念模型如图 5.4-10 所示：

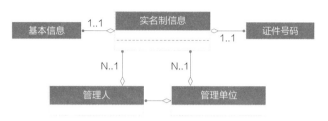

图 5.4-9　实名制信息数据详细概念模型

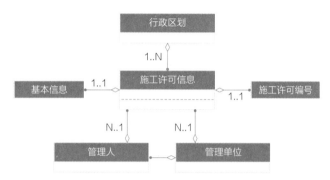

图 5.4-10　施工许可信息数据详细概念模型

质量监督信息。质量监督信息为项目在施工过程中由主管部门对现场进行质量的监督情况，数据内容包括基本信息，管理信息，质量监督信息数据详细概念模型如图 5.4-11 所示：

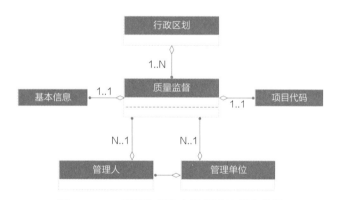

图 5.4-11　质量监督信息数据详细概念模型

安全监督信息。安全监督信息为项目在施工过程中由主管部门对现场进行安全方面的监督情况，数据内容包括基本信息，管理信息，安全监督信息数据详细概念模型如图 5.4-12 所示：

信用信息。信用信息为企业的信用信息，数据内容包括基本信息，管理信息，信用信息数据详细概念模型如图 5.4-13 所示：

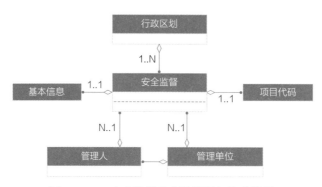

图 5.4-12 安全监督信息数据详细概念模型

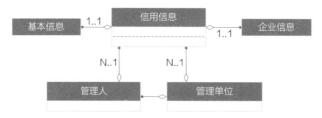

图 5.4-13 信用信息数据详细概念模型

历史文化保护信息。历史文化保护信息为历史文化保护建筑或小区相关信息，数据内容包括基本信息，管理信息，历史文化保护信息数据详细概念模型如图 5.4-14 所示：

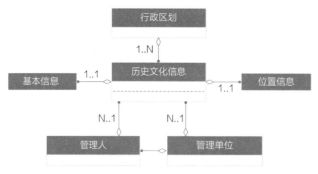

图 5.4-14 历史文化保护信息数据详细概念模型

物业信息。物业信息是小区物业的基本情况，数据内容包括基本信息，管理信息，物业信息数据详细概念模型如图 5.4-15 所示：

防水排涝信息。防水排涝为地级以上城市易涝点分布信息，数据内容包括基本信息、管理信息、位置信息，防水排涝信息数据详细概念模型如图 5.4-16 所示：

污水处理信息。污水处理为全国各地污水处理厂分布信息，数据内容包括基本信息、行政区划信息、管理信息，污水处理信息数据详细概念模型如图 5.4-17 所示：

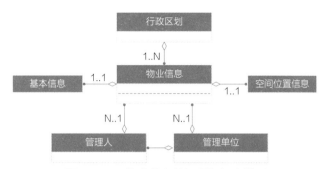

图 5.4-15　物业信息数据详细概念模型

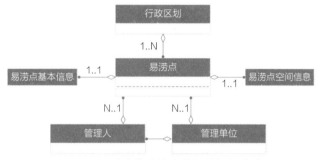

图 5.4-16　防水排涝信息数据详细概念模型

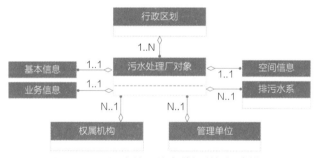

图 5.4-17　污水处理信息数据详细概念模型

黑臭水体信息。黑臭水体为全国各地黑臭水体分布信息，数据内容包括基本信息、管理信息、位置信息，概念模型如图 5.4-18 所示：

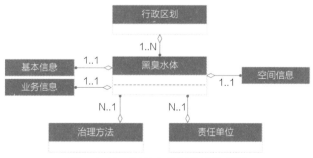

图 5.4-18　黑臭水体对象概念模型

生活垃圾信息。生活垃圾为各地垃圾处理（含转运）设施的分布信息，数据内容包括项目基本信息、监管信息、位置信息，具体如图 5.4-19 所示：

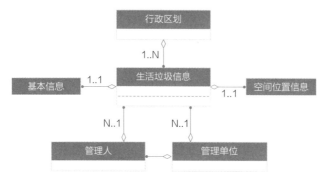

图 5.4-19　生活垃圾信息概念模型

地下管廊项目信息。地下管廊项目信息包括项目基本信息、监管信息、位置信息，地下管廊数据对象详细概念模型如图 5.4-20 所示：

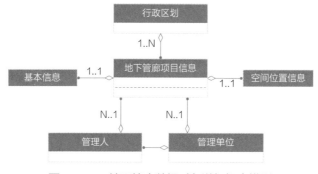

图 5.4-20　地下管廊数据对象详细概念模型

3）逻辑设计

逻辑设计就是把一种计划、规划、设想通过视觉的形式通过概念、判断、推理、论证来理解和区分客观世界的思维传达出来的活动过程。逻辑设计比物理设计更理论化和抽象化，关注对象之间的逻辑关系，提供了更多系统和子系统的详细描述。

（1）普查成果数据

全国房屋建筑和市政设施普查成果数据包括房屋建筑数据和市政设施承灾体数据。

房屋建筑数据。房屋建筑数据对象包含空间信息属性和业务信息属性两部分，其中业务属性又分为房屋建筑基础信息、建筑信息、房屋使用情况、抗震设防信息

以及其他业务信息。其中房屋建筑对象的建筑信息中的建筑外观照片对象为非结构
化文件数据，利用房屋建筑编号与照片文件进行关联。房屋建筑数据逻辑模型如
图 5.4-21 所示：

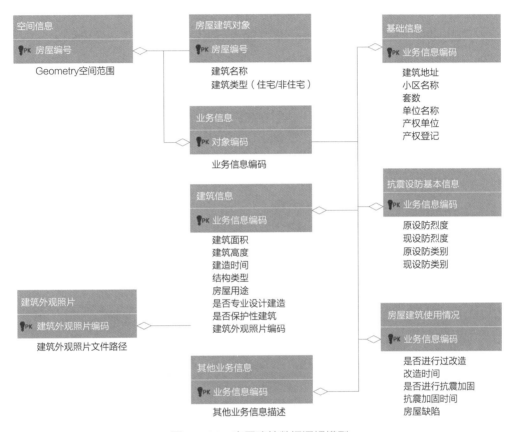

图 5.4-21　房屋建筑数据逻辑模型

　　城镇房屋建筑数据。城镇房屋建筑数据主要分为住宅建筑和非住宅建筑，住宅
建筑和非住宅建筑共同的属性除空间信息外主要记录：包括建筑名称、建筑地址、
产权单位等在内的基本信息；包括建筑层数、建筑面积、建筑高度在内的建筑信
息；包括原设防烈度、现设防烈度、原设防类别、现设防类别等在内的抗震设防基
本信息以及包括改造情况、改造时间等在内的房屋建筑使用情况信息。

　　农村房屋建筑数据。农村房屋建筑数据主要分为住宅建筑和非住宅建筑。其中
住宅建筑分为独立住宅、集合住宅以及辅助用房，属性信息与城镇房屋数据类似，
包括基本信息、建筑信息和抗震设防信息三部分。农村非住宅建筑主要指独立的单
体房屋建筑，通常为农田小屋、看护站等，属性信息包括空间信息、基本信息、建
筑信息和抗震设防信息三部分。

市政设施数据。市政设施数据包括道路设施、桥梁设施、供水设施数据三部分。道路设施数据包括市政道路空间信息、市政道路设施信息、市政道路基本信息及安全信息，桥梁设施数据包括桥梁空间信息、桥梁基本信息、桥梁附属及资料信息，供水设施包括供水设施厂站空间信息、供水设施厂站管理信息、供水设施厂站一般性能、供水设施厂站技术指标、供水管道空间信息、供水管道管理信息、供水管道一般性能和供水管道技术指标信息。

市政道路数据。市政道路数据对象包括空间信息属性和业务信息属性两部分，其中业务属性信息分为基本信息和安全信息两部分。市政道路数据逻辑模型如图 5.4-22 所示：

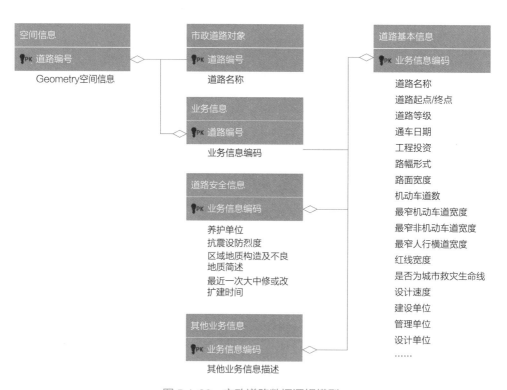

图 5.4-22　市政道路数据逻辑模型

市政桥梁数据。市政桥梁数据对象包含空间信息属性和业务信息属性两部分，其中业务属性又分为市政桥梁基本信息、桥梁附属设施信息、桥梁档案资料以及其他业务信息。其中市政桥梁对象的桥梁档案资料中的桥梁设计资料、桥梁检测资料对象为非结构化文件数据，利用桥梁档案资料编码与资料文件进行关联。市政桥梁数据逻辑模型如图 5.4-23 所示：

市政供水设施数据。供水管道对象数据包括空间信息属性和业务信息属性两部分，其中业务信息属性包括管道管理信息、一般性能、设计资料、技术指标几个部分。具体市政供水管线数据逻辑模型如图 5.4-24 所示：

（2）成果服务数据

服务库包括矢量瓦片数据、栅格瓦片数据以及三维瓦片数据。

矢量瓦片数据。矢量瓦片数据是矢量行政区划数据、房屋建筑数据、市政设施数据以及行业专题数据等矢量结构化数据使用服务产品加工工具进行矢量切片后，用以支撑地理信息服务引擎服务可视化展示的数据。矢量瓦片服务数据对象包括瓦片头数据、要素数据长度、要素数据、坐标索引长度、坐标索引以及坐标数据 6 个部分。

栅格瓦片数据。栅格瓦片数据是卫星影像栅格图像、无人机航片栅格图像等栅格结构化数据使用服务产品加工工具进行栅格切片后，用以支撑地理信息服务引擎服务可视化展示的数据。栅格瓦片服务数据对象包含瓦片位置和瓦片数据两部分，其中瓦片位置索引包含瓦片位置信息、瓦片层级信息、瓦片行索引以及列索引信息，瓦片数据以压缩编码的形式存储栅格瓦片数据信息。

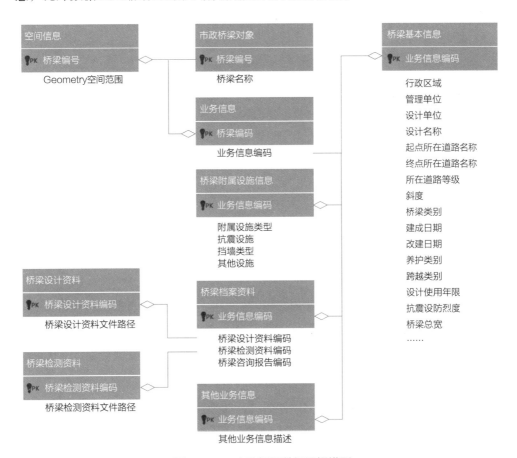

图 5.4-23　市政桥梁数据逻辑模型

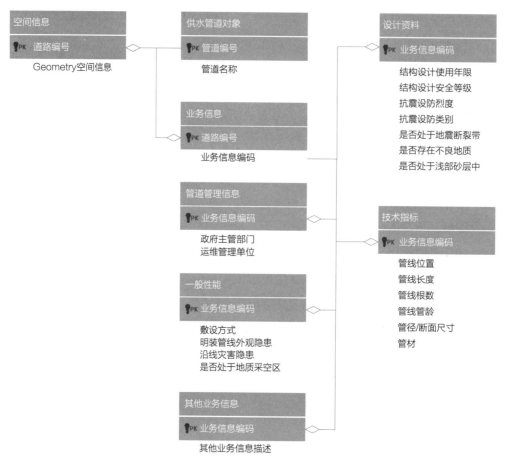

图 5.4-24 市政供水管线数据逻辑模型

三维瓦片数据。三维瓦片数据是矢量房屋建筑数据经过服务产品加工工具进行白模数据生产以及三维切片后的瓦片数据以及倾斜模型数据、三维地形数据、精细三维模型数据等实景三维数据经过三维切片后，用以支撑地理信息服务引擎进行服务可视化展示的数据。三维瓦片服务数据对象与栅格瓦片类似。

（3）专题数据

专题数据库是以年份和地区作为基准，以实现具体需求为目的将调查数据进行更为细致的计算和划分，包括房屋建筑和市政设施两部分。

基础地理信息数据。包括行政区划数据、栅格影像数据、地形数据以及区域倾斜模型等描述地理空间基本属性信息的数据内容。基础地理信息数据在全国房屋建筑和市政设施调查数据库中属于辅助性数据，详细逻辑库表结构采用汇集数据原始库表结构，并结合具体应用需求进行动态调整。

行政区划数据。行政区划数据包括经过国家测绘局标准审核的中华人民共和国国境线数据和全国各省市县三级行政区划边界线和政区覆盖面数据。属性信息包括各行政区划的空间信息以及行政区名称、代码、级别等基本信息。

栅格影像数据。栅格影像数据包括卫星影像数据、无人机卫片等航空、航天影像数据，记录了特定时段某一区域的真实地表状态，用于全国房屋建筑和市政设施数据平台数据辅助展示。

地形数据。地形数据是指记录了某一区域内地表单位面积范围内平均绝对海拔信息的栅格数据，用于全国房屋建筑和市政设施数据平台数据辅助展示以及房屋建筑白模辅助生产。

倾斜模型。倾斜模型是指利用各类机载平台摄影设备拍摄的立体相对生产的某一区域内地表地物表面模型数据，用于全国房屋建筑和市政设施数据平台辅助展示。

4）物理设计

数据库的物理设计指数据库存储结构和存储路径的设计即将数据库的逻辑根型在实际的物理存储设备加以实现，从面建立一个具有较好性能的物理数据库，该过程依赖于给定的计算机系统。在这一阶段，设计人员需要考虑数据库的存储问题，即所有数据在硬件设备上的存储方式管理和存取数据的软件系统数据库存储结构，以保证用户以其所熟悉的方式存取数据以及数据在各个位置的分布方式等。

（1）物理存储架构设计

全国房屋建筑和市政设施调查数据库存储的数据内容包括矢量数据、影像数据、瓦片数据、图片资料、文件资料、入库日志、操作日志、XML 元数据文件等。依据其结构化、半结构化、非结构化数据差异，将基于分布式架构，采用差异化存储策略，进行异构数据的优化存储。其中采用关系型数据库 PostgreSQL，存储矢量空间数据、元数据、日志信息等结构化数据；采用 NoSQL 数据库 MongoDB，存储瓦片数据、XML 元数据等半结构化或非结构化数据；采用 SAN/NAS 等常用文件存储协议存储文档、资料类数据。对关系型数据库重点解决查询检索性能以及备份问题，对于 NoSQL 数据库重点解决高并发读响应问题。

数据库物理架构如图 5.4-25 所示：

关系型数据库（PostgreSQL、MySQL）集群。采用 PostgreSQL、MySQL Master-StandBy Replication 方案进行数据库部署，用于空间数据、表格数据、日志信息等。主服务器异步地将数据修改发送给后备服务器。当主服务器止在运行时，后备服务器可以进行只读查询。

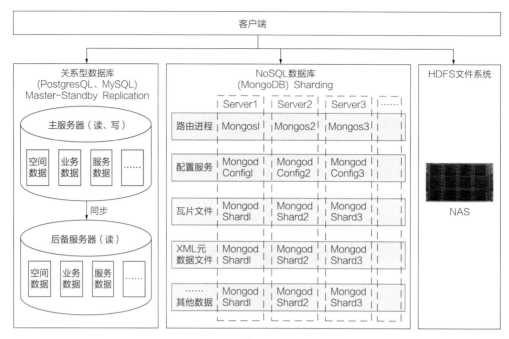

图 5.4-25　数据库物理架构图

分布式 NoSQL 数据库（MongoDB）。采用分布式部署，每个节点部署 Mongos 路由服务和 Mongo Config 配置服务，当一个节点宕机时，不影响其他节点运行。

同时采用副本集和分布存储方式，保证数据安全和并发访问。瓦片文件、XML 文件存放到不同的 Collection，每个 Collection 跨多个数据库节点进行分布式存储。

NAS 文件存储。采用 NAS 等常用文件存储协议存储文档、各类资料及城市建设、生态环境建设等相关行业业务数据、项目数据等。

（2）物理存储设计

① 分区存储策略。全国风险普查房屋建筑和市政设施调查数据库将采用以下分区策略：

a. 大数量数据层按时间版本分区。对于要素数量多、大数据量的矢量数据层按照年份版本、调查批次版本进行分区，设置分布于不同的物理存储空间，以提高数据访问性能并对数据故障进行有效隔离。对于全国房屋建筑和市政设施调查数据来说，需要按时间版本分区存储的数据有城镇房屋建筑数据、农村住宅房屋建筑数据、农村非住宅房屋建筑数据等。

b. 不同种类数据分区存储。将不同种类数据分开存储。全国房屋建筑和市政设施调查数据可分为矢量数据、栅格数据、三维模型数据、表格数据、资料数据等，针对不同数据划分不同表空间或磁盘存储空间，使用多个物理设备分区可提高数据访问效率，提高数据库性能和稳定性。

c. 数据和索引分区存储。将数据和索引分开存储，将空间数据索引和属性数据索引分开存储，可以提高数据检索和浏览效率。

② 在数据库表空间设计方面采用：

a. 针对全国房屋建筑和市政设施海量数据的特点，为方便数据库数据备份和迁移，采用小文件表空间进行管理，并允许自动分配。

b. 从存储角度，全国房屋建筑和市政设施数据库分为矢量数据、栅格数据、三维模型数据、表格数据、资料数据五种，根据数据库的逻辑设计，对五种类型的数据进行物理分开存储。考虑每种数据的数据量，将全国房屋建筑和市政设施数据库划分为九个表空间。

在资料数据存储物理设计方面，在 NAS 中设置专门存储区域用来存储各类文档数据，根目录为 Risk_Census。调查成果数据、基础地理信息数据、栅格数据、瓦片数据、行业专题原始数据、相关技术文档数据等各类资料数据按如下目录进行逻辑组织。

（3）数据库索引设计

为提高全国房屋建筑和市政设施数据库中各类数据的查询、浏览及多用户应用需求，需要对各类数据建立数据库索引。

① 属性索引。采用 B ＋树索引方法，根据数据查询检索需求，为数据表关键属性列或属性列的组合建立索引。一般规则如下：

a. 如果一个（或一组）属性经常在查询条件中出现，则考虑在这个（或这组）属性上建立索引（或组合索引）。

b. 如果一个属性经常作为最大值和最小值等聚集函数的参数，则考虑在这个属性上建立索引。

c. 如果一个（或一组）属性经常在连接操作的连接条件中出现，则考虑在这个（这组）属性上建立索引。

② 矢量数据索引。房屋建筑和市政设施数据的空间索引直接采用R-Tree索引，它是通过一个最小的包含几何体的矩形（外接矩形 MBR）来匹配每个几何体。对于一个几何图层，R-Tree 索引包含该层上所有几何体的分层 MBR 索引。在进行空间查询的时候，需要依赖空间索引进行查询并提高查询效率。房屋建筑和市政设施数据库以本地分区空间索引、并行索引、支持在线重建索引的方式建立矢量数据索引。在建立表和相关索引时，将表和索引分配在不同表空间中，将存储空间索引表

空间和存储属性索引的表空间分开，并将相应的表空间存储到不同的物理设备上，可以分别使用不同的磁盘 I/O，提高访问效率。

③ 三维数据索引。三维数据索引创建包括空间索引创建、纹理压缩、根节点合并等步骤，创建索引后的三维数据可在三维场景中进行快速加载显示、属性查询。

a. 空间索引：通过对三维数据创建空间索引提升数据检索速度。

b. 纹理压缩：将三维模型数据中的纹理数据进行压缩，压缩后的纹理打包到 3dtiles 文件中，保证压缩后的数据足够小。通过数据压缩，纹理数据和模型可以一次性下载、一次性载入内存，纹理无需解压缩即可直接载入显存，做到更加快捷地加载模型，同时降低了显存占用，这样既可以提高模型数据加载量，也整体提升了浏览性能。

c. 合并根节点：在数据生产过程中，由硬件资源不足，需要切分成小块来生成 3dtiles 模型，如果块的边长过小，会导致一个测区下有上万个文件夹（块数），进而影响模型的加载性能。为了提升模型加载及浏览性能，通过根节点合并，相邻的四个小块合并成一个新的大块，选择层级设置合并次数来减少根节点数量，直到性能最优。

5）安全设计

在全国房屋建筑和市政设施数据管理和应用过程中需采取一定的防护措施保证数据安全，以防止不合法使用所造成的数据泄露、更改或损坏。

（1）基础设施防护

在数据的传输和存储过程中，采用校验技术或密码技术保证重要数据的完整性和保密性，包括数据库中的用户信息、元数据、系统信息等重要业务数据和空间库数据，以及各类归档数据的文件实体。因此，数据库的存储包括数据库存储和文件存储两部分，对纯粹数据信息的安全保护，以数据库信息的保护最为重要，而对于各种文件实体的保护，存储终端的安全则更为重要。

① 对数据库信息存储的安全保护，包括以下几点：

a. 物理完整性：数据能够免于物理方面破坏的问题，如停电、火灾等；

b. 逻辑完整性：建立外键，能够保持数据库的结构，如对一个字段的修改不至于影响其他字段；

c. 元素完整性：每个元素中的数据是正确的数据的加密用户鉴别；

d. 可访问性：用户一般可以访问数据库和所有授权的数据；

e. 可审计性：能够追踪到谁访问过数据库。

② 对终端文件实体信息的安全保护，一般包括：

a. 基于口令和密码算法的身份验证，防止非法使用机器；

b. 自主和强制存取控制，防止非法访问文件；

c. 多级权限管理，防止越权管理；

d. 存储设备安全管理，防止非法拷贝；

e. 数据加密存储，防止信息被窃；

f. 预防病毒，防止病毒侵袭；

g. 严格的审计跟踪，便于追查事故。

若数据库信息和文件实体数据所使用空间需要清除或重新分配，那么数据所在的存储空间被释放或重新分配前需要得到完全清除。

（2）数据库用户权限控制

用户访问方式。无论普通用户还是管理员用户，只能通过应用软件进行数据访问。应用软件对用户信息、用户权限有相关的授权记录；用户登录应用系统后，系统根据用户权限，以相应数据库用户身份连接到相应的数据库中，使得系统用户所能访问的数据对象得到限制；此外，用户对数据的操作依靠应用系统提供的功能实现，对于不同的用户，应用系统根据用户的权限，提供和展示不同的操作界面，从而限制了用户对数据所能执行的访问和操作。

角色权限控制。角色与权限分配是影响数据库安全重要因素之一，每个用户应根据其工作功能给予不同类型的权限，如创建、检索、更新、删除等。每个角色拥有与之匹配的任务权限。在应用时再为用户分配角色，则每个用户的权限等于他所兼角色的权限之和。全国房屋建筑和市政设施调查数据库针对各类用户业务特点不同和数据使用范围不同，同时兼顾数据资源的共享和数据资源的安全特点。系统对用户进行设计分类，不同的用户确定不同的数据使用范围和权限，具体如表 5.4-1 所示：

基于用户角色的数据访问授权控制　　　　　　　　　　　　　　　　表 5.4-1

序号	用户对象	数据使用范围	数据使用权限
1	数据库管理人员	所有数据，包括空间数据、非空间数据、元数据、系统数据	所有
2	业务应用人员	业务相关数据，包括业务库数据、专题库数据、台账数据等	查询、新增、修改
3	数据处理业务员	资源数据、业务数据	查询、新增
4	普通用户	无	无

（3）数据安全审计

为防范数据访问行为有蓄意破坏或试图越权使用的情况，建立技术手段进行跟踪、审查，具体策略如下：利用安全管理中心收集服务器、安全设备、网络设备、应用系统的日志并定期汇总分析；在交换系统中的认证和授权系统中实现数据及应用服务访问的行为审计；在运维中建立包含安全策略检查、网络与主机安全审计、应用审计等方面的责任认定体制。

启用安全审计功能，审计覆盖到每个用户，对重要的用户行为和重要安全事件进行审计。审计事项包括审核策略更改、审核对象访问、审核进程跟踪、审核目录服务访问、审核账户登录事件、审核特权使用、审核系统事件、审核账户管理、审核登录事件共九项。

审计记录包括时间的日期和时间、用户、事件类型、事件是否成功及级别、用户等其他与审计相关的信息，以便用于在发生安全事件时进行追溯。

审计记录进行保护，定期备份。避免受到未预期的删除、修改或覆盖等破坏。默认情况下，只有隶属于 Administrators 组的用户才拥有直接对文件进行删除的权限，以及在事件查看器中清除任何日志，以及设置日志的存储策略。拥有管理审核和安全日志的权限，则可以在事件查看器中清除安全日志。

在服务器管理器或事件查看器或计算机管理中设置审计日志策略，对审计进程进行保护，防止未经授权的中断。

（4）数据备份与恢复

在数据库日常运行过程当中，难免会遇到诸如人为错误，硬盘损坏，电脑病毒，断电或是其他灾难，这些都会影响数据库的正常使用和数据的正确性，甚至破坏数据库，导致部分数据或是全部数据的丢失。因此对数据库进行备份和恢复时一项重要的任务。

数据库备份与恢复采用数据库管理提供的备份与恢复机制。数据库管理工具提供两种方式：备份恢复和向前回滚，保证意外故障恢复数据库一致性和完整性。

5.4.3 数据建库流程

考虑全国自然灾害综合风险普查房屋建筑和市政设施数据现状及平台建设需求，从数据源获取到满足使用要求的数据服务产品，需要经过一系列步骤流程。数据业务流程方法包括数据汇集、分析预处理、数据建库、应用支撑、抽取分析和数据应用等部分。

采集汇聚全量内部数据、外部数据、感知数据等形成原始库；从业务容易理解的视角对原始库数据进行重新组织、标准化清洗和处理，抽取为数据业务库；面向业务对象建模，对房屋、市政、工程建设等特定数据对象进行整合，形成业务对象的全域可扩展标签体系，为数据的深度分析、挖掘、应用提供支撑。具体数据业务流程如图 5.4-26 所示。

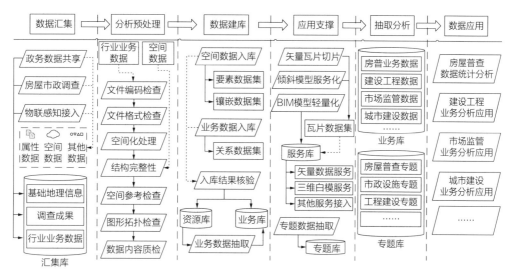

图 5.4-26　数据业务流程图

1）数据汇集

面向国家公共服务平台，汇集基础行政区划、地表高程模型、地表正射影像以及倾斜模型等基础地理信息数据；面向住房和城乡建设各部级应用系统，汇集城市建设、生态环境、社会经济、住房保障等行业相关业务数据；基于全国自然灾害综合风险普查调查成果，整合房屋建筑和市政设施承灾体数据；充分利用互联网平台，接入视频监控、网络舆情等物联感知数据。

2）分析预处理

依据数据库标准规范，充分分析和研究汇集的各类数据情况。按照数据建库要求，进行数据清洗、整合等处理，实现数据字段结构统一、内容值域统一、数学基础规范、文件命名规范、元数据规范等要求，确保数据质量符合要求。

3）数据建库

数据分析预处理完成后，开展空间数据和业务数据入库，形成要素数据集、镶嵌数据集和关系数据集。在数据入库完成后及时开展入库结果核查，对异常数据展开分析并及时解决异常问题。

（1）数据入库

利用第一次全国自然灾害综合风险房屋建筑和市政设施普查中开发的数据入库工具，将整合质检之后的数据成果快速入库。

面向标准房屋建筑数据、自然灾害风险普查相关业务数据的高并发、高效率查询和展示需求，区分二维矢量数据、三维矢量数据（如建筑白模、精细模型等）、二维栅格数据（如影像、图片等）、三维栅格数据（如倾斜模型等）、服务瓦片数据等数据存储格式，建立不同的二维、三维空间索引以及属性字段查询索引，并针对二三维服务瓦片数据依据高性能矢量瓦片技术规范建立渲染索引。

对于倾斜影像、实景三维模型、BIM 模型等实景三维数据，基于三维数据轻量化、服务化处理能力建立相应的三维数据入库方案，将预处理后的标准化倾斜影像、实景三维模型、BIM 模型数据进行批量入库。

（2）数据入库后检查处理

对入库后的数据进行完整性、准确性等检查，保证入库数据的质量；同时检查数据字典、索引与元数据情况，保证数据能够查询、统计等应用的效率。

收集的全国房屋建筑和市政设施调查成果数据，可能存在数据填写错误、数据录入异常、数据缺失等多种异常问题。在数据入库前，通过数据分析，尽可能地识别到可能存在的异常数据和问题数据，并提供相应的解决方案，以便及时将数据错误进行解决；对于未预测出的，将在数据入库后进行检查并及时解决数据问题。

数据入库后处理主要包括生产建筑三维白模、对房屋部分属性进行区域统计、异常数据分析处理等工作。

（3）数据更新

针对全国房屋建筑和市政设施调查数据更新管理工作机制，设计相应时空数据模型进行综合数据管理，支撑现势层要素数据动态更新与服务数据联动更新的能力。根据时空数据模型设计以及房屋建筑和市政设施更新管理工作模式分析，抽象出数据更新业务流程。

在具体数据更新管理工作中，首先以试点采集成果作为本底数据进行入库，形成房屋建筑和市政设施本底版本矢量数据库（若生产区域无试点成果，则直接从外调更新步骤开始），基于矢量切片能力与三维模型能力进行矢量瓦片切片和三维白模数据生成，形成本底版本矢量瓦片服务和三维白模服务。

将本底版本中发现变化的区域提取下发给外业调查单位进行更新生产，外调时，要保证房屋编号不发生变化，仅对房屋业务属性进行修订。若存在新增房屋等数据，则将新采集的要素图斑房屋编号置为空，留作更新入库时自动编码。若采集前无本底版本，则全部新采数据房屋编号均为空，表示全部为新增要素。外调完成后将更新成果提交生产管理单位进行数据更新。

时空数据模型包括现势层、历史层和历史版本层三部分。其中现势层中始终记录每条要素数据年份最新的状态，历史层中记录发生过更新的每条要素的历史状态，历史版本层为按需生成的，在管理工作中如需要获取某一历史时间点上完整版本数据，则根据时空数据模型的记录情况快速注册生成历史版本层。

4）应用支撑

全国房屋建筑和市政设施调查数据入库后，根据不同的展示、查询等业务需要制作和发布不同的专题服务，并根据数据更新情况对服务及时进行更新。结合风险普查总体要求和行业业务需求，使用开发的服务产品加工功能将房屋建筑、市政设施、倾斜摄影、三维建筑物精细模型等空间资源数据生产成矢量瓦片、栅格瓦片、三维服务瓦片等，并发布为服务，及时接入前端数据分析与应用系统，从而支撑各类行业应用。

（1）数据服务发布

数据库核心数据内容即城镇、农村、住宅、非住宅建筑数据，为充分发掘、利用房屋建筑数据价值，将其处理、发布形成矢量瓦片服务和三维白模服务并提供前端符号自定义配置能力。

① 矢量瓦片服务

采用矢量瓦片地图服务技术将海量的房屋建筑和市政设施数据发布成矢量瓦片，并支撑快速配置样式符号化，快速发布使用不同应用行业的服务。矢量瓦片服务发布的技术流程如图 5.4-27 所示：

矢量瓦片方案构建。矢量瓦片服务方案构建包括矢量瓦片服务切片级别定义、切片字段设置、瓦片索引字段配置、数据源配置。需要根据不同数据的浏览方案、符号样式渲染字段进行设置切片方案。

矢量瓦片索引构建。为了尽可能缩短服务数据的处理周期，提高对外服务的现势性，借鉴栅格瓦片切片的理念，根据切片方案配置的层级、切片字段和索引构建字段，对原始的矢量数据进行横向分幅和纵向分级的索引构建，并在索引构建过程中基于视觉综合分级进行要素的抽稀与化简，在降低数据体量的同时，提高后续动态渲染效率。

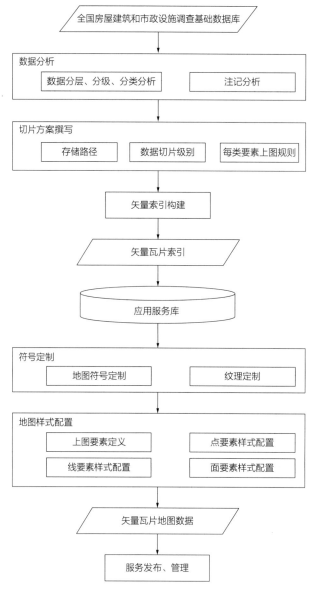

图 5.4-27　矢量瓦片服务发布技术流程图

　　切割后的矢量索引数据存放在非关系型的 MongoDB 数据库中，大大降低管理人员的管理和更新成本，同时也降低了矢量数据的访问压力，为数据的高效浏览打下基础。

　　矢量瓦片服务样式配置。数据构建矢量瓦片索引之后，切片成果存储在MongoDB，需要为切片成果配置符号化样式。需要根据不同的数据的符号化和制图要求进行统一制作符号，支持分级设置点线面和注记符号、大小设置，可以根据不同行业领域、不同业务应用配置不同的符号化样式，并支持快速发布。

矢量瓦片服务发布管理。矢量瓦片服务发布管理将按照行业制图标准规范完成分级符号化的切片图层发布成统一的地图服务，可根据地图服务浏览需要配置多个样式，发布多个地图服务，快速响应不同行业对同一数据浏览不同样式的需求。同时服务接口符合 OGC 地图服务调用标准规范，为各个业务科室和系统平台调用数据浏览服务提供标准统一的数据服务规范，满足海量矢量专题数据的动态符号化、秒级浏览和服务定制化浏览需求。

② 房屋建筑白模服务

房屋建筑物三维模型服务发布主要是利用入库后的建筑物矢量数据以及现有的矢量切片技术和样式修改技术，为用户提供高效的白模服务。用户可以创建自己的地图索引，同时发布定制的白模瓦片服务，提供对服务样式的配置及管理。房屋建筑三维模型制作流程如下：

瓦片方案构建。包括三维房屋白模瓦片服务切片级别定义、切片字段设置、瓦片索引字段配置、数据源配置。

瓦片索引构建。借鉴栅格瓦片切片的理念，根据切片方案配置的层级、切片字段和索引构建字段，对原始的矢量数据进行横向分幅和纵向分级的索引构建。

瓦片服务样式配置。根据需要制作房屋建筑三维白模色彩、纹理、块体边线、阴影等要素，快速发布服务。

瓦片服务管理。发布的服务接口符合 OGC 地图服务调用标准规范，为调用数据服务提供标准统一的数据服务规范，在此基础上可根据不同的可视化需求，对房屋建筑三维白模样式进行快速、自定义调整和发布。

③ 调查数据专题统计服务

基于调查数据中建筑年代、高度、层数、结构类型以及抗震加固情况等属性记录，以省、市、县三级行政区划为分组进行多维统计，并将统计结果以分层设色专题图等形式存储在服务库中，提供专题统计展示服务能力。

调查数据专题统计服务制作流程与矢量瓦片服务发布的技术流程类似。

（2）数据服务更新

数据更新时，依据房屋编号对本底版本中相应房屋建筑或市政设施要素进行替换更新，同时将替换掉的历史状态要素记录在历史层中，以便进行更新撤销等操作。数据更新后，基于矢量数据与服务联动更新机制，系统自动获取矢量数据现势版本层要素更新范围，同步更新相应矢量瓦片与三维白模数据，进而实现矢量瓦片服务与三维白模服务的同步更新，如图 5.4-28 所示。

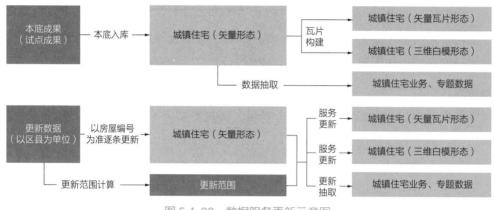

图 5.4-28　数据服务更新示意图

生产中单一房屋建筑数据发生变化，建立资源库中数据资源与服务库、专题库之间的关联关系，实现基于一体化数据库的增量更新，联动更新数据服务及专题应用结果；并以房普调查成果数据为纽带，实现与服务库、业务库、专题库各类数据地联动更新，形成以资源库驱动更新服务库的更新模式。以此形成的联动更新技术工艺流程贯通生产、管理、服务全流程，切实提高更新效率。

5）抽取分析

结合住房和城乡建设行业业务应用需要，基于一定的规则，抽取业务库中需统计分析的专题业务数据，依据前端数据展示、统计分析等需求，进行抽取融合，形成面向各类统计分析与业务应用的专题数据产品。

6）数据应用

充分挖掘调查成果数据与行业业务数据价值，以数据专题为单位开展数据专题应用分析。利用调查数据和相关业务数据进行关联分析，支撑建设工程项目、市场监管、村镇建设、住房监管、城市管理、城市建设等业务应用。

5.5　系统组成与功能

平台面向全国房屋建筑和市政设施调查成果数据的加工处理、存储管理和分析应用，打造综合管理系统、数据分析与应用系统，实现对房屋建筑和市政设施调查成果数据的入库、管理、展示、应用和服务等，提供空间大数据的服务发布能力，不仅强化对调查成果数据资产的分析应用，还积极探索调查成果数据与业务数据的深度融合，助力房屋建筑和市政设施调查成果数据的应用与推广。

5.5.1 平台综合管理系统

数据综合管理系统面向全国房屋建筑和市政设施多源海量数据资源的快速加工处理、高效存储管理、多样化应用与多元服务支撑等需求，采用先进、成熟、可靠、高效、安全的技术框架，提供数据加工处理、快速入库、查询检索、提取分发、数据服务及二三维可视化支撑等能力，实现全国房屋建筑和市政设施调查数据的入库、管理、应用、展示和服务等高效处理能力。同时，在传统 GIS 服务引擎的基础上，采用新一代地图服务发布技术，开发地理信息服务引擎能力，提供空间大数据服务发布能力，为各类数据的业务应用提供支撑。

1）系统技术体系

平台综合管理系统建设以 SOA 思想为指导，以 Web Service 技术为手段，结合"矢量瓦片"技术和应用开发技术，实现统一标准下的资源整合和应用系统开发。

在总体架构的框架下，平台综合管理系统技术体系如图 5.5-1 所示：

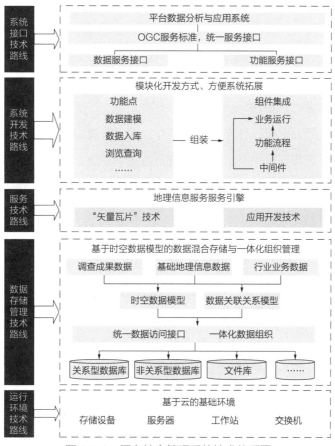

图 5.5-1 平台综合管理系统技术体系图

（1）数据存储管理技术路线

采用数据混合存储框架，差异性的混合存储策略，支持关系型数据库、非关系型数据库与文件库的混合管理，支持结构化、非结构化和非结构化数据存储的混合管理，具备多源数据成果一体化组织管理能力，满足数据高效存储、复杂空间查询统计、高并发访问和灵活的数据分发需求。

采用时空数据模型，突破传统按图层版本管理的模式，实现房屋建筑和市政设施要素级的全生命周期时空管理，通过时空数据模型实现任意要素的全生命周期查看浏览。

构建调查成果数据、基础地理信息数据、行业业务数据关联关系，基础地理信息数据作为数据基底，实现调查成果数据和行业业务数据的充分关联，有效将房屋建筑和市政设施调查数据和各行业专题数据进行关联，实现数据的有效利用。

（2）服务技术路线

采用矢量瓦片技术，实现房屋建筑和市政设施成果的高效查询浏览，满足矢量要素数据定制化样式、秒级浏览、实时属性查询、动态服务发布要求。

采用应用开发技术，实现 Java ScriptSDK 应用开发支撑能力，满足二次开发应用需求。

（3）系统开发技术路线

采用模块化开发方式，各模块之间相互独立，模块接口开放、明确，能实现功能模块升级。系统将各模块有机结合，整合为一个系统、一个界面入口，方便系统统一化管理。系统模块设置要合理，任何一个模块的损坏和更换不能影响其他模块的应用。

（4）系统接口技术路线

基于 OGC 标准接口协议，以 Web API 方式提供数据服务、功能服务接口，实现与平台数据分析与应用系统和相关业务平台的有效衔接。

2）系统能力组成

按照业务需求设计开发平台综合管理系统，系统主要包括三个功能模块：数据处理、综合数据库管理、地理信息服务引擎。

（1）数据处理

以相关技术规范为基础，结合住房和城乡建设实际应用需求，开发全国房屋建筑和市政设施数据处理工具，主要提供数据转换、栅格处理、数据校验、栅格瓦片处理、三维地形处理、三维模型处理等功能，实现了对房屋建筑和市政设施数据的加工处理，为数据的查询、统计、展示等提供支撑。

数据转换。包括格式转换和坐标转换功能，前者提供矢量数据、栅格数据格式转换功能。支持 GDB、SHP 等矢量数据格式间的相互转换，支持 TIFF、IMG、GRID 等栅格数据格式间的相互转换，后者提供投影转换模型、平面四参数模型和布尔莎模型矢量数据坐标转换能力，如图 5.5-2 所示。

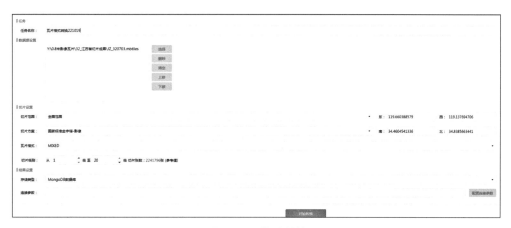

图 5.5-2 格式转换

栅格瓦片处理。提供对影像数据（tif、tiff、img 格式）或者配图文档（gwd 格式）按照指定的切片参数（起止切片级别、切片范围、瓦片格式、切片方案）进行栅格瓦片切片能力，支持存储为 ArcGIS 标准格式、国标格式、MongoDB 格式、MBTiles 格式的栅格瓦片。支持对瓦片的编辑、检查、重切和格式转换等。栅格瓦片格式转换主要是将 arcgis 离散型、arcgis 紧凑型、国标离散型、MBtiles 数据库、MongoDB 数据库常见栅格瓦片文件进行相互转换，以满足在切片、存储、汇交等不同的场景下需要使用不同格式瓦片数据的需求。

三维注记处理。提供对点类型的 shp 文件按照指定的注记字段、切片方案进行切片，生成 MongoDB 或 Mbtiles 数据库存储的三维注记瓦片的能力，以支撑注记的三维展示。

三维地形处理。提供对三维地形数据的切片、转换、导出等功能，实现对数字高程模型数据根据切片范围、切片方案、切片级别进行切片，并根据融合策略进行瓦片融合，生成 MongoDB 或 Mbtiles 数据库类型的三维地形瓦片，以支撑地形数据的三维展示。

实景三维模型处理。提供房屋建筑三维白模、三维精模、倾斜摄影、点云数据等处理与模型生产能力，支撑三维展示与应用，如图 5.5-3 所示。

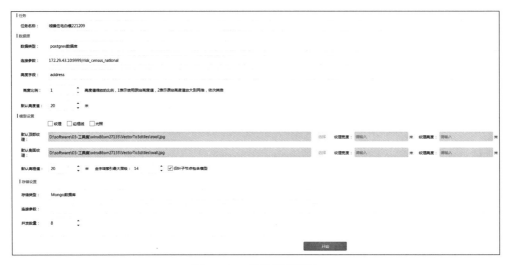

图 5.5-3　三维模型处理

（2）综合数据库管理

面向住房和城乡建设部数据中心海量数据一体化存储管理、管理内容动态按需扩展等核心需求，以空间大数据存储框架为"底盘"建设综合数据库管理子系统，提供数据建模、入库、查询、浏览、提取和安全管理能力，满足全国房屋建筑和市政设施数据资源管理应用需求。

在存储管理层面，系统支持按照房屋建筑和市政设施数据类型及应用场景选择合适的数据库和数据存储模型，并根据存储需求进行弹性扩充。在数据模型层面，系统支持从数据类型、数据格式、数据组织结构、数据应用场景等多个层面对数据资源进行全方位建模，实现管理对象的动态扩展，新增数据资源在数据建模后仅需定制入库插件即可快速入库管理。在组织管理层面，系统支持对混合存储的各类数据资源按需进行编目组织，一套数据多种组织，面向不同用户群体实现个性化目录管理应用。在管理应用层面，面向数据建库，能够实现海量数据多机多进程并行建库，大幅提升数据建库效率；面向数据提取分发，能够实现按范围、按图层、按类型并行提取，满足多样化按需快速分发需求。

数据建模。提供房屋建筑和市政设施相关数据快速建模能力，支持数据建库模板、字段、值域等管理维护。

数据入库。提供各类矢量、瓦片、栅格、资料等数据的快速入库能力。通用入库，提供房屋建筑和市政设施相关的矢量数据、栅格数据入库能力。支持将

GDB、SHP 等矢量要素类导入目标数据库或目标数据库的特定要素类中；支持将
TIF、IMG 格式栅格数据导入目标数据库的镶嵌数据集中；方案入库，提供入库方
案创建、删除与修改功能，并支持按照入库方案对各类数据进行入库；瓦片入库，
提供本地格式瓦片写入 MongoDB 数据库特定瓦片数据集的能力，支持国标离散和
MBTiles 格式的本地瓦片，支持瓦片版本管理维护；资料入库，提供资料数据快速
入库、元数据维护能力，如图 5.5-4 所示。

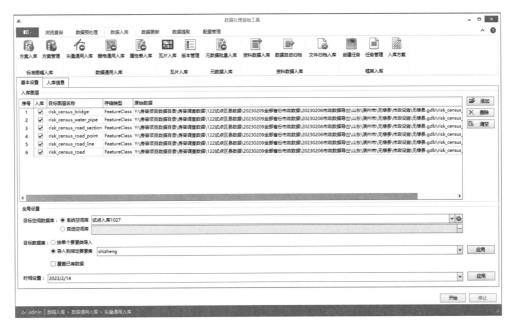

图 5.5-4　数据入库

浏览查询。数据浏览，提供对入库后的房屋建筑和市政设施数据多样化浏览能
力，支持按照编目或政区范围进行浏览，提供图层顺序调整、视图快照、图例、鹰
眼、显示方案、地图工具栏等功能；数据查询，提供对入库的房屋建筑和市政设施
数据多样化查询能力，支持要素查询、SQL 查询、地名查询、空间查询、缓冲区分
析、库存统计、资料查询等功能。数据定位，提供快速定位能力，支持按照行政区
划、坐标等进行定位。

数据提取。提供矢量、影像、瓦片等数据的快速提取能力。矢量数据提取，提
供按照行政区划、任意范围提取房屋建筑和城市设施矢量数据能力。支持按照行
政区划矩形、多边形、要素范围、标线范围多种提取方式，支持提取为 GDB、Shp
格式的数据；遥感影像提取，提供按照行政区划、任意范围提取遥感影像数据能
力。支持按照行政区划、矩形、多边形、要素范围、标线范围多种形式的范围获

取方式，支持提取为 tiff、img 格式的遥感影像数据；瓦片数据提取支持对瓦片数据按照任意范围提取。提供矩形、多边形、要素范围、标线范围多种形式的范围获取方式，并支持提取为 mbtiles 紧凑型 / 国标离散型格式的瓦片数据，如图 5.5-5 所示。

图 5.5-5　数据提取

系统管理。提供数据资源存储管理、系统运维安全管理及功能配置维护等能力，保证系统运行稳定，包括功能管理、资源管理和安全管理等方面。

（3）地理信息服务引擎

地理信息服务引擎提供高性能的企业级地理信息服务，包括基础地图服务、矢量瓦片服务、影像动态服务、实景三维服务、空间搜索服务等服务发布能力，以及服务管理、服务监控、数据源管理等配套的服务运维管理能力，同时提供 Java ScriptSDK 应用开发支撑能力。

服务发布。提供基础地图服务、矢量瓦片服务、实景三维服务及空间搜索服务等能力，如图 5.5-6～图 5.5-11 所示。

服务管理。提供服务管理、数据源管理、监控管理及配置管理等能力，如图 5.5-12 所示。

应用开发支撑。提供二维地图 SDK 和三维地图 SDK，支持系统二次开发。

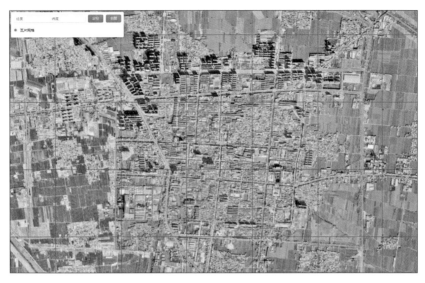

图 5.5-6　服务发布—影像地图服务

图 5.5-7　服务发布—矢量数据服务

图 5.5-8　服务发布—房屋白模三维服务

图 5.5-9　服务发布—地形数据服务

图 5.5-10　服务发布—三维精模服务

图 5.5-11　服务发布—倾斜摄影服务

图 5.5-12　服务管理

5.5.2　平台数据分析与应用系统

平台数据分析与应用系统以"1＋1＋N＋X"的总体架构体系展开建设，如图 5.5-13 所示。

图 5.5-13　平台总体架构体系图

（1）1 套调查成果数据库

数据筑牢基础。调查成果数据是本次房屋建筑和市政设施普查工作的宝贵资源，平台通过沉淀已质检合格、经过了二维向三维的数据处理与治理的三维空间数据，为后续应用开发、场景拓展提供底层数据支撑。

（2）1张二三维一体化的住建底图

底图构造支撑。以全国房屋建筑和市政设施调查成果数据为依托，形成一张"二三维一体化的住建底图"，保障指标数据的精准落图，应用场景的延伸拓展，实现管理技术、管理手段和管理思路的创新。

（3）N项房屋市政分析指标

指标分析研判。通过对调查数据指标的统计分析，有效帮助住房和城乡建设部门掌握房屋建筑和市政设施的存量底数和抗震设防等情况，科学研判综合风险隐患，显著提升科学决策能力，提升"用数据说话，用数据决策"的能力。

（4）X个拓展应用场景

场景多向延伸。以二三维一体化的住建底图为支撑，将住建业务数据与空间数据相结合，实现业务场景落图，打造拓展应用，实现房屋建筑和市政设施普查成果数据的价值提升，提高现有业务管理水平。

1）通用支撑能力构建

为了满足上层应用的开发需求，首先需要对平台的通用支撑能力进行构建。本平台的通用支撑能力主要包括图层通用能力、自定义智能报表和智能检索平台。

（1）图层通用能力

为了给领导、工作人员的日常使用提供便利，平台提供指标—图层联动、行政区划选择、底图选择、图层选择、工具栏等能力。

① 指标—图层联动

提供指标和地图图层联动效果（分层分色、白模渲染）展示，点击相应指标可加载对应专题图层。

分层分色，即在地图上根据同一指标中的不同数据区间，进行分色标注，主要适用于全国、全省、全市的指标分析，如展示各省房屋建筑数量于全国的对比。

白模渲染，即在白模上根据同一指标中的不同数据区间，对白模进行分色渲染，主要适用于对象级指标分析，如某市抗震设防中需重点关注房屋的标注。

② 行政区划选择

为满足对全国房屋建筑和市政设施的数据存量查询，提供行政区划选择，用户可选择全国或者具体省市县，展示选择后目标区域内房屋建筑、市政设施的指标数据。

③ 底图选择

借助底图选择，用户可实现地图、影像、地形等底图选择和注记操作。

④ 图层选择

平台通过多样化的图层，实现倾斜摄影、BIM 模型、白模等多源异构的三维空间模型数据加载。借助图层选择，用户可选择具体的图层，勾选后会在底图上进行分析展示，且支持图层的一键多选，实现图层的叠加展现。

⑤ 工具栏

为了提高底图操作过程中的实用性，提供指北针、测量、选取、三维分析工具（剖面分析、缓冲区）、清除等便捷工具。

（2）自定义智能报表

基于多维分析技术，通过"拖拉拽"的方式对维度、指标进行任意形式的组合，并以分析报表的方式展现，进行多维分析。支持上钻、下钻、分页等多维分析，并进行各种排序、排名分析、最大值、最小值、平均值等基本统计方法，支持本年累计、本月累计、同期比、前期比等统计方式，满足不同角度、不同层面、全方位的数据统计分析需求，实现灾普定制化报表的制作。

① 复杂报表

系统满足各种复杂格式报表、中国式报表需求。包括：多源分片报表、分块报表、表单报表、套打报表、段落式报表等。

② Excel 静态图表

可以直接使用 Excel 本身可实现的各种图形效果，如柱图、饼图、线图、雷达图等，同时结合数据仓库里面的动态数据进行数据展现。

③ 仪表板控件

在仪表盘制作时可以使用多种仪表板控件，包括：单选框、复选框、下拉框、滑动条、轮播、跑马灯、日期控件、按钮、Tab 控件和 URL 控件，通过这些控件可以实现交互性很强的仪表盘。

④ H5 动态图表

产品集成 Echart 作为基础图形控件，提供柱状图、散点图、饼图、雷达图等几十种动态交互的图形，并支持 3D 动态图形效果，如 3D 航线图、3D 散点图、3D 柱图用于数据可视化展示。

（3）智能检索平台

建立内部搜索引擎，支撑快速检索需要，实现对外接口开放、自定义内容搜索、海量数据快速检索。支持多种检索方式，包括模糊查询、精确查询、拼音查询、权限查询、热词查询、相似度检索、同义词检索、补全＋纠错检索和地图检索等。

① 搜索引擎初始化

索引的基本管理，展示索引节点和分片的拓扑图。

② 数据源管理

主要提偶感业务数据源的管理功能。

③ 索引采集

通过配置业务数据源的方式采集索引，索引字段自由配置；支持增量与全量更新。

④ 索引查询管理

对已经创建的索引进行简单的查询测试，并且可以将索引加入黑名单，之后的更新任务将不会更新黑名单中的索引。

⑤ 分类权重配置

设置分类的权重，搜索时某个分类的信息优先展示。

⑥ 同义词服务

支持政务语言同义词识别，监控接口状态。

2）专题数据资产分析

在对成果数据资产的分析中，打造 2 大主题，9 大专题，共计 255 个基础指标内容，提供房屋建筑和市政设施总体数据分析展示，房屋建筑包括城镇建筑、农村建筑、结构类型和建筑用途等；市政设施包括总数、道路数、桥梁数、供水设施数和供水管道长度等。

（1）房屋建筑主题

展示房屋建筑主题的统计指标数据信息，内容包括：房屋总览、城镇住宅、城镇非住宅、农村住宅、农村非住宅，如表 5.5-1 所示。

房屋建筑主题指标详细内容 表 5.5-1

序号	主题	专题	指标内容
1	房屋建筑	房屋建筑总览	房屋建筑的总体情况，从建筑数量、建筑面积、人均使用面积、建成时间、专业设计、变形损伤、改造情况、抗震加固等维度分析
2		城镇住宅	房屋建筑中城镇住宅情况，从城镇住宅房屋数量、房屋面积、建筑层数、建筑面积、建成时间、结构类型、产权登记、物业管理、专业设计、变形损伤、改造情况、抗震加固、减隔震、保护性建筑等维度分析
3		城镇非住宅	房屋建筑中城镇非住宅情况，从城镇非住宅房屋数量、房屋面积、建筑层数、建筑面积、建成时间、产权登记、建筑用途、结构类型、专业设计、变形损伤、改造情况、抗震设防、抗震加固、减隔震、保护性建筑等维度分析

续表

序号	主题	专题	指标内容
4	房屋建筑	农村住宅	房屋建筑中农村住宅（分独立住宅和集合住宅）情况，从农村住宅房屋数量、房屋面积、建筑层数、建筑面积、建成时间、专业设计与施工、结构类型、变形损伤、改造情况、安全鉴定、抗震加固情况等维度分析
5		农村非住宅	房屋建筑中农村非住宅情况，从农村非住宅房屋数量、房屋面积、建筑层数、建筑面积、建成时间、建筑用途、专业设计、结构类型、变形损伤、安全鉴定、抗震加固情况等维度分析

房屋建筑主题下的各项指标，主要可分为房屋基本信息、房屋建筑信息、抗震设防基本信息和房屋建筑使用情况等，通过对指标内容的统计，不仅能够有效展现普查结果，也能获得更多的延伸性价值。

① 建筑层数、建筑高度

建筑层数是指建筑地上部分和地下部分的主体结构层数，不包括屋面阁楼、电梯间等附属部分，而建筑高度则是指房屋的总高度。建筑层数、建筑高度两项指标，在相关信息系统中一般均有登记数据，而通过对比已有系统中的登记层数和高度、实际建筑的层数与高度，可以初步判断房屋是否进行过加层扩建改造。

② 建成时间

本次调查的建成时间是指设计建造的时间，以年为单位。在数据统计阶段，以十年为区间进行分段统计，可分别获得城市建成区或重点区域的 1980 年及以前、1980 年至 1990 年、1990 年至 2000 年、2000 年至 2010 年、2010 年以后的房屋不断变化情况。此前，在《联合国全球化城市化展望》中专家曾预测"中国城市化进程将继续推进"，而通过本次数据调查成果，也能够有效展现出我国近四十年内快速的城市发展进程、城市更新速度，如图 5.5–14 所示。

③ 结构类型

在本次调查中，房屋建筑的结构类型按照结构承重构件材料可分为砌体结构、钢筋混凝土结构、钢结构、木结构和其他。通过对结构类型的统计，结合房屋建筑自身的抗震加固信息与地震活动信息，可针对房屋承灾能力做更精准的分析，如图 5.5–15 所示。

④ 建筑用途

本次调查考虑抗震设防、防灾减灾等各因素，将非住宅房屋用途归列为：中小学幼儿园教学楼宿舍楼等教育建筑、其他学校建筑、医疗建筑、福利院建筑、养老建筑、办公建筑（科研实验楼、其他）、疾控消防等救灾建筑、商业建筑（金融

（银行）建筑、商场建筑、酒店旅馆建筑、餐饮建筑、其他）、文化建筑（剧院电影院音乐厅礼堂、图书馆文化馆、博物馆展览馆、档案馆、其他）、体育建筑、通信电力交通邮电广播电视等基础设施建筑、纪念建筑、宗教建筑、综合建筑（住宅和商业综合、办公和商业综合、其他）、工业建筑、仓储建筑、其他等，如图5.5-16所示。通过对疾控消防等救灾建筑、体育建筑等相关类型建筑的服务辐射范围的统计分析，可有效推导出城市规划设计的合理性，并给出规划方面的建设性意见。

图 5.5-14　建成时间

图 5.5-15　结构类型

图 5.5-16　建筑用途

（2）市政设施主题

展示市政设施主题的统计指标数据信息，内容包括：市政道路、市政桥梁、供水设施厂站、供水设施管道，如表 5.5-2 所示。

市政设施主题指标详细内容　　　　　　　　　　　　　　　　表 5.5-2

序号	主题	专题	指标内容
1	市政设施	市政道路	市政设施中道路情况，从道路总数量、道路总长、道路等级、设计速度、通车日期、路幅形式、道路长度、路面宽度、红线宽度、最窄机动车道宽度、沿线设施、抗震设防烈度、不良地质、道路养护等维度分析
2		市政桥梁	市政设施中桥梁情况，从桥梁总数量、桥梁总长、桥梁类别、建成日期、设计使用年限、工程投资、桥梁长度、功能类型、养护类别、跨越类型、附属设施、承灾体隐患情况等维度分析
3		供水设施厂站	市政设施中供水设施厂站（分取水设施、净水厂设施、加压泵站、调压站）情况，从供水设施厂站设施总规模、建成时间、设计使用年限、取水形式、结构形式、防洪标准、结构设计安全等级、抗震设防、隐患信息、外观检查情况等维度分析
4		供水设施管道	市政设施中供水设施管道（分输水管道和配水干管）情况，从供水设施管道总数量、总长度、管道长度、管龄、敷设方式、管径、管材、结构设计使用年限、结构设计安全等级、抗震设防、隐患信息等维度分析

市政设施主题下的各项指标，主要以市政道路、市政桥梁、供水设施厂站和供水设施管道，通过对指标内容的统计，不仅能够有效展现普查结果，更能获得更多的延伸性价值。

① 市政道路

市政道路中主要分为道路基本信息与道路养护信息。

在道路基本信息中，从道路长度和道路数量两个维度，对道路等级、设计速度、通车日期、路幅形式、机动车道数、红线宽度、最窄机动车道宽度等信息进行统计展示，有效展示出各省、市、县各级统计数据，并可达到城市级进行底图标识，如图 5.5-17 所示。

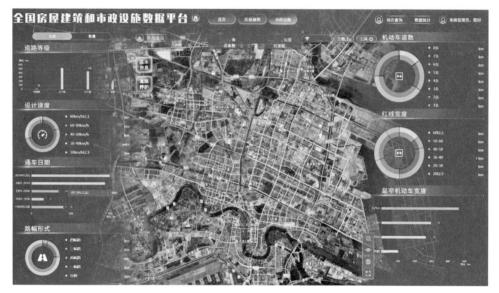

图 5.5-17 道路基本信息

在道路养护信息中，主要包含了沿线设施建设情况，抗震设防烈度、不良地质、道路养护情况等指标。可展示出各省、市、县各级统计数据。

通过对市政道路指标的统计分析，可快速统计出各级道路的数量及分布情况，有效分析出不同等级道路在城市中的占比情况，为道路设计规划提供数据支撑。

② 市政桥梁

市政桥梁中主要分为桥梁基本信息与桥梁安全隐患信息。

在桥梁基本信息中，通过对桥梁类别、建成年代、设计使用年限、工程投资情况、桥梁长度、功能类型、养护类别、跨越类别等指标的统计分析，快速展示出各省、市、县各级统计数据，并可达到城市级的底图标识，如图 5.5-18 所示。

在桥梁安全隐患信息中，展示了桥梁附属设施的防护类型和防护等级，以及存在滑坡、泥石流，有过强风后损伤，有超限车辆通行等承灾体隐患信息。可展示出各省、市、县各级统计数据。

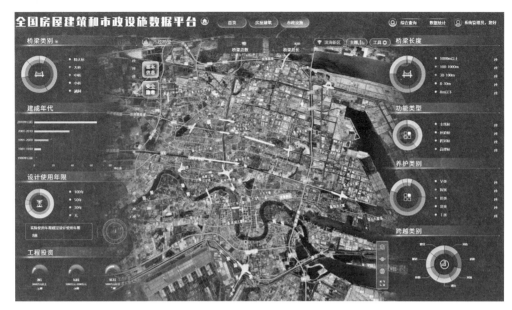

图 5.5-18　桥梁基本信息

通过对桥梁安全隐患信息的统计分析，平台还可输出安全隐患报告，为桥梁使用与维护安全提供数据支撑，协助主管部门监控各桥梁使用情况，做好日常桥梁安全检查、维护工作。

③ 供水设施厂站

本次普查中，将取水设施、净水厂设施、加压泵站设施及调压站设施归纳为厂站设施。从其规模、建成年代、设计使用年限、取水形式、结构形式、防洪标准、结构设计安全登记、抗震设防、隐患信息、外观检查情况等指标进行统计分析，分别对四种厂站相关信息进行展示。

④ 供水设施管道

本次普查中，将输水管道设施和配水干管管网归纳为管道设施。从长度与数量两个维度，对管道长度 / 数量、管龄、敷设方式、管径、管材、结构设计使用年限、结构设计安全等级、抗震设防、隐患信息等指标进行综合性统计分析。

3）房普数据应用拓展

有了数据资产的积累，可以针对指标的综合应用展开数据应用场景的拓展，本次在平台中主要打造了抗震设防、沉降分析和其他相关分析主题。

（1）抗震设防

我国是一个地震多发国家，20 世纪以来全球 7.0 级以上的内陆地震有 35% 发生在我国，地震造成了巨大的人员伤亡和财产损失。1920 年的宁夏海原地震和

1976 年河北唐山地震，死亡人数分别超过 23 万人和 24 万人，2008 年的汶川地震死亡（含失踪）人数达到近 9 万人。总结国内外历次强烈地震的震害经验与教训，一个最重要的启示是，房屋建筑的倒塌与破坏是地震期间人员伤亡和财产损失的主要原因，因此，加强房屋建筑的抗震设防，提高房屋建筑的抗震能力，是减轻地震灾害、减少地震期间人员伤亡和财产损失的关键。

房屋建筑的抗震设防，主要是为达到抗震效果，在工程建设时对建筑物进行抗震设计并采取抗震措施。抗震措施是指除地震作用计算和抗力计算以外的抗震设计内容，包括抗震构造措施。而在《建筑抗震设计规范（附条文说明）（2016 年版）》GB 50011—2010 中已有明确规定：抗震设防烈度为 6 度及以上地区的建筑，必须进行抗震设防。房屋建筑的抗震设防通常通过三个环节来达到：

首先，确定抗震设防要求，即确定建筑物必须达到的抗御地震灾害的能力；

其次，加强抗震设计，采取基础、结构等抗震措施，达到抗震设防要求；

最后，在抗震施工阶段严格按照抗震设计施工，保证建筑质量。

以上三个环节之间是相辅相成、密不可分的，只有都认真执行，才能满足抗震设防要求。

目前，抗震设防管理的审批程序混乱、监管体系和措施缺乏、地方管理机构能力不足、人民抗震防灾意识不强等，均是阻碍我国房屋建筑抗震设防能力整体提升的问题。

在本次平台建设中，联合部普查工作专家，以全国房屋建筑的普查数据为基础，建立抗震设防分析模型，围绕建造维护指数、建筑抗震设防指数、建造年代指数、抗震设防加固时效指数、建造年代的加固时效指数、建筑结构特征指数，计算建筑抗震隐患评价指数，并依据建筑抗震隐患评价指数分析得出暂无抗震隐患、可能存在抗震隐患、存在抗震隐患三类评价结论。在平台中，对建筑抗震隐患评价结论在图层中进行白模渲染预警，吸引相关部门的重点关注，引导进行房屋建筑的抗震加固，如图 5.5-19 所示。

同时，在大面积白模的基础上，还可针对重点区域、重点关注房屋建筑引入 BIM 模型，制定并优化地震预防的安全预案。而在发生地震后，也可借助三维底图，辅助救灾人员快速确定救灾路线，保障广大人民的生命和财产安全。

借助抗震设防的分析模型，汇聚全国建设工程的抗震设防数据，研判抗震设防信息，全面掌握建设工程抗震设防建设情况，有效辅助科学决策，提高建设工程抗震管理水平。

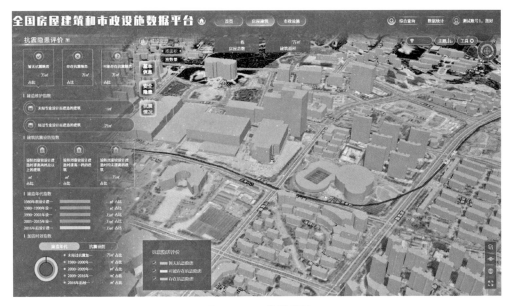

图 5.5-19　抗震设防

（2）沉降分析

地面沉降又称为地面下沉或地陷，是目前世界各大城市的一个主要工程地质问题。地面沉降是由多种因素综合作用而形成的，其中主要包括人为因素和自然因素两大原因，地面沉降产生的人为因素有地下资源过度开发（包括地下水、石油、自然和矿产资源）和高层建筑物重压，自然因素有地壳构造活动、地震、火山运动和地质结构。一般表现为区域性下沉和局部下沉两种形式，地壳运动、海平面上升等会引起区域性沉降；而引起城市局部地面沉降的主要原因则与人类的工程经济活动影响有密切关系，由于地下松散地层固结压缩，导致地壳表面标高降低的一种局部的下降运动（或工程地质现象）。地面沉降对建筑物，基础设施，高架道路，地铁，铁路，越江隧道，桥梁，地下管道及高层建筑物的正常使用及寿命都有较大影响，甚至引起破坏而危害安全，地面高程降低还可增加洪涝灾害，降低防洪排涝工程效能，沿海地带还可出现海水倒灌现象，引起土壤及地下水盐碱化及海平面升高。

联合国教科文有关组织 2021 年 1 月份警告说，一项新研究预测，到 2040 年，世界地面沉降潜在面积将增长 8%，威胁到世界上将近五分之一的人口，其中地面沉降风险最严重的区域集中于亚洲。中国是世界上主要的经济发展大国之一，同时也是地面沉降灾害最为严重的国家之一。据不完全统计，截至 2020 年底，全国已有 35 座省会和副省级以上大城市发生过地表下沉事件，其中重灾区集中于长江三角洲、华北平原、陕西、山西汾渭等地。

地面沉降具有潜移默化性，它形成的时间比较长，过程较慢。在较短的时间内，下沉程度并不严重，对生命也没有直接的威胁，因此地面下沉就像"温水煮青蛙"，不易被人所觉察，对其危害很容易被忽视。但是，随着城市建设发展和人口增长，对土地资源需求日益增加，特别是一些大城市，由于经济发达，人口稠密，因此必然要大量占用地下空间进行开发。于是产生了大规模的沉陷。但是经过多年的沉降，其程度越来越大，影响的范围也越来越大，而且很难恢复，地面沉降灾害开始严重时，将会造成很大的破坏，甚至会影响到人的安全。

沉降分析是基于地面沉降数据与房普数据的叠加分析，辅助主管部门对有安全隐患的房屋进行重点监控管理。

其中，利用InSAR技术进行建筑物风险评估的基本原理是依据PS点的时空信息从时间维度和空间维度出发分别获取影响建筑物稳定的信息，如点之间倾斜率、建筑最大倾斜、倾斜历史曲线、周期性形变和分段线性形变，综合以上检测信息，对建筑物稳定性进行评价。根据PS点的高程信息将PS点分为建筑墙基点和建筑墙面点，分别计算墙基和上部结构中PS点的累计形变量和近期形变速率，获取建筑不均匀沉降信息。不均匀沉降是两个收敛点之间垂直形变分量的差值同样利用公式进行计算。利用高分辨InSAR干涉图像序列数据，获取房屋建筑周边范围内的形变信息。根据PS-InSAR计算结果，提取PS点，PS点主要分布于目标区域的建筑上，每个PS点包括三维位置信息、平均形变速率信息和形变历史信息。

将地面沉降数据中的地面最大累积沉降（3年）、地面最大累积倾斜（3年）、上部结构最大累积沉降（3年）、上部结构最大累积倾斜（3年）、地面最大近期沉降速率、地面最大近期倾斜速率、上部结构最大近期沉降速率、上部结构最大近期倾斜速率等八项形变参数，与房普数据中的结构类型指标进行叠加分析，综合评估各项沉降指标所对应的建筑物形变风险等级，得出重点关注、值得关注、不稳定状态、安全四种分析结果，如图5.5-20所示。

结合房普三维底图所做的沉降分析，不仅能够更加直观准确地展示出区域内地面沉降带来的建筑物形变风险，更能为有关部门更全面地分析房屋安全隐患，实现提前预警、及时推送，为安全隐患房屋排查工作提供全面而准确的数据支撑。

（3）其他

除了上述三类房普数据的应用拓展外，平台还打造了住建一张图监管、BIM应用、业绩核查等专题。

图 5.5-20　沉降分析

① 住建一张图监管

实现工程建设项目全生命周期信息统一落图，实现工程建设项目全生命周期各指标项统览展示，包括规划许可、施工许可、工程施工、竣工验收、房屋全生命、物业管理、征收拆除等各类项目全链条信息。打造住建全生命周期一张图，实现以图管建设，以图管房屋，如图 5.5-21、图 5.5-22 所示。

图 5.5-21　住建一张图监管（项目落图）

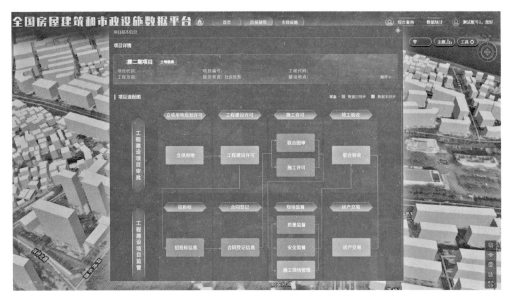

图 5.5-22　住建一张图监管（工程详情）

② BIM 应用

在白模的基础上，针对地标建筑、历史名迹、在建项目等重点建筑物，结合平台所具备的对多源异构数据的承载能力，加载其 BIM 模型，从而实现火灾、地震等突发情况的应急预案演练，房屋日常运维管理的数据支撑，如图 5.5-23 所示。

图 5.5-23　BIM 应用

③ 业绩核查

结合调查成果数据中的房屋产权、房屋用途等指标进行统计分析，为建筑市场信用监管部门提供了更加方便快捷的查询通道，并可将查询结果在三维底图中进行精准定位，实现精准化管理的目标。

4）行业数据融合延伸

通过对接相关行业数据，将房普成果数据和工改、建筑业监督、房地产监督、城市建设、村镇建设和城市管理等业务领域数据融合，形成完整的"住建一张图"。基于三维地理信息数据，通过二三维图表联动形式进行展示和分析，实现数据落图、趋势研判、详情跟踪，提高房普成果数据在城市建设、城市管理、城市更新、住房管理等领域的赋能应用，辅助领导高效决策指挥。

（1）赋能城市建设智慧化

在城市建设领域，对汇总上来的工程建设项目信息进行综合统计分析，可按地市、项目类型、投资类别、审批时段、审批阶段、审批事项、审批单位等多维度多层次进行灵活统计，并可结合三维底图直观呈现统计结果，也能下钻至具体项目查看项目详细信息。全程监控各类审批事项办理情况，显示工程建设项目审批状态和结果，并以图形等形式展示某一具体工程建设项目的审批阶段、在办事项、审批部门及办理状态等，实现工程建设项目全生命周期各指标项统览，展示各阶段的项目全链条信息，加强建筑市场和施工现场联动。通过建立多维度的分析、查询和报表，实现各业务主题统计分析，以管理者视图展现系统运行各类业务数据，满足领导对数据深度分析的需要，达到辅助领导决策分析的目的，提升政府部门的信息化监管能力，保障建筑业高质量发展，完善"住建一张图"的构建。

在项目建设阶段，打造三维场景下的智慧工地，接入 IOT 监测设备的实时监测数据，展现项目的实时动态，打造施工现场全域视角，所见即所得。以项目的 BIM 模型作为数据的承载对象，可实现工期模拟、进度比对、问题预警，有效提高工程建设效率，也大大颠覆现有管理体验，打破传统现场监管的模式。

（2）赋能城市管理智能化

在城市管理领域，基于平台提供的三维底图，可实现对城市地下管线、建筑渣土监管、历史名城保护、城市活力等内容的专题分析。

打造地下管线治理专题，通过市政设施普查中的调查数据，可形成城市地下管线的三维建模，提供三维空间的可视化展示，量算和模拟仿真，提高动态监管、精细维护和决策分析能力。同时，通过接入 IoT 监测设备的实时数据，还可实现对地下管线运行情况的全面感知和自动采集，强化对城市地下管线的综合管理。

打造渣土车管理专题，实现对建筑渣土的产生、收集、运输、处置四个环节的全天候、全过程、全覆盖监管，提高城市环境质量。

打造历史名城保护专题，充分利用新技术、新手段，完善历史名城数据体系，聚焦历史名城保护工作，更好地向公众展示城市历史文化底蕴，打造城市文化品牌。通过接入倾斜摄影、360全景、照片、测绘图、视频监控、疏散路线等，从全域宏观以及具体保护对象搭建城市历史文化名城保护的综合分析。

打造城市活力专题，在房普平台三维底图的基础上，利用地址引擎使语义的地理元素具有空间属性，在统一的标准体系下，使各类信息和要素空间位置唯一、拓扑关系正确、信息挂接精准，构建业务数据与三维模型的关联关系，形成经济活力、楼宇活力、商圈活力展示和分析等应用场景，实现业务间的协同联动，为城市发展提供靶向服务。

（3）赋能城市更新精准化

城市更新是指生活在城市中的人，对于自己所居住的建筑物、周围的环境或出行、购物、娱乐及其他生活活动有各种不同的期望和不满。对于自己所居住的房屋的修理改造，对于街道、公园、绿地和不良住宅区等环境的改善有要求及早施行，以形成舒适的生活环境和美丽的市容。包括所有这些内容的城市建设活动都是城市更新。"城市更新"首次提出于2019年12月的中央经济工作会议，于2021年3月首次写入2021年政府工作报告和"十四五"规划文件《中华人民共和国国民经济和社会发展第十四个五年规划和2035年远景目标纲要》中，将其上升至国家战略层面，并将正式全面推进。

在城市更新领域，基于房普平台的三维底图，加载物联网感知能力，对城市进行系统化、精细化、智能化地监测、评估、反馈，结合城市体检工作中的调查成果，用数据准确地反映城市运行存在的问题，科学地揭示城市生态宜居、健康舒适、安全韧性、交通便捷、风貌特色、整洁有序、多元包容、创新活力八大维度在城市空间上相互作用、相互影响的内在关系，对城市更新方案作出科学的设计，辅助城市更新的管理与指挥。

通过房屋建筑和市政设施普查成果数据，能够为城市更新的工作开展提供数据支撑，可以基于各项指标，分析出不同城市的更新重点，支撑领导的决策指挥。比如在老旧小区改造过程中，依托房普平台的三维底图能力，可以将建成时间已久、存在安全隐患较高的小区进行标注预警，结合现场实地复查后，可将需要进行老旧小区改造的项目进行精准落图。此外，也可借助小区改造前后的倾斜摄影等精细模型，直观展现出改造过程中的进度、改造前后的变化比对。

（4）赋能住房管理现代化

在住房管理领域，依托房普平台的三维底图，统一展现住房建筑年代分布、房价收入比、住房均价、单价变化趋势等要素，为房地产市场监管提供数据支撑。强化对全市房地产市场、企业的监督管理，实现房屋交易网签备案数据联网、更新历史数据，实现商品房交易监管、评估市场监管、房地产价格动态监测、新建商品房预售资金及存量房交易资金监管等功能。此外，还提供针对公租房、保障房、住房公积金等内容的数据分析。

5.6　关键技术分析

在技术研究领域，平台所涉及的关键技术主要包括数据集成管理技术和数据统计分析与应用技术，概括如下：

（1）采用面向对象方法和 UML 统一建模语言开展数据库设计。建立面向对象的空间、业务数据库结构和完整统一的数据模型，实现对象的几何图形特征与属性特征、个体特征与关系特征、实体数据与元数据的一体化管理。采用基于面向对象技术的标准建模语言 UML 进行数据库设计，既可以描述数据结构，还能清晰描述数据之间的关系。UML 不仅能完成实体—关系图可以做的所有建模工作，空间对象之间、数据对象之间、空间对象和数据对象之间的关系可以通过 UML 的关系进行记录。

（2）以成熟的数据库和空间数据引擎完成空间数据建模、组织和管理，实现多类型、多尺度、多时态房屋建筑和市政设施调查数据以及行业业务专题数据的集成化管理。空间数据采用 GEOWAYGeodataset 数据模型。在一个统一的空间数据模型中进行矢量与影像数据的管理。其中矢量数据采用 Geodataset 的 FeatureDataset、FeatureClass 方式，影像数据采用 RasterDataset 方式。非空间化的结构化表格统一使用关系型数据表格进行管理；对于大量的照片、文本等半结构、非结构化数据，根据数据特点采用 FileDataset 的方式进行存储。

（3）使用空间大数据存储框架，通过基于混合存储架构的大数据存储技术、读写分离技术、基于开放数据模型的数据识别技术，以满足 PB 级海量多源异构数据的存储管理需求。其中，针对空间化和非空间化结构业务数据的存储，采用以开源数据库 PostgreSQL 和 MySQL 为核心的 G-SpatialRDS 分布式空间数据库，采用分布式架构、进行深度空间化扩展和企业级定制，满足海量空间数据管理、高并发的业务应用复杂需求，兼容 Kingbase、高斯等国产主流关系型数据库。针对瓦片数据等半结构化、非结构化空间数据存储，采用以开源分布式 NoSQL 数据库 MongoDB 为核心的 G-SpatialTDS 分布式非关系型数据库，扩展面向半结构化和非结构化空间数据的模型，如栅格瓦片、矢量瓦片、三维模型、倾斜模型、BIM 模型数据等，满足百亿、千亿级数据的管理需求。针对非结构化文件资料等数据，采用 NAS 分布式文件系统，提供分布式文件资源管理能力，面向空间大数据高性能计算分析，应对大规模时空数据分析的高吞吐需求，面向实时流式数据的清洗、整合与存储管理。

（4）以空间数据综合管理系统为平台支撑，配合强大的空间数据引擎与时空数据模型，共同完成多源异构的空间、非空间数据建模、组织和管理，实现多类型、多尺度、多时态空间数据的集成化管理与联动更新。

（5）采用人工交互检查和人工对照检查相结合的方式对成果进行全面检查，通过设计编制计算机程序，利用空间数据的图形与属性、图形与图形、属性与属性之间存在有一定的逻辑关系和规律，人机交互检查和发现数据中存在的错误；对于靠程序检查不能完全确定其正确与否的数据问题，由计算机识别后，再采用人机交互检查方法，由人工判断数据的正确性。

（6）采用空间化扩展的大数据计算等技术完成对二三维数据的空间分析与统计分析，利用空间大数据时空索引等技术，实现对多源异构的二三维空间与非空间数据的高效索引，实现在多用户、高并发环境下数据的快速查询和高效渲染。

5.6.1 数据集成管理技术

第一次全国自然灾害综合风险房屋建筑和市政设施调查数据库建设涉及海量多源二三维异构数据，传统单一存储形态已无法满足可视化表达、提取分发、统计计算、三维分析等多样化应用场景对建库成果的高性能访问要求。因此，本项目提出了面向全国海量多源房屋建筑和市政设施数据集成管理技术。通过多态融合数据模型、异构混合存储架构和分布式并行入库等技术实现多源数据的一体化存储与综合管理，在此基础上，通过矢量瓦片、LOD 动态调度、GPU 加速渲染和分布式渲染等技术实现海量数据可视化表达与应用，提升数据集成管理成效。该技术具体描述如下：

1）多源地理空间数据存储与管理

为解决海量多源房屋建筑和市政设施数据的集中存储与高效管理难题，本项目采用了海量多源地理空间数据存储与管理技术。它采用多态融合数据存储技术，以关系数据库为基础，融合 Hadoop、Spark 技术框架、MongoDB 等分布式技术组件，综合运用了空间数据库（涵盖关系数据库能力）、NoSQL 数据库和分布式文件系统的优势特征实现矢量、影像、地形、表格、瓦片、文件等结构化、半结构化和非结构化数据的一体化管理，可支持 PB 级规模空间数据的存储与管理，极大提升了数据访问和查询效率，如图 5.6-1 所示。

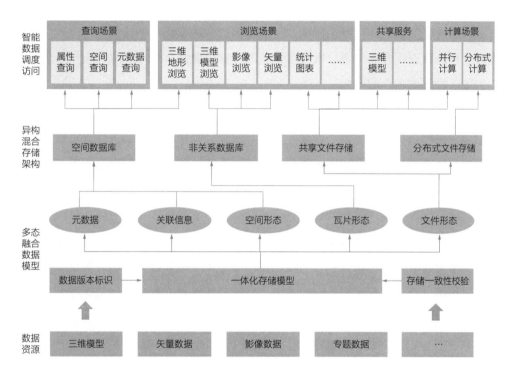

图 5.6-1　基于多台融合架构的数据存储管理

（1）多态融合数据模型

多形态一体化数据模型的数据对象由数据对象的文件形态数据、空间形态数据、服务形态数据、元数据和关联信息五部分组成，各部分之间互相依存与关联。

文件形态数据是各类数据的初始形态，以文件形式进行存储管理，保持数据的原生性，便于数据应用过程中的追踪溯源。

空间形态数据是文件形态数据经过预处理与空间入库后形成的矢量或栅格形式的空间数据集，存储于空间数据库，是后续数据统计、应用分析以及知识挖掘的主要支撑数据。

服务形态数据是空间形态数据的二次加工产物，主体为各类栅格瓦片、矢量瓦片、三维模型瓦片等，用于提升服务场景下的数据应用效果与效率。

元数据是地理信息二三维数据的说明信息，在数据应用过程中能够发挥着关键作用。是支撑数据检索的重要支撑信息，通过批量入库（来源于文件形态数据）或手动录入形式，元数据在关系数据库中进行存储管理。

关联信息定义了地理信息二三维数据一体化数据模型数据成员各部分之间的耦合关系，详细描述了各形态数据的存储位置以及数据之间的关联关系，时序关系等。关联信息作为一体化数据模型数据内容的入口，在具体的应用场景中，用于适配最优形态数据，并路由至最优形态数据的存储位置。

（2）异构混合存储架构

综合运用空间数据库（涵盖关系数据库能力）、NoSQL 数据库和分布式文件系统的优势特征实现三维模型、矢量、影像、地形、表格、瓦片、文件等结构化、半结构化和非结构化数据的一体化管理，每一类数据适配最优的物理存储形式。

① 存储架构

空间数据库：发挥数据结构化、空间数据模型成熟优势，可有效满足矢量等空间数据在严格拓扑要求下的高效的空间／属性查询和统计需求，保证空间拓扑正确性、空间统计准确性、汇总统计便捷性；同时存储各类属性数据、元数据、关联信息，可利用分布式集群架构、空间索引、分片分区等技术优化空间数据查询和读写效率、同时保证数据安全备份。

非关系数据库：优点是适合大量小文件的存储，在并发、IO 方面相对关系数据库有明显提升，尤其是瓦片数据，高并发、高 IO，由于其在空间数据模型方面的局限性不适合存储矢量空间数据；可通过分布式集群架构、分区分片、副本集等技术，优化 IO 和并发性能、同时保证数据多副本安全。

共享文件存储：进行三维模型文件、影像文件、矢量文件、报表报告等各数据原始文件的存储，与数据库配合使用，数据库存储元数据、文件实体存储到文件数据库，可充分利用网络带宽进行文件读写。

分布式文件系统：主要进行各类矢量数据存储，为 Spark 分布式内存计算提供数据支撑。

② 数据存储策略

从数据类型角度，涉及三维模型、矢量、影像、表格、报告等，数据量、数据文件数量、数据结构存在差异，采用差异化存储策略。

三维模型：数据量大，浏览性能要求高，提取效率要求高，采用文件＋元数据方式存储，保证文件效率，同时进行模型索引、通过 NoSQL 数据库存储保证浏览效率。

影像数据：影像数据体量大，数据浏览性能和提取效率要求高，采用文件＋元数据的方式进行存储，保证影像提取效率，同时进行影像切片并通过 NoSQL 数据库存储影像切片成果，保证影像浏览效率。

矢量数据：要素数量大、浏览性能要求高、空间拓扑严格、空间统计精度要求高，采用空间数据库方式存储，保证空间拓扑正确性、查询效率和统计精确性，同时采用矢量瓦片技术进行矢量切片、通过 NoSQL 数据库进行存储保证浏览效率和实时交互查询与渲染。

统计表格：记录数大、统计效率要求高，采用关系数据库存储。

元数据和关联信息：为结构化数据，多用于数据检索，检索精度要求高，因此采用关系数据库进行存储。

（3）智能数据调度访问

从数据应用角度，同一类型数据存在多种应用场景，面向不同应用场景采用不同存储形态，通过统一访问接口进行多形态数据的访问。一体化数据模型本质上同一房屋建筑和市政设施调查成果对象面向多样化的应用场景进行的多态数据冗余存储，以存储空间换取计算时间，满足不同类型业务对数据存储格式、数据访问效率的要求，从而提升数据应用的效率、深度与广度。

面对数据分析与知识挖掘场景时，优先选择分布式文件系统进行 Spark 分布式计算，对于并行计算从文件系统中读取数据文件，对于小范围、比如村级尺度空间统计直接从空间数据库中进行统计。面对分发服务场景，优先选择文件形态数据，在文件数据无法满足需求的情况下，从空间形态数据中基于空间、属性、时态的多维过滤条件进行定制化的数据提取，并分发提取结果。面对高并发的服务应用、海量数据的快速浏览等场景，服务形态数据能够获得比空间形态数据更优的应用效果与用户体验。

相比单一的数据模型，一体化数据模型全面满足二三维浏览展示、提取分发、计算分析和服务支撑等应用需求，结合分布式存储技术，同一地理信息二三维数据对象可同时支撑多项数据应用的开展，充分发挥物理设备的性能优势。在高级分析及知识挖掘等涉及综合数据应用的场景中，一体化数据模型数据的全面性、访问的灵活性等优势将更加显著。

（4）分布式并行入库

① 房屋建筑和市政设施及相关专题数据具有图层多、部分图层要素数量巨大、要素精度高等特点，传统模式下数据入库暴露出以下问题：

a. 单进程模式导致入库时间长。入库效率方面，随着库内数据量的增加，在达到一定数量时，单个图层本身入库的速度逐步下降；入库进程方面，非当前入库图层只能排队等待，无法充分利用计算机资源换取入库时间。

b. 入库过程不稳定。矢量数据成果中部分矢量图层要素的节点数据量巨大，例如房屋建筑物图层，单要素节点数平均上万，易出现入库进程内存溢出导致入库失败。

c. 出错后重新入库代价高。入库出现错误时，只能对全部数据内容进行重新入库，否则会在库中形成脏数据。

d. 图层锁使得计算机资源无法充分利用，无法提升入库效率。对于同一个图层来说，若多台机器同时对其进行入库会导致图层版本协调错误。

② 本项目采用基于分布式的高性能并行入库技术，保障矢量数据正确、稳定和高效的入库。具体通过任务拆分、高速缓存、智能故障修复三个要点来实现。

a. 任务拆分

总体策略为：大数据量图层拆分多个子任务、小数量图层合并任务，拆分后的子任务并行入库。

在创建矢量数据入库任务时，按照任务中涉及的数据图层，将入库任务以图层为单位进行拆分，即一个图层为一个子任务，拆分后的子任务存放到任务池中等待调度。

执行并行入库时，任务调度器为进程池中的进程分配拆分后的子任务，实现进程池中的多个进程同时入库。调度过程如下：

a）若某一图层要素数量多，在对任务进行合理拆分的基础上，从进程池中安排多个进程对此图层进行入库。

b）对于要素数量非常少的图层，先将这些图层合并为一个任务，然后从进程池中分配一个进程开展图层入库。

b. 高速缓存

针对图层锁问题，采用高速缓存技术，为每个入库子任务创建并维护一个物理隔离的高速缓存，可完全避免图层版本冲突，允许多个客户机高效安全并行入库。该技术通过创建高速缓存区域与快速转储策略来组合实现。

a）创建高速缓存区。对每一个入库进程在数据库中创建一个高速缓存区，入库执行时，先将矢量数据写入至对应的高速缓存区中。

b）缓存数据转储。当正确完成数据写入至高速缓存区后，通过高速缓存快速转储策略，将缓存中的数据转储至目标图层。若数据写入过程中，出现失败或入库被终止（数据本身有错误时或用户停止任务，都会导致终止）时，数据入库软件会快速释放资源并删除该图层在高速缓存中的数据，避免了数据的错误性。

c）缓存区空间释放。高速缓存中数据成功写入目标图层后，删除缓存中数据，快速释放空间。

c.智能故障修复

在入库过程中，如果子任务发生异常（入库软件故障、网络临时故障、服务器临时故障、数据错误等），软件会根据用户设置自动实施单点故障恢复策略，具体为：

a）当异常发生时进行故障类型检测。软件通过内存检测、日志分析、异常捕捉分类等手段，检测故障类型。

b）安排恢复策略。根据软件截取的故障信息，对常用的故障进行检测分析，针对不同故障类型采用不同处理策略，如提醒用户数据错误、重新安排任务执行、忽略非关键错误等。

c）实施恢复。如需要重新执行入库过程，则入库任务将自身信息进行复制，并从进程池申请新的进程安排重新入库。

2）地理空间数据二三维可视化表达与应用

地理空间数据二三维可视化表达与应用技术采用全部剖分、动态调度、GPU渲染和快速渲染等核心技术，提高了三维性能，通过 LOD 技术流畅支持 TB 级的二三维数据，确保二三维 GIS 应用的高效性能。

① 对数据的存储和组织模型进行分析重构。在二三维场景中对数据进行金字塔瓦片多分辨率剖分和存储，大幅减少了瓦片的传输数据量，使之符合高性能二三维可视化的要求。

② 基于多分辨率金字塔结构的自顶向下调度技术。从最低分辨率开始，逐步推进到最佳分辨率，从而呈现出渐进显示效果，并缓减用户等待感受。

③ 基于视点的动态裁剪技术。根据当前相机参数（中心点坐标、高度和角度），实时计算可视范围和深度，据此来更新调度和绘制内容，如图 5.6-2 所示。

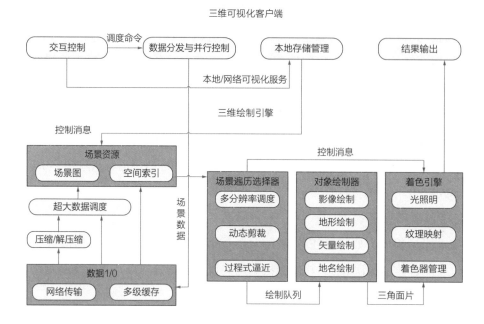

图 5.6-2　三维绘制引擎架构

（1）云端渲染处理

对于大体量的空间数据的实时二三维可视化表达与应用方面，需要在服务器端进行云端渲染预处理。根据数据传输内容，可以分为模型传输和图像传输，结合业务场景以及表达内容选择合适的传输方式。模型传输将二三维数据从服务器通过网络传输至客户端或浏览器，然后交由该终端进行渲染。受限于网络带宽大小，当模型数据较大时，终端需要等待较长的加载延时，因此需要服务器端进行必要的数据拆分且只传递终端必需的数据。图像传输由服务器完成二三维数据的渲染任务，最终的渲染结果以图像的方式传输到客户端或浏览器，所以适合更低性能的终端设备。对于涉密数据的应用场景下，通常不希望数据泄露到网络上，图像传输可以较好地保护数据实体，从渲染结果中重建出原始模型数据，几乎没有可行性。

（2）基于矢量瓦片技术的矢量数据可视化表达

目前市场上主流的电子地图瓦片主要有两种方式：传统的栅格瓦片和矢量瓦片（Vector Tiles）。传统栅格瓦片是采用四叉树金字塔模型的分级方式，将地图切割成无数大小相等的矩形栅格图片，由这些矩形栅格图片按照一定规则拼接成不同层级的地图显示；矢量瓦片类似栅格瓦片，是将矢量数据用多层次模型分割成矢量要素描述文件存储在服务器端，再到客户端根据指定样式进行渲染绘制地图，在单个矢量瓦片上存储着投影于一个矩形区域内的几何信息和属性信息。当客户端通过分布式网络获取矢量瓦片、地图标注字体、图标、样式文件等数据后，最终在客户端进行渲染输出地图。使用矢量瓦片地图优势就是在于继承了栅格瓦片的所有优点后，还不需要事先定义样式进行矢量数据栅格化，能够在用户浏览器随意配置显示样式，减轻服务器端计算压力，缩小服务端存储空间（栅格图片占用大量存储空间），并且可以实现用户交互，具有地图显示效果更好、互动性也强、更新速度快、地图样式快速切换、占用空间少、无极缩放显示等特点。目前高德、百度等互联网地图基本都使用了矢量瓦片技术。

本项目采用了矢量瓦片技术解决上述问题，实现不切片情况下，十亿要素级矢量数据秒级二三维浏览，同时支持动态符号配置、要素动态过滤显示、实时要素信息拾取等互操作。

围绕海量矢量数据的动态符号化、浏览效率、动态查询检索、要素高亮拾取等方面的需求，本技术具体研究方法包括高效的矢量数据索引构建算法、高速切割算法、高效动态渲染与注记避让。

① 矢量数据索引构建算法

当矢量数据数量十分庞大时，部分图层要素数量和单要素节点数量都非常大，例如房屋建筑物数据。在目前常规的矢量渲染浏览和栅格切片浏览两种方式下，在效果、效率和可查性方面都存在各自的缺陷：如果采用矢量渲染，在 1∶10000～1∶500000 比例尺范围间，要实现无缝无延迟浏览，效率上基本达不到要求；如果采用栅格切片后浏览的方式，又面临了符号化与展示无法联动、不支持动态改变符号、分类浏览需要单独切片等问题。

本项目基于不同显示比例尺下矢量要素展示需求，研究了矢量瓦片渲染规律，提供两种渲染模式，支持直连数据库渲染、矢量瓦片渲染、utfgrid 服务渲染，研究矢量瓦片索引、RF 瓦片索引。

以房屋建筑图斑图层为例：在接近其数据原始精度的比例尺下，直接采用原始数据进行渲染，无须构建索引；在中等比例尺下，将数据预处理为矢量瓦片索引并进行存储，前端依据显示比例尺实现对应层级的调用和渲染；而在小比例尺下，将数据预处理为 RF 瓦片索引并进行存储，前端依据显示比例尺实现对应层级的调用和渲染。

矢量瓦片索引具体原理和特点如下：

矢量瓦片索引技术结合矢量要素在按级别展示到显示屏幕时最小展示单元为像素的特点，通过按照级别将要素坐标转化为整数瓦片坐标，并采用指定算法进行要素的化减，按级别缩减小比例尺下要素的显示点阵数；然后，将化简后的图形和原要素的属性信息同时按级别存储至索引中。

此方式保存了各瓦片中所有的要素的图形和属性，一方面通过本级无损地抽稀与切割，达到屏幕显示图形无损，同时也可为矢量数据在浏览过程中的查询、过滤提供属性信息。

RF 瓦片索引技术具体原理和特点如下：

动态 R-F 瓦片索引技术：按照在比例尺区间按照特定规则的化简算法，通过对该比例尺级别下满足规定条件的要素保留、其他部分要素损失的方式，对保留后的要素图形与属性按格网创建索引，实现前端小比例尺下矢量数据的浏览调度。该方式同样保存了要素的图形和属性，但是由于一定要素的舍弃，故为有损索引。

② 高速切割算法

在创建索引的过程中，需要将要素根据格网大小进行切割。矢量图形的切割和一般可视图形的裁剪有所不同，矢量图形是通过矢量数据来表达，因此矢量图形的切割本质上是对矢量数据的分切。描述一个地理实体的矢量数据不仅包含它的坐标信息，还带有实体的属性信息，因此在切割过程中需要考虑属性信息的继承关系，矢量图形的信息是按照分图层、分类型（点、线、面）的形式存储，一个图层上只存在一种类型的数据，因此对于地理实体（点、线、面）的裁剪，具体到单个图层上就是对点、线、面坐标信息的分割处理。

基于瓦片的图幅裁剪，裁剪窗口定义为 512×512 规则格网，以格网为中心外扩几个像素，从矢量文件中读取图层外接矩形坐标，根据外接矩形坐标和瓦片大小，求出每个层级应当分割成的瓦片数和每个瓦片的边界坐标，并对每个瓦片赋予唯一的 ID，新建对应的每个瓦片的矢量文件，写入 ID 和边界坐标。

a. 点的切割

对于点对象的切割比较简单，只需要判断对象是否在格网内，如果在，把坐标信息连带属性信息一块写入此瓦片的对应矢量文件中。

b. 线的切割

如果线的起始点在格网内，则判断下一个点是否在瓦片以及外扩矩形内，重复执行，如果所有点都在格网内，则此线在瓦片内。

另一种情况，此后某点在瓦片外，求出它与前一点组成的线段与瓦片边界的交点，将此交点和以前的点对象写入裁剪瓦片对应的文件中。

c. 面的切割

面对面对象，如果被裁剪面的第一个坐标在瓦片内，并且后面的点都在瓦片及外扩矩形内，将全部的信息写到对应的瓦片文件中。

如果第一个点在瓦片内，后面某个点跳出了瓦片及外扩矩形，求出准确的跑出点，然后对跑出点后面点继续判断，直到碰到那个进入瓦片及外扩矩形的点，求出进入点，将跑出点和进入点连接到一起作为新的面，写入瓦片文件中，属性信息继承得到，这个过程中与瓦片相交的面的点都要按照瓦片的边存进瓦片文件中，方便后面瓦片的合并。

由于房屋建筑和市政设施调查矢量数据体量大，为了提高整体索引创建的效率，本项目完善各级别下按照规则格网进行索引切割的算法，相比传统函数切割效率提高近 100 倍。

③高效动态渲染

a. 调度和渲染异步执行

前端渲染请求经调度器管理进程，指派调度进程调取数据索引；完成调度后由渲染管理进程判断和识别已空闲的渲染进程，指派空闲进程执行渲染，如此达到多个调度器与多个渲染器有效结合、充分利用系统资源的目标。具体如图 5.6-3、图 5.6-4 所示：

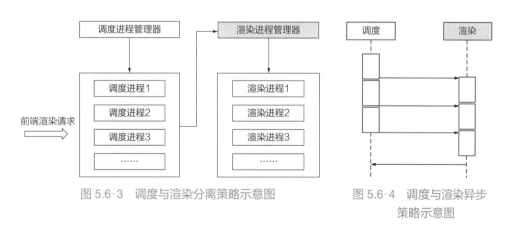

图 5.6-3　调度与渲染分离策略示意图　　图 5.6-4　调度与渲染异步策略示意图

b. 多种渲染模式

直连库渲染模式原理和特点如下：获取服务图层数据源连接信息，直接连接数据库获取图层数据信息进行绘制，因为是直连数据库，所有服务数据能与原始数据保存同步，数据库数据发生变化后，前端服务浏览能同步更新内容，同时节省索引构建的工作量，减少数据存储空间，在接近其数据原始精度的比例尺下（如 1∶10000～1∶50000 区间），直接采用原始数据进行渲染，渲染效率甚至优于矢量瓦片渲染模式。

矢量瓦片渲染模式原理和特点如下：在中等比例尺下，将数据预处理为矢量瓦片索引并进行存储，获取服务图层对应矢量瓦片索引，前端依据显示比例尺实现对应层级的调用和渲染，实现无缝无延迟浏览。

Utfgrid 渲染模式原理和特点如下：在小比例尺下，单张瓦片要素过多，如果直接构建矢量瓦片索引，会导致单张瓦片数据操作 mongo 库存储阈值，导致构建矢量瓦片索引失败，需要将数据预处理为 RF 瓦片索引并进行存储，前端依据显示比例尺实现对应层级的调用和渲染需要。

组合渲染模式原理和特点如下：组合渲染模式是根据服务数据构建索引情况，在不同层级实现对矢量瓦片渲染、utfgrid 瓦片渲染、直连库渲染，从而实现不同层级高保真和无缝缩放效果，如图 5.6-5 所示。

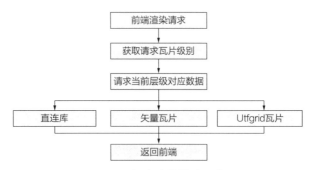

图 5.6-5　组合渲染策略示意图

（3）基于影像动态服务的影像数据可视化表达与应用

本项目采用基于栅格动态渲染的影像动态服务发布技术，对超大规模影像进行动态服务发布，实现不切片情况下 PB 级影像的秒级二三维浏览，有效解决了传统栅格瓦片地图服务技术的弊端。

影像地图服务发布技术，是基于栅格动态渲染，面向超大规模影像数据（超万景），采用"不切片"发布模式，解决影像数据的实时发布及浏览问题。通过引入多级高效缓存机制，在缩短服务发布周期的同时满足影像地图的高效在线浏览需要。

服务器端建立海量影像数据实体文件－金字塔－概视图的多级缓存。依据客户端视域范围与显示比例尺，服务器端从多级缓存影像数据中动态获取目标区域影像，实时镶嵌与渲染。为了提升处理效率，可应用 OpenCL，利用 GPU 进行加速。内存中的渲染结果进一步实时处理为栅格瓦片，并将瓦片推送至客户端，客户端浏览栅格瓦片形式的影像数据。通过栅格瓦片缓存机制，避免同一区域多次访问引起的影像重复渲染与处理，进一步提高客户端影像数据的浏览效率。

从海量影像中加载数据至内存时，实行多任务调度机制，使用专门的任务管理器对 IO 传输任务进行精细调度，充分利用系统 IO 性能，使磁盘效率最优化。影像数据一般采用分块形式进行物理存储，比如按照 64×64、256×256 进行分块。数据加载时，采用影像分块的大小读取数据是效率最高的方式，因此，适应影像的存储结构，采用影像的分块方式读取数据，智能缓存周边数据，最大化平衡总体获取数据和单次获取数据的效率。

① 海量影像多级缓存构建

从全局到局部的数据浏览过程中，影像动态服务需要提供及时的数据响应，以及流畅的用户体验。针对海量影像数据量大的特点，影像数据需要进行多级缓存，减少数据传输体量，提升数据浏览效率。单张影像可通过金字塔文件的创建提升数据浏览效率，根据影像的行列数确定合适的金字塔层数，对真实影像进行重采样。当空间区域较大，涉及几千甚至几万张影像覆盖时，单纯依靠金字塔难以应对小比例尺区间大范围的数据浏览。因此，需要在金字塔的基础上，进一步构建影像缓存，即概视图。概视图为一系列影像文件，逻辑上分为若干层级，每个层级的空间覆盖范围是一致的，低层级概视图文件通过重采样生成高层级概视图文件，在重采样过程中会进行低层级文件的合并。最低级的概视图文件为影像金字塔最上层数据的重采样结果，每个文件空间上覆盖多张影像。概视图的层级数依据影像数据的覆盖范围和数据体量进行确定，数据体量越大，层级越高。真实影像－金字塔－概视图的多级缓存，每级的空间范围一致，分辨率逐渐降低。

② 海量影像数据存储管理

a. 数据存储策略的制定

本项目需要对影像数据进行有序的文件组织与管理，以支撑影像动态服务对影像数据的高效访问。影像数据存储通常采用文件系统或数据库系统（自带存储）。文件系统模式不对影像数据进行压缩，占用较大的存储空间，可直接读取影像内容，访问效率较高，但是缺乏影像的管理信息，适用于单张影像的应用场景，难以有效支撑大区域或全域影像数据的访问应用。对于非结构化的影像数据，数据库系统以二进制块的形式直接将影像实体文件存储于数据库，存储访问效率不高。数据库系统除了存储影像数据，还存储影像管理信息、其他空间数据和业务信息等。访问数据库中的影像数据所导致的大 IO 传输直接影响库中其他数据的及时访问，降低影像数据展示应用的效率以及整个业务系统的运行效率。因此，通过文件系统＋数据库系统的组合进行影像数据的管理，以解决传统文件系统模式和数据库模式下海量、多分辨率影像数据存储管理中暴露出的问题。组合模式下，影像实体文件、金字塔文件、概视图文件存储于文件系统，数据库中存储影像的元数据、文件路径、显示控制以及空间范围等管理信息。文件系统与数据库系统物理分离，影像数据和影像管理数据、影像数据与业务数据可并行访问，在不影响业务系统运行的情况下，最大化地提升影像数据的访问效率。

b. 数据存储模型的选择

栅格数据集、栅格目录和镶嵌数据集是常见的影像数据存储模型。栅格数据集在管理影像时会将所有的影像数据进行物理镶嵌，整个空间区域形成单个完整的影像文件。以栅格数据集管理影像数据，入库后，影像数据无法再回到入库前的分幅形态，不利于后续的数据提取应用。此外，海量的影像数据导致单个影像文件过于巨大，存在操作系统无法支撑的风险。栅格目录常用于管理分幅的影像数据，以关系表存储影像文件的位置、空间范围以及元数据等信息，一条记录对应一张影像，数据浏览侧重于影像空间位置与分布的展示，无法表达影像内容。栅格目录数据模型定位于影像数据的管理，不适用于影像"一张图"展示方面的业务场景。

镶嵌数据集与栅格目录原理上存在一定的相似性，支持文件系统＋数据库系统的混合存储形式，以关系表存储影像的元数据、文件路径、显示控制以及空间范围等管理信息。同时，镶嵌数据集具备影像－金字塔－概视图多级缓存的一体化管理，属性表的一条记录对应一张影像或一个概视图文件。镶嵌数据集在浏览时，小比例尺显示概视图，大比例尺显示金字塔与影像，依据地图窗口的比例尺自动适配相应的数据，由于概视图和金字塔的多级缓存，在逐级浏览影像时能够快速、平滑的过渡。

镶嵌数据集相比传统栅格数据集，具有动态镶嵌的优势。大比例尺数据浏览时，对于相邻两幅影像的重叠区域，镶嵌数据集基于镶嵌规则在内存中完成影像的实时镶嵌，如果涉及不同空间参考的影像数据，先进行实时的动态投影。内存中的镶嵌结果直接用于地图展示，而分幅影像数据本身未被修改。在概视图的生成过程中，存在影像物理镶嵌的过程，镶嵌完成后生成概视图文件，但概视图文件独立于分幅影像文件而存在，概视图的生成并不修改原有的分幅影像文件。动态镶嵌使得镶嵌数据集在实现全域影像一张图浏览展示的同时，不修改影像原始的状态。

考虑到镶嵌数据集的优势，影像成果采用镶嵌数据集作为存储模型。

c.基于多级缓存的影像动态服务

影像动态服务依赖多级缓存的影像数据。服务发布前，构建影像金字塔，创建镶嵌数据集并生成概视图，形成影像数据实体文件—金字塔—概视图的多级缓存。选择镶嵌数据集即可完成影像动态服务的发布，镶嵌数据集为服务提供完备的内容支撑。服务发布后，影像动态服务提供栅格瓦片缓存机制，避免同一区域多次访问引起的影像重复渲染与处理，进一步提高影像地图服务的浏览效率。实时生成的栅格瓦片数据兼容 OGC 标准的 WMTS 服务接口，实现应用系统服务升级的平滑过渡。

通过各项技术的综合应用，未开启瓦片缓存时，影像地图服务响应时间在 2 秒以内，少量比例尺区间 3 秒以内。不切片实时发布服务，减少数据预处理工作量，节约时间成本和存储空间成本。

（4）LOD 调度下三维模型 GPU 云渲染可视化表达与应用

海量的倾斜摄影、点云、精细模型等三维模型数据在服务器端建立多级缓存（LOD），依据客户端视域范围与显示层级，服务器从多级缓存中动态获取目标区域三维模型数据，以三维瓦片形式（符合 3D Tiles 规范）推送至客户端，客户端获取瓦片数据后依地形高程实时渲染显示。通过三维瓦片缓存机制，避免同一区域多次访问引起的重复数据获取，进一步提高客户端的浏览效率。

① LOD 动态调度

面向全国成千上万三维模型的渲染浏览，如果单纯采用默认的三维模型加载方案，会出现三维引擎吃不消致使崩溃或者高延迟低帧率等影响正常可视化交互的问题。

针对次问题，采用全国—省级—市级—县 / 城市级单体多级 LOD（Levels of Detail，多细节层次），在不影响对应屏幕投影像素下级别的模型画面视觉效果的条件下，通过逐次简化模型的细节与贴图的尺寸来减少模型的几何复杂性和贴图大小，从而提高效率。

最大模型精度定为 1920px，最小定为 2px。1920px 精度指的是模型在 1920px 屏幕像素下不影响视觉效果的精度，之所以定 1920px 为最大精度，因为在一般显示器的屏幕分辨率下，1920px 已经近乎沾满全屏或者超过全屏。最小为 2px，即使在屏幕像素 2px 下时模型已经很小，近乎一个像素点，但此时模型依然存在高度，所以不能使用颜色数值代替。

通过多 LOD 下 3Dtile 索引，为批量模型加载添加一个快速索引和数据集的整体性描述，从而减少渲染循环中需要处理的实体数据量，最终实现三维模型加载效率的提升。

模型命名，直接以 LOD 层级命名，例如：

a. Tile_L1.b3dm：面向全国、省级尺度，由于此尺度下视觉上无法识别出三维模型，因此也可以直接通过 DEM ＋高清影像的方式进行表达，可不加载三维模型。

b. Tile_L7.b3dm：面向城市尺度，加载概略的三维模型，体现地物轮廓。

c. Tile_L14.b3dm：面向街区尺度，体现出各单体模型的清晰轮廓。

d. Tile_L22.b3dm：面向单体模型精细尺度，精细呈现每个三维模型。

② GPU 加速渲染

发挥 GPU 的强大浮点数计算能力和并行处理能力，利用现代图形加速卡中 GPU 的可编程管线，进行三维模型快速的网格生成及简化。在保证不改变网格的拓扑结构的前提下调整网格，使能量方程的数值尽量降低，从而大大降低线性曲面中三角形的数量，有效加速三维模型渲染速度。

基于 GPU 加速的三维模型渲染首先利用建筑物模型自身的空间格局和语义关系，将简化的建筑物模型形成的层级数据预存入 CPU 内存中，基于视点移动的高效动态 CPU–GPU 传输，利用可编程着色器对 GPU 显存中被传入的建筑物层次数据进行并行地修改，并实时地渲染相应层次细节的建筑物模型，实现了大规模三维模型层次细节机制的 GPU 加速。利用可编程管线中的像素着色器将光照模型中 Phong 算法由传统方法顶点的并行运算转移到像素级别，增强光照模型着色效果。同时利用可几何着色器对阴影体的确定进行 GPU 加速，并利用图形硬件实现遮挡查询，对是否绘制某场景结点产生阴影体的判断进行加速，提高了阴影绘制的效率。

③ 云端分布式渲染

充分利用后台渲染服务器集群进行分布式渲染，把单帧图像的渲染分布到多台计算机（或多个CPU）上，同时发挥多台服务器的渲染能力加速三维模型渲染速度。

在三维场景下进行数据浏览时，将单帧画面下三维模型划分成不同的区域（Buckets），由各个计算机或CPU各自单独计算，每台计算机都渲染一部分buckets，最后把这些buckets合并成一张大的图像，并返回前端进行显示。

分布式渲染平台实际上是将一组计算机通过网络通信协议连接在一起的计算集群。集群系统并行程序运算的瓶颈在于通信，过大的通讯延迟将影响运算速度。建立合适的系统内联网络，才能保证运算节点间数据传输率。分布式系统的求解过程主要分为四个步骤：任务分解、任务调度、分布式渲染、结果的合成。

在进行网络集群渲染的过程中，渲染任务被逐帧分配到各个服务节点（未涉及单帧同步渲染问题）。最后的渲染结果将反馈至前端进行展示，如图 5.6-6 所示：

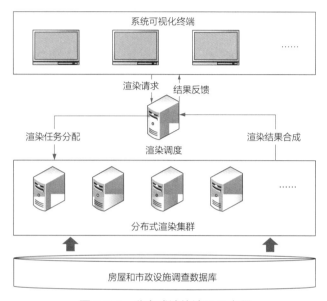

图 5.6-6 分布式渲染流程示意图

当用户完成三维场景制作后，通过可视化系统将该渲染任务提交给管理软件，管理软件启动后，告知管理服务器有渲染任务。管理服务器通过负载监控功能，在网络中查找负载较轻节点，发现适合资源后，进行任务分配。渲染节点接到任务后，开始渲染，并把节点信息实时发送给管理服务器，管理服务器把收到的信息反馈给管理系统及用户。整个场景渲染完成，用户得到可以应用的图片序列，并在三维数字地球中进行展示。

④ 模型纹理压缩

a. 模型拓扑轻量化。对模型进行拓扑轻量化处理，即基于倾斜摄影实景三维模型外观对模型进行自动减面、自动展 UV、全场景烘焙、纹理压缩及合并等操作。在集群系统的加成下，这一过程能够利用轻量化算法高效率地精简并优化倾斜摄影模型数据。

b. 模型纹理压缩。将三维模型切片的纹理压缩成更适合特定设备的纹理格式，从而优化倾斜摄影模型数据在三维场景中的渲染性能，获得更流畅的浏览体验。

c. 根节点合并。倾斜摄影模型数据通常采用分块（Tile）方式存储，即一定空间范围的模型划为一个块并存储在一个文件夹中，每个文件夹下包含了一个根节点文件及若干子节点文件。通过索引文件（*.scp）记录的根节点相对路径来加载模型，当模型空间范围广、数据量庞大，使得模型被划分为很多个根节点，读取这些根节点花费时间较长导致加载模型较慢，此时，需要进行合并根节点来提升加载效率，将相邻一定空间范围的根节点合并为一个根节点，即向上抽稀生成了一层更为粗糙的 LOD 层级，每合并一次，模型根节点数量减少约为原始数量的 1/4。

5.6.2　数据统计分析与应用技术

1）数据管理平台

采用 Hadoop 平台承担海量半结构化数据和非结构化数据分布式计算、非关系型处理，并利用 Hadoop 分布式 HDFS、HBase 列数据库来存放各种非结构化、半结构化的数据。

Hadoop 平台采用开源的技术框架实现，是以分散存储和并行计算为基础的半结构化和非结构化大数据处理平台，利用低成本的通用计算设备（PC）组成大型集群，构建具备高性能的海量数据分布式计算服务平台。Hadoop 符合 GNU 相关规范，属于完全开放源代码的体系架构，便于二次开发和平台定制。

半结构化和非结构化数据处理的所有工作都在 Hadoop 集群中完成。使用分布式列数据库 HBase，用来快速存取访问海量数据，通过 MapReduce 计算框架，实现把海量计算任务分解到各个计算节点的目标，从而能够在较短时间内完成海量数据处理、分析任务。同时充分整合利用 Hadoop 平台本身的分类、聚类算法组件、分析挖掘组件，结合各种数据开发封装满足各种业务需求的通用、专用服务组件，如行为分析组件、兴趣分析组件、关键词分析组件等。

主要选用 Ambari（Hadoop 生态系统管理监控），Hdfs（分布式文件系统），HBase（分布式列数据库），Yarn（资源调度管理），Kafka（分布式消息组件），Spark（分布式内存计算引擎），Zookeeper（分布式服务组件）等组件作为我们大数据平台的基础。

（1）数据统一管理

HDP 的核心组件为 YARN，提供资源管理和可插拔架构，以支持广泛的数据访问方法。HDFS 为大数据提供可扩展、容错、具有成本效益的存储。

（2）多引擎支持

YARN 为各种处理引擎提供基础，应用程序能够以最佳方式和数据交互：从批量到交互式 SQL 或使用 NoSQL 的低延迟访问。

（3）安全可靠

提供了用于身份验证、授权、可归责性以及数据保护的关键功能。HDP 在所有企业 Hadoop 功能上保持方法一致，确保可集成和扩展自己当前的安全解决方案，从而现代化数据架构上提供单一、一致、安全的保护。

（4）可移植性

HDP 为 Hadoop 提供最为广泛的选项：从 WindowsServer 或 Linux 到虚拟化云部署。它是可移植性最高的 Hadoop 发行版，可让轻松而可靠地从一个部署类型迁移到另一个。

2）自定义报表平台

为了解决系统开发中，统计报表输出类型多、灵活度高，以及 B/S 模式的主体架构带来的报表制作、显示难以实现等问题，结合国内外报表软件开发经验和自身的技术优势，设计出一套通用的统计报表平台。

平台能够实现各种数据源轻松接入和跨数据库查询。同时提供了数据集管理功能，包括原生 SQL 数据集、可视化数据集、JAVA 数据集等多种数据集合手段，通过简单的操作即可实现对各类查询的操作，为用户提供了丰富的初级数据治理能力。支持多种缓存方式，高速缓存加速报表查询速度，极大地减少应用对数据库的访问压力。

平台借助强大的 Excel 计算能力和成熟的服务器能力，构建完善的统计报表，使 web 报表更丰富、更灵活，降低了报表开发门槛。平台的使用，不仅满足统计报表的基本需求，还支持钻取报表、交叉报表、动态列报表、嵌套表头、固定表头、ECharts 图形、图表联动报表、复杂分组统计报表、大数据量报表等报表类型的设计，轻松完成满足客户需求的、复杂的、高质量的报表。

完全基于 Excel 的报表开发工具。在 Excel 中安装插件，可以直接在 Excel 中设计报表格式或者是进行数据分析，可以直接利用 Excel 自身的表格、图形、函数等能力，站在巨人的肩膀上，直接让 Excel 作为一个报表开发工具。

使用报表工具数据接口实现动态数据获取。在实际的报表开发项目中，数据存储在业务数据库或者是数据仓库中，如何用 Excel 呈现这些数据，需要使用平台提供的数据接口，可直连到数据库的表上，也可以编写 SQL 语句形成数据结果集，然后将表中的字段或者是结果集中的字段直接拖拽到 Excel 的设计界面，数据安全性通过数据接口进行控制。

实现了报表模板的发布及管理。报表工具提供了报表管理平台，可以将报表以动态模板或者是含静态数据的方式发布到服务器上进行统一管理，最终用户可以通过 PC 浏览器、平板、手机或者是大屏幕对报表进行浏览和使用，实现 B/S 模式的数据共享，利用 Excel 单元格的输入功能，开发填报表单，实现数据在线修改填报并将修改后的数据保存到数据库。

3）智能检索平台

智能检索平台提供简单、高效、稳定、低成本和可扩展的搜索解决方案。作为一个结构化的数据搜索托管服务平台，智能检索平台以平台服务的形式，使专业搜索技术的应用变得简单化，能够以低成本实现产品的搜索功能，并支持快速迭代，让搜索引擎技术不再是客户的业务瓶颈。

（1）多种检索方式

智能检索采用前后端分离的架构，提供标准化的 RESTAPI，可以根据业务实际需求定制查询页面，并支持多种检索方式，包括模糊查询、精确查询、拼音查询、权限查询、热词查询、相似度检索、同义词检索、补全＋纠错检索和地图检索等。

（2）数据对接

支持结构化数据和非结构化数据的采集。

① 智能检索数据源适用于多种数据库的智能检索，支持包括 orcale、mysql、sqlserver、mpp、达梦等数据库。

② 通过 FTP 协议实现非结构化数据的采集，支持 zip、office、pdf、txt、html 等格式的非结构化数据文件。

（3）集群化服务

检索服务平台支持集群式部署，群集部署通过集群协调器进行通讯传输，支持同时使用多样化的数据格式来构建索引，索引采用分片式存储，在高端服务器的保障下，查询延迟可以达到毫秒级，确保了基础数据存储时整体服务的高可用性和高性能。

（4）低成本接入

系统提供了简单易用的管理界面，同时还提供多种 SDK 管理接口，第三方无需理解搜索引擎的实现细节，只需几个简单步骤，即可拥有专属的搜索服务，并内置索引结构分类模板，实现资源的按需使用，降低了开发运维成本。

（5）多租户管理

平台采用多租户方式对隔离访问权限进行管理，通过划分接口服务的控制权限，有效地隔离不同的业务系统，使不同业务系统能够分别独立地使用检索服务，并在底层哈希路由模式下对存储的索引数据进行物理隔离，全方位保障检索服务的安全性。

（6）兼容 Elasticsearch 搜索引擎

① 具备简便的横向扩容方式和分布式架构：可以轻松地对资源进行横向、纵向扩缩容，以满足不同数据量级、不同查询场景对硬件资源的需求。

② 查询速度快：ES 底层采用 Lucene 作为搜索引擎，满足了用户查询数据的需求。可"代替"传统关系型数据库，也可用于复杂数据分析和海量数据的近实时处理。

4）可视化设计平台

可视化设计平台是一款在线的数据可视化大屏开发软件，使用者即使没有设计经验或技术背景，通过简单的组件拖拽、图层、画布编辑等操作方式也可快速创建出美观酷炫的数据大屏。平台支持多种数据源类型接入，具备数据实时更新性强、视觉效果丰富等特点。平台通过灵活多样的图表形式对庞杂的数据进行直观、清晰的可视化呈现，借助可视化大屏可便捷地洞察复杂业务背后的数据本质，帮助管理者及时发现问题，指导相关决策。

平台基于 Flink 构建，大体可分成计算平台、调度平台、资源平台。每层承担着相应的功能，同时层与层之间又有交互，符合高内聚、低耦合的设计原则。

可视化大屏设计器是一款在线开发工具，致力于快速搭建可视化大屏页面，提高生产和交付效率。它是集组件开发、资源配置、大屏设计、数据对接、大屏发布与运行的一体化平台，能快速将数据通过可视化的方式展现出来。

设计器的核心在于所见即所得，使用者无需设计经验或者技术背景，通过简单的拖拉拽的方式即可将组件快速搭建成一张大屏页面，组件的原子化及丰富的配置让大屏展示细节更丰富、效果更炫酷；同时提供了本地数据、API 数据、指标工厂多种不同数据来源，无论是临时演示还是落地项目都能快速对接，确保在短时间内具备高质量的产出。

5.7　平台应用实例

平台在建设完成后，通过在省、市层面平台的部署应用，逐步构建起"部—

省—市"三级数据互联互通、数据动态更新的机制,为住房和城乡建设领域提供房屋建筑和市政设施的基础数据支撑,为自建房普查等专项应用提供数据展示的渠道,更能推动全国自然灾害综合风险与减灾能力评估。

5.7.1 各省调查数据汇交

为进一步做好全国房屋建筑和市政设施调查数据汇交工作,按照《第一次全国自然灾害综合风险普查数据与成果汇交和入库管理办法(修订稿)》(国灾险普办发〔2020〕14 号)文件要求,结合"一省一市"调查数据汇交经验,住房和城乡建设部基于数据应用平台,组织开发了全国房屋建筑和市政设施调查数据汇交系统(以下简称"汇交系统"),实现调查数据标准化处理等功能,确保全国调查数据汇交工作符合有关要求。

汇交系统是全国房屋建筑和市政设施普查软件的重要组成部分,汇交系统支持抗震设防情况等自动计算,实现对调查数据的标准化处理,以满足国务院普查办汇交清单要求。汇交系统按照部、省两级部署,各地可根据需要扩展市、县级应用。省级部门可利用汇交系统进行房屋建筑和市政设施调查数据管理,可根据需要将本省相关业务数据加载到汇交系统中进行数据融合应用。

目前,全国 31 个省(区、市)已全部完成调查数据的标准化处理工作,将为房普成果数据的全面应用提供坚实基础。

5.7.2 自建房普查信息汇总展示

2022 年 4 月 29 日,湖南长沙居民自建房发生倒塌事故,造成重大人员伤亡。事故发生后,党中央、国务院高度重视。习近平总书记作出重要指示,李克强总理作出批示,国务院安委会召开全国自建房安全专项整治电视电话会议进行具体安排。5 月 27 日,国务院办公厅印发《全国自建房安全专项整治工作方案》(国办发明电〔2022〕10 号),(以下简称《工作方案》)。《工作方案》要求,各地要对本行政区域内城乡所有自建房进行排查摸底,全面摸清自建房结构安全性、经营安全性、房屋建设合法合规性等基本情况。建立整治台账,实行销号管理。对存在安全隐患的自建房实施分类整治,确保整改到位。组织开展"百日行动",对危及公共安全的经营性自建房快查快改、立查立改,发现存在严重安全隐患、不具备经营和使用条件的,要立即采取停止使用等管控措施,隐患彻底消除前不得恢复使用,坚决防止重特大事故发生。

《工作方案》发布后，住房和城乡建设部按照党中央、国务院决策部署，为深入推进全国自建房安全专项整治，依托全国自然灾害综合风险普查房屋建筑和市政设施调查系统，扩展开发城乡自建房安全专项整治信息归集平台，开展全国自建房数据调查工作，全面摸清自建房基本情况，重点排查结构安全性（设计、施工、使用等情况）、经营安全性（相关经营许可、场所安全要求等落实情况）、房屋建设合法合规性（土地、规划、建设等手续办理情况）等内容。

完成自建房数据调查工作后，数据同步归集到全国房屋建筑和市政设施数据应用平台，并打造自建房普查信息汇总展示主题。一方面，可按照"全国—省—市"多级查看自建房普查统计信息，并可按照存在安全隐患的经营性自建房分类、存在安全隐患的经营性自建房管理措施等调查指标，对自建房数量进行分级分色展示。另一方面，通过将自建房基本信息与房屋建筑的隐患排查信息进行比对，可以对房屋隐患排查信息进行补充，校验数据真实性。

5.7.3　灾后房屋建筑和市政设施报告

根据第一次全国自然灾害综合风险普查的部署要求，通过对房屋建筑和市政设施调查数据的统一归集、统一管理，能够满足第一次全国自然灾害综合风险普查对房屋建筑和市政设施承灾体信息需求，支撑全国自然灾害综合风险与减灾能力评估。

2022 年 9 月 5 日，四川省甘孜州泸定县发生 6.8 级地震。地震发生后，住房和城乡建设部利用全国自然灾害综合风险普查房屋建筑调查数据成果和全国自建房安全专项整治归集数据成果，依托于数据应用平台开展空间统计分析，对地震影响范围内的房屋建筑和市政供水设施厂站分布情况进行统计，输出"震中区域房屋建筑情况报告"，为相关部门开展地震灾后评估和恢复重建提供数据支撑。

在获取应急管理部中国地震局的地震烈度图后，住房和城乡建设部第一时间组织人力，将地震烈度图中的地震影响范围矢量化，在空间内对各烈度等级内的房屋建筑和市政设施进行标识与分类统计，并输出报告。报告内容包括：

（1）地震烈度区内房屋建筑情况的统计，包括地震烈度区内房屋建筑总体情况、不同建造年代房屋建筑分布情况、不同结构类型房屋建筑分布情况、房屋建筑的专业设计情况、房屋建筑的抗震加固情况，房屋建筑采取抗震构造措施情况等。

（2）地震烈度区内自建房情况的统计，包括地震烈度区内自建房总体分布情况、不同用途经营性自建房分布情况、不同建造年代经营性自建房分布情况、不同结构类型经营性自建房分布情况、经营性自建房改扩建情况、经营性自建房排查整治情况等。

（3）地震烈度区内市政设施情况的统计，包括地震烈度区内市政道路分布情况、不同类别市政桥梁分布情况、不同养护类别市政桥梁分布情况、不同功能类型市政桥梁分布情况、各区县供水设施厂站分布情况、各区县供水设施厂站规模情况、不同管龄供水设施管道分布情况、不同设计使用年限供水设施管道分布情况、不同设计安全等级供水设施管道分布情况、不同抗震设防类别供水设施管道分布情况等。

通过对地震烈度区内相关情况的统计，可在平台中进行分层分色、白模渲染等方式的标识展示，为灾情统计和灾后恢复工作的开展，提供了有力的数据支撑。

第 6 章

总结与展望

6.1 总结

在全国灾害综合风险普查背景下，本书从普查背景、房屋建筑与市政设施现状及普查指标为基础，制定调查路线，依托遥感技术和调查软件等技术手段开展普查，并建立普查数据应用平台，将农村房屋数据、城镇房屋数据、道路设施数据、桥梁设施数据、供水设施数据等进行调查及数据建设管理，全面摸清了房屋及市政设施现状，也为以后的常态化更新奠定基础。其中，现状梳理部分，包含了房屋、道路、桥梁和供水等方面的内容梳理；遥感技术部分，包含了底图制备技术、遥感智能解译技术、大规模协同翻译和分析技术；调查技术部分，包含了调查指标、调查软件开发、调查工作组织、调查工作流程、调查质量控制等。最后，以普查数据为基础，建设数据应用平台，从需求分析、架构设计、数据库建设、系统功能、关键技术、平台应用实例等方面介绍了数据平台的建设及应用，而这些应用仅仅是当前住房和城乡建设领域的一个缩影。

本书结合房屋建筑及市政设施普查的主要内容，将普查内容与信息技术进行结合，开发调查软件，从而提高调查的科学性、准确性与合理性。在普查数据基础上构建房屋建筑与市政设施大数据库，研发数据管理、分析及应用平台，通过数据应用平台，实现了数据的汇聚及数据挖掘的能力，为住房和城乡建设领域提供房屋建筑和市政设施的基础数据支撑，为自建房普查等专项应用提供数据展示的渠道，更能推动全国自然灾害综合风险与减灾能力评估。

6.2 应用展望

利用房屋建筑和市政设施数据，进行数据挖掘分析，推进普查成果在自然灾害防治能力提升、经济社会发展等方面的应用，同时建立数据的长效更新机制，保证数据资源的常态更新。普查成果数据在为提高城乡建设防灾减灾水平提供决策依据的同时，也可为推进房屋建筑安全隐患排查整治、农村房屋抗震宜居调查、城市地下市政基础设施建设、促进城市综合治理能力提升、探索构建城市信息模型（CIM）基础平台等多方面工作提供数据基础。

为更好地开展房屋建筑和市政设施调查数据的应用，需要调查数据管理体系的研究、结合调查数据成果，提出数据动态更新总体思路、数据管理要求、更新规则、技术措施等。还应对数据库的公开及共享内容进行研究，让房屋建筑和市政设施做到可视化展示。

（1）建立数据长效更新机制

为及时掌握全国房屋建筑和市政设施情况，巩固调查成果，保持房屋建筑和市政设施数据的常态更新，建立数据更新的长效机制，及时更新、动态维护数据目录和数据资源，保持数据资源鲜活有效、可用可控，实现房屋建筑和市政设施普查数据资源的动态管理、有效更新，提升数据资源支撑，服务城市建设的能力。

结合房屋建筑和市政设施调查数据成果，根据房屋建筑和市政设施特点，提出数据动态更新机制。从统计分析和关联性关系两个角度，对调查数据结果的规律性开展研究，分析目前调查数据，为后续工作提供工作依据。调研全国各地房屋建筑和市政设施建设管理养护机制，研究数据动态更新频次、规则和手段。

（2）数据挖掘与资源共享

在房屋建筑和市政设施普查成果基础上，相关业务管理部门进行数据梳理、组织和深入挖掘分析，为数据有效利用提供支撑，促进多部门业务协同、资源共享及应用。同时在普查成果数据基础之上探索构建城市信息模型（CIM）基础平台，作为 CIM 建设中的基础数据支撑，助力 CIM 应用发展，包括房屋市政工程建设、房屋安全监管、城市综合治理、城市体检、城市更新、智慧房产、市政监管、老旧小区改造、保护性建筑等方面。

（3）提升数据资源管理及科学决策

通过开展普查，摸清全国自然灾害风险隐患底数，查明重点地区抗灾能力，客观认识全国自然灾害综合风险水平，为有效开展自然灾害防治工作、切实保障经济社会可持续发展提供权威的灾害风险信息和科学决策依据。同时通过对房屋和市政设施数据资源的科学管理，便于相关领导和业务部门及时掌握行业有关情况，为有效监管、及时分析、科学决策提供参考，进而提升住房和城乡建设部的智慧化管理与服务水平。

　　基于房屋建筑和市政设施调查数据成果，调研全国人口普查、全国土地调查、自然灾害风险评估等成果数据，研究整合以上基础数据的方法。构建和完善房屋建筑及市政设施综合信息数据体系，包括空间地理信息、房屋建筑信息、市政设施基础信息（类型、等级、建设年代、结构、附属构筑物类型、管养部门等）、自然灾害风险信息等，对房屋建筑和市政设施综合信息数据整合研究，结合研究成果，构建房屋建筑和市政设施综合信息数据体系。

附　录

附表 1：第一至八批全国重点文物保护单位中古建筑与近现代重要史迹及代表性建筑统计表

附表 2：第一至三批国家历史文化名城统计表

参考文献

［1］杨宏山. 城市管理学［M］. 第二版. 北京：中国人民大学出版社，2013.

［2］彭望琭，白振平，刘湘南，等. 遥感概论［M］. 北京：高等教育出版社，2002.

［3］梅安新，彭望琭，秦其明，等. 遥感导论［M］. 北京：高等教育出版社，2001.

［4］黄杏元，马劲松. 地理信息系统概论［M］. 第三版. 北京：高等教育出版社，2008.

［5］贺维周. 世界上最早的自来水工程［J］. 中州水利，1995（1）：31.

［6］李圭白，梁恒. 创新与我国城市饮用水净化技术发展［J］. 给水排水，2015，11：1-7.

［7］城市建设统计年鉴［A］. 中华人民共和国住房和城乡建设部.

［8］赵乐，郭晋生. 北京地区塔式高层住宅设计的回顾与展望［J］. 城市建筑，2009，1：33-36.

［9］张军. 社会转型背景下的城市住房制度变迁与住房属性演变［J］. 重庆社会科学，2021，2.

［10］邵磊. 社会转型与中国城市居住形态的变迁［J］. 时代建筑，2004，5.

［11］刘亚臣. 我国城镇住房产权制度变迁与经济绩效研究（1949—2010）［D］. 辽宁大学；2011 年.

［12］沈玲. 新中国城市住房供给制度的变迁及思考［D］. 北京：中共中央党校；2012.

［13］Boykov Y Y. Interactive graph cuts for optimal boundary & region segmentation of objects in n-d images [C]// Proc Eighth IEEE International Conference on Comput Vis. IEEE Computer Society, 2001.

［14］Gribov A, Bodansky E. Reconstruction of Orthogonal Polygonal Lines [C]// Document

Analysis Systems Ⅶ; Lecture Notes in Computer Science; 3872. Environmental System Research Institute (ESRI), 380 New York St. Redlands, CA 92373–8100, USA, 2006.

［15］胡翔云. 航空遥感影像线状地物与房屋的自动提取［D］. 武汉：武汉大学，2001.

［16］Kolmogorov V, Zabin R. What energy functions can be minimized via graph cuts? [J]. IEEE Trans Pattern Anal Mach Intell, 2004, 26 (2): 147–159.

［17］Rother C. GrabCut: Interactive foreground extraction using iterated graph cut [J]. Acm Trans Graph, 2004, 23.

［18］张煜，张祖勋，张剑清. 几何约束与影像分割相结合的快速半自动房屋提取［J］. 武汉大学学报·信息科学版，2000, 25（3）：238–242.

［19］陈丹. 基于土地利用的遥感影像协同式解译［J］. 现代农业科技，2013（6）：212–213 ＋ 219.

［20］贾莹玉. 结合质量控制的震后房屋倒塌众包评估模型［J］. 中国科学院大学学报，2019.

［21］谢帅. 利用众包进行震后倒塌建筑物评估［D］. 北京：中国科学院大学，2017.

［22］赵江华. 科学数据众包处理研究［J］. 计算机研究与发展，2017.

［23］刘小刚. 众包模式下的大规模公开遥感数据采集调度方法研究［D］. 大庆：东北石油大学，2020.

［24］赵江华. 众包模式在大规模遥感影像信息提取领域的探索［J］. 大数据，2016.

［25］庞禄申. 遥感信息众包激励机制及其支撑平台高弹性技术研究［D］. 北京：中国科学院大学，2019.

［26］王玉娴. 基于众包的遥感灾害监测与评估模型［J］. 国土资源遥感，2017.

［27］杨伯钢，任海英，唐建智，等. 城市房屋管理地理信息系统技术与应用［M］. 北京：中国地图出版社.

［28］钟耳顺，宋关福，汤国安，等. 大数据地理信息系统：原理、技术与应用［M］. 北京：清华大学出版社.

［29］苑希比，曾勇红，王秀杰，等. 防洪减灾与地理信息系统应用［M］. 天津：天津大学出版社，2019.

［30］李猷. 空间数据库技术［M］. 河南：黄河水利出版社，2019.